JN086152

よくわかる最新

核融合の基本と仕組み

脱炭素時代の持続可能なエネルギー源

山﨑 耕造 著

秀和システム

はじめに

近年、カーボンニュートラルに関連して、夢のエネルギー源としての「核融合」が話題となっています。海水から燃料を採取でき、安全で二酸化炭素の排出のない環境に優しい発電です。現在、国際協力で実験炉ITERの建設が進められており、次の実用化に向けての原型炉の計画にも期待が集まっています。

日本では2023年4月に核融合に関する国家戦略が決定され、核融合分野の国内産業を創出する必要性が強調されました。特に、原型炉を見据えての研究開発への民間企業の参加が幅広く求められています。同年5月にはGX（グリーントランスフォーメーション）推進法が成立し、化石燃料から自然エネルギー発電、原子力発電などの温室効果ガスを発生させないエネルギーへと転換し、経済や社会システム全体を変革しようとする取り組みが加速されています。そのなかには核融合エネルギー開発の重要性・緊急性も謳われています。

海外では、米英を中心に民間企業としてのさまざまな核融合スタートアップ企業が設立されています。それらは王道としてのトカマク炉計画を踏まえて、さまざまな革新的な小型核融合方式の開発が企業ベースで行われています。政府系組織から企業系へと革新的な技術開発が移っている例として宇宙産業があります。人類を火星に送る計画のように、無尽蔵のエネルギーを開発する核融合開発は壮大な計画です。核融合スタートアップの成果がそのままで核融合発電実現につながらないとしても、それらの革新的な技術が、第1世代核融合炉の早期実現や未来の次世代先進燃料核融合開発の加速につながっていくであろうことに期待したいと思います。

本書の内容は、先端エネルギーに興味をもつ理工系の大学生やビジネスパーソン用ですが、高校生にも楽しんでもらえます。基礎編、炉心編、炉工編、そして発展編として、項目ごとに説明と図との見開き2ページの構成としています。各章末には、関連のコラムを記載して読者の興味を喚起しました。本書が、プラズマ物理・核融合工学を中心に、さらに幅広い科学に興味をもってもらう契機となれば幸いです。

2023年10月吉日

山﨑 耕造

よくわかる
最新 核融合の基本と仕組み

CONTENTS

第2章 プラズマの基礎（プラズマ物理学）

＜炉心編＞

第3章 地上に太陽を作る（核融合プラズマの物理）

第4章 トカマク炉心を制御する（トカマクプラズマの物理）

<炉工編>

第5章 核融合炉機器の多様な技術（核融合炉工学）

第6章 核融合炉発電の可能性（核融合システム工学）

<発展編>

第7章 核融合炉実用化への道のり（核融合研究開発）

第8章 エネルギーの未来を考える（核融合未来展望）

COLUMN

＜基礎編＞

核融合の基礎（核物理学）

地上に人工太陽としての核融合エネルギーを実現するためには、核反応の物理を基礎として、核融合プラズマの物理と炉工学の研究開発が不可欠です。基礎編前半の第１章では、宇宙の物質や力を考え、量子力学での核融合反応の基礎といろいろな核融合反応の仕組みについて説明します。

1-1 ＜基礎編＞

核融合とは？

カーボンニュートラルをめざして、太陽光や原子力に期待が集まっています。しかし、より安定で資源豊富な新しいエネルギー源の開発が急がれています。特に革新エネルギーとしての核融合エネルギーに期待が集まっています。

▶▶ 天空と地上の「フュージョンエネルギー」

私たちの宇宙は138億年前にビッグバンで創成されましたが、宇宙では重力と同時に核融合による核エネルギーが重要です。超新星爆発や星の内部での核融合反応により、宇宙での元素製造が行われてきました。46億年前に誕生した太陽のエネルギーも内部での核融合反応によるものです。その膨大なエネルギーを地上で発電として利用しようとする研究開発が**地上のミニ太陽**と呼ばれる核融合炉です（**上図**）。

原子力での核分裂（ニュークリア・フィッション）に対して、欧米では核融合はフュージョン（Fusion）と呼ばれています。核融合エネルギー、核融合パワー（エネルギーの時間変化率）を**フュージョンエネルギー**、**フュージョンパワー**と呼びます。

▶▶ 核分裂と核融合、衝突核融合と熱核融合

原子核は正に帯電しており、原子核同士の反応には電場の壁を乗り越える必要があります。電場の影響を受けない中性子が原子核と衝突するのは比較的容易であり、それにより重い原子核が2つの原子核に分裂する反応が**フィッション（核分裂）**です。一方、2つの軽い原子核同士が衝突・融合して新しい重い原子核になる反応が**フュージョン（核融合）**です。高エネルギーに加速した原子核を標的となる原子に衝突させることで核融合を起こさせることができます（**衝突核融合**）が、加速のためや原子の電離のための大きなエネルギーが必要となり、核反応で正味のエネルギーを生みだすことはできません。一方、電子と原子核とをバラバラにして**プラズマ状態**にすることで核融合を起こさせることができます（**熱核融合**）。地上のミニ太陽としての核融合炉では燃料ガスを少しずつ追加して高温のプラズマ状態を維持しながら核融合を制御・維持します。これは**制御熱核融合**と呼ばれています（**下図**）。制御なしで大量の核融合燃料で核融合を起こすには（**熱核融合爆弾**）、原子爆弾を爆発させてそのエネルギーで核融合反応を瞬時に起こさせています。

宇宙のエネルギーと核融合

星
（星の内部での核融合、
超新星爆発での核融合）

太陽
（太陽内部での核融合）

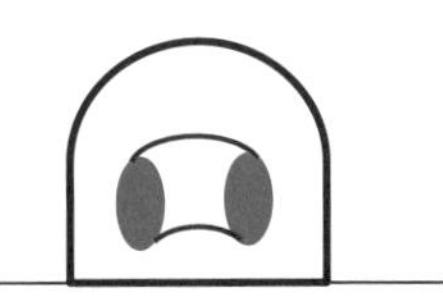

核融合炉
（地上のミニ太陽）

制御・熱核・融合とプラズマ閉じ込め

- **核分裂**（フィッション）
- 核融合（フュージョン）
  - **衝突核融合**（原子核実験、新元素創生）
  - 熱核融合（プラズマ利用）
    - **熱核融合爆弾**（水素爆弾、原爆で点火）
    - 制御熱核融合（プラズマ閉じ込め制御）

核分裂　Fission

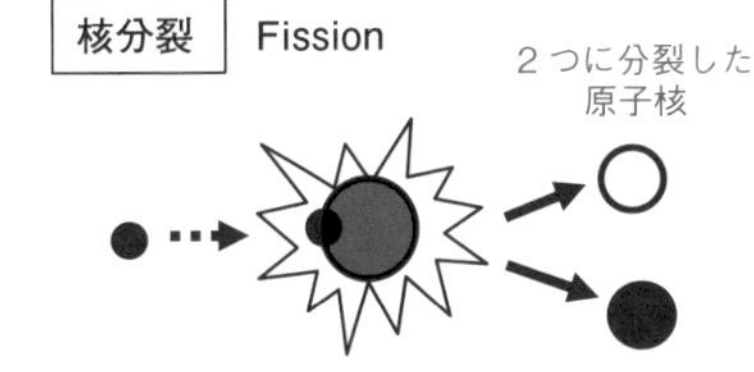

核融合　Fusion

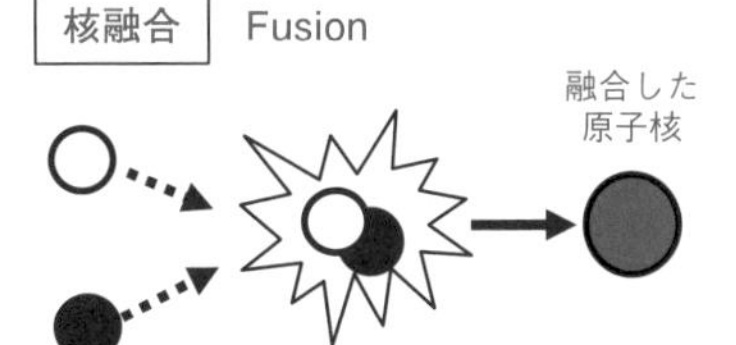

衝突核融合　Colliding Fusion
（加速ビーム利用）

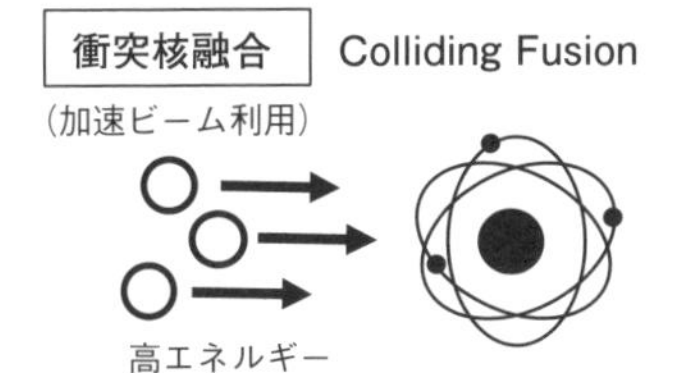

熱核融合　Thermonuclear Fusion
（プラズマ利用）

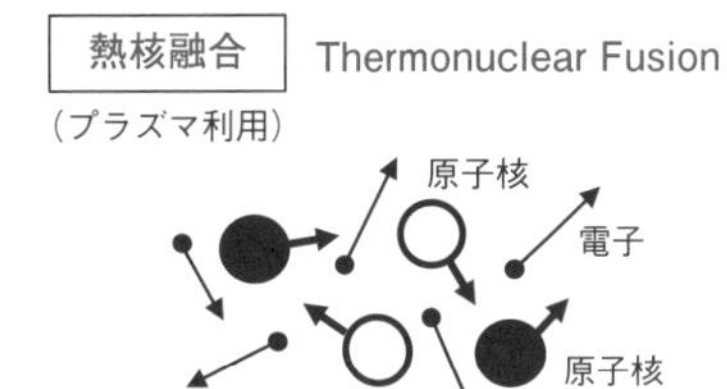

1-2 ＜基礎編＞

物質と素粒子とは？

古代ギリシャではエンペドクレスの４元素と愛憎の相互作用の物質観が提唱されました。現代ではクォークやレプトンなどの基本粒子とその間の相互作用としての力で表されます。

物質のミクロな構造

物質を切り刻んでいくと分子の構造が現れ、さらにその内部の結合（イオン結合、共有結合、金属結合）を解くと、原子が現れます。原子はプラスの電荷をもつ原子核とマイナスの電子から成り立っていますが、原子核はさらにプラスの電荷をもつ陽子と電荷がゼロの中性子から成り立っています（**上図**）。しかし、陽子も中性子も究極の素粒子ではありません。現在、物質は**クォーク**（6種類）と**レプトン**（軽粒子：電子、ニュートリノなど）の素粒子からできていると考えられています。クォークが強い相互作用で結合した複合粒子（**ハドロン**（強粒子））としては、3つのクォークからできている**バリオン**（重粒子：陽子、中性子など）や、クォークと反クォークからできている**メソン**（中間子：π中間子、K中間子など）があります。

複合粒子としてのパイ中間子

複合粒子の例としてのバリオンやメソンの内部構造のイメージを**下図**に示します。核子（陽子と中性子）はアップクォーク（u）とダウンクォーク（d）で構成されており、陽子は電荷が＋2/3のアップクォークが2個で電荷－1/3のダウンクォークが1個で、グルーオンで結びつけられており、電荷は合計の＋1です。一方、中性子はuが1個でdが2個であり、電荷はゼロです（**下図左**）。

メソンの例としてのパイ中間子では、uまたはdと、その反クォークで構成されており、荷電パイメソンではuクォークとdの反クォークとがグルーオンを媒介して作られています（**下図右**）。中性パイメソンの場合には、uクォークとuの反クォーク、あるいはdクォークとdの反クォークで作られています。中性K中間子の例も図示されています。

原子核内の正電荷の陽子同士はお互いに反発するので、中性子をも含めて核子同士をつなげる力が必要です。この核子間の力が核力であり、パイ中間子を媒介として力が働いています（**次節**）。

物質の構造と核子・素粒子

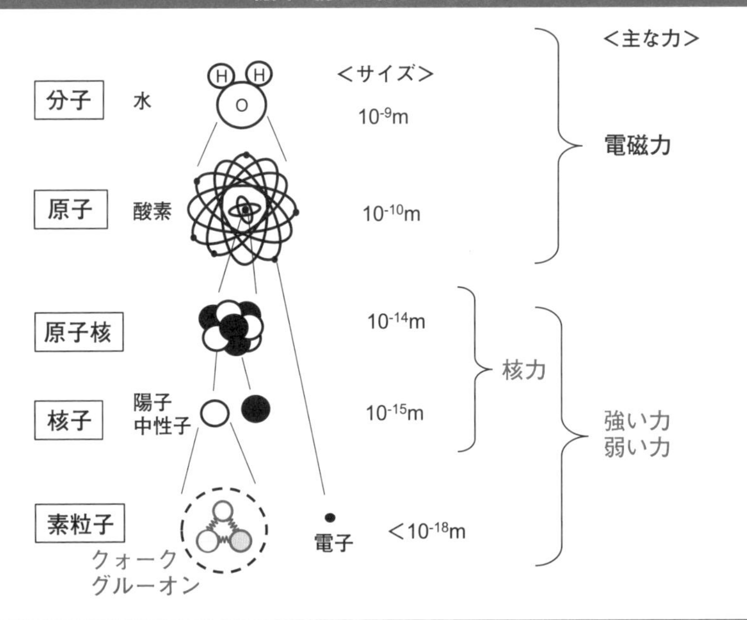

バリオン（重粒子）とメソン（中間子）

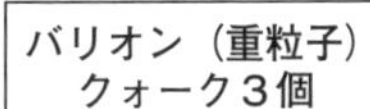

メソン（中間子）
クォーク２個

中間子の質量は
電子(約 0.5 MeV/c^2)と
核子(約 900 MeV/c^2)の中間

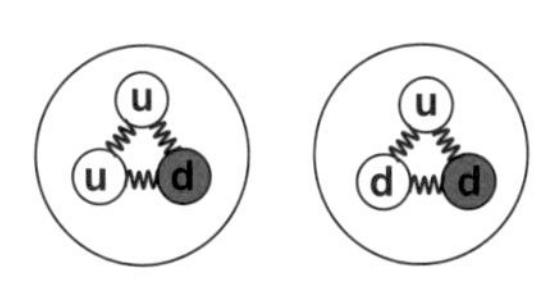

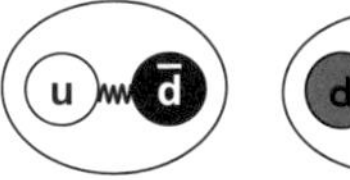

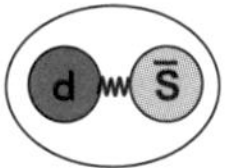

陽子　電荷 +1

中性子　電荷 0

Π^+ 中間子　電荷 +1/3

K^0 中間子　電荷 0

u アップクォーク
　電荷 +2/3
d ダウンクォーク
　電荷 -1/3

$\bar{d}$ 反ダウンクォーク
　電荷 -1/3
$\bar{s}$ 反ストレンジクォーク
　電荷 +1/3

参考メモ　質量とエネルギーの単位

1MeV　$= 1.60 \times 10^{-13}$ J
1MeV/c^2 $= 1.78 \times 10^{-30}$ kg
光の速度（3.0×10^{-8}m/s）を c として、
エネルギー E（MeV）と質量 m（kg）との関係式 $E=mc^2$ から
質量単位として MeV/c^2 が用いられています。

1-3 ＜基礎編＞

強い力と核力とは？

宇宙創成の時代には原始の力は１つでしたが、重力、強い力そして電弱力が分かれ、その後、電磁力と弱い力とに分かれてハドロンとレプトンが作られました。この間に核融合反応で元素が合成されて現在の物質の世界が形作られました。

宇宙の４つの力

宇宙には４つの力があります。物質の間の力は交換子を介して働きます（**上図**）。宇宙での大きなスケールでの力は、ニュートンのリンゴで有名な**重力**であり、重力の伝達粒子としての重力子（**グラビトン**）をお互いに交換して伝わります。電磁石の作用や原子・分子レベルの化学燃焼に関連する力は、マクスウェルの**電磁力**であり、光子（**フォトン**）が交換子です。さらに極微の世界である原子核内の核子（陽子、中性子）にはクォーク間に**グルーオン**による**強い力**が存在します。また、**ウィークボソン**の**弱い力**は原子核の放射性崩壊の原因をなすものです。

強い力は文字どおり最も強い力であり、重力の10の38乗倍ですが、1フェムトメートル（1fm＝10^{-15}メートル）以下しか届きません。電磁力は強い力の137分の1ですが、弱い力は強い力の100万分の1です。宇宙の力の距離と強さとに依存して、宇宙はミクロからマクロまで３つの階層構造で表されます。① 核力に関連するクォークや原子核構造、② 電磁力に関連する原子から人間、地球までの私たちが目にする物質の構造、そして、③ 重力で支配されている太陽系や銀河系の構造系列です。

強い力の残留力としての核力

原子核の内部で核子同士を引きつけている力が**核力**であり、核分裂や核融合のエネルギーの源であり強い力に関連しています。基本粒子（素粒子）としてのクォーク同士の力の伝達子はグルーオンですが、核子同士の力は複合粒子としてのパイ中間子が媒介しています。これは**強い力の残留力**と呼ぶこともできます。パイ中間子はダウンクォークと反ダウンクォークとをグルーオンが結びつけている複合粒子であり、核力は**下図**のように描くことができます。歴史的には中間子論は1935年に湯川秀樹博士により理論的に提唱され、パイ中間子が宇宙線の中から発見されて、1949年に湯川博士にノーベル賞が贈られました。

宇宙の4つの力

重力

質量　重力子　質量

引力（天体を支配する）強さ 1（相対値）
交換子は重力子（グラビトン、未発見）

電磁力

陽子　光子　陽子

斥力または引力（日常の力）強さ 10^{36}
交換子は光子（フォトン）

弱い力

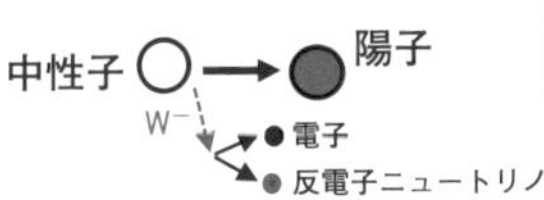

変換力（クォークの種類の変換）強さ 10^{32}
交換子は W±、Z 粒子（ウィークボソン）

強い力

引力（クォーク間の短距離離力）強さ 10^{38}

交換子はグルーオン

メソン（中間子）を媒介した核力

核力（強い力の残留力）のイメージ

陽子　中性子
パイ中間子

引力
媒介粒子はパイ中間子（複合粒子の 1 つ）

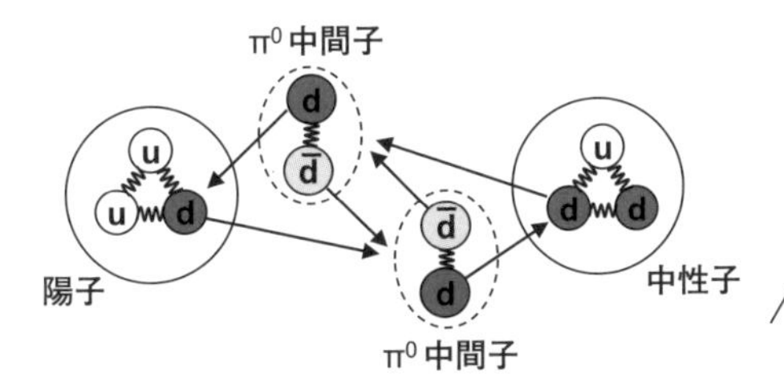

π⁰ 中間子

d d̄　　u ū

または

1935 年　湯川秀樹博士の中間子論
1947 年　π^+ 中間子（140MeV）発見
1949 年　湯川秀樹博士、ノーベル賞受賞
1950 年　π^0 中間子（135MeV）発見

湯川秀樹
(1907 年～ 1981 年)

1-4 <基礎編>

核エネルギー開発の歴史は？

核エネルギーの利用としては、核分裂、核融合、そして、放射線利用があります。1895年のレントゲンによるX線の発見、および1905年のアインシュタインの特殊相対性理論が、核エネルギーの出発点となりました。

核分裂エネルギーの歴史

人類による核エネルギー（原子力エネルギー）の解放の歴史は、1942年のエンリコ・フェルミ（イタリア、1901-1954）によるシカゴ大学での初の原子炉臨界実験（シカゴパイル実験）から始まりました（**上図左欄**）。自然界では、地球上で20億年前にできた天然原子炉があり（米国アーカンソー大学の黒田和夫博士が最初に指摘）、アフリカのガボン共和国オクロ地区で、約60万年もの長い間核分裂の連鎖反応が続けられていたことがわかっています。一方、宇宙では太陽や星が天然の巨大なプラズマ・核融合炉であることが解明されてきています。

日本にとっての核エネルギーとの出会いは、1945年8月の広島・長崎での原子爆弾という不幸な出来事でした。平和利用としての日本の原子力発電は、1963年（昭和38年）の10月に（旧）日本原子力研究所の動力試験炉（JPDR）により開始されました。これを記念して10月26日を「原子力の日」としています。

原子力エネルギーの利用には、いかにパブリックアクセプタンス（社会受容性）を得るかが重要です。2011年3月11日の福島第一原子力発電所の事故以来、原子力エネルギーの安全性への確保が、最重要課題の1つとなっています。

核融合エネルギーの歴史

一方、核融合反応の発見は核分裂反応よりも早く、1919年のE. ラザフォードによる原子核反応実験がありました（**上図右欄**）。窒素原子核にアルファ線を当てることで核融合反応が起こり、陽子を放出してより重い酸素原子が生成されました。この際、質量数や陽子数の合計は反応前後で保存されます（**下図**）。原子炉（核分裂炉）開発ではオットー・ハーンによる核分裂反応発見から連鎖反応実証までは数年でした。一方、核融合炉開発では、原理発見から実証炉までの道のりは遠く、日本独自の研究開発を重視しつつ国際協力を進めて「核分裂連鎖反応」に対応する「核融合自己点火条件」への道のりをいまだ歩んできています。

核エネルギー開発の歴史

年	核分裂	年	核融合
1895	ウィルヘルム・レントゲン、X線を発見		
1905	アルベルト・アインシュタイン、特殊相対性理論を発表		
1932	J. チャドウィック（英国）　中性子発見	1919	❶E. ラザフォード　原子核変換実験（α粒子と窒素原子との核融合反応）
1935	湯川秀樹　中間子論		
1938	❶オットー・ハーン　核分裂を発見	1920	A. エディントン（英国）　恒星内での核融合反応を示唆
1942	❷エンリコフェルミ　シカゴパイル実験（最初の原子炉実験）	1928	I. ラングミュア　放電気体を「プラズマ」と命名
1945	❸原子爆弾広島・長崎に投下される		
		1938	ベーテ、ワイゼッカー　天体での核融合理論
1963	試験炉 JPDR 発電（10月26日→原子力の日）	1952	❷エニウェトク環礁で世界初の水爆実験
1966	日本の最初の商用原子力発電所	1954	ビキニ環礁 第5福竜丸事件
1979	アメリカ、スリーマイルアイランド事故	1961	名古屋大学（旧）プラズマ研究所設置
		1978	INTOR 計画スタート
1986	旧ソ連、チェルノブイリ事故	1985	（旧）原研 JT-60 トカマク運転開始
1999	JCO 臨界事故	1888	ITER 計画スタート
2011	東日本大震災、福島第一原発事故	2005	ITER をフランスに建設決定
		2025	❸ ITER 運転開始（数年遅れの恐れ）

時間経過は、❶反応発見→❷原子炉→❸原爆　　❶反応発見→❷水爆→❸核融合炉

ラザフォードの核変換（核融合）実験（1919年）

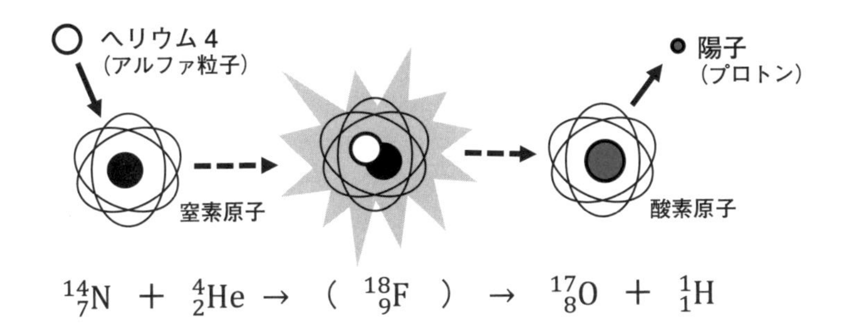

$$ {}^{14}_{7}\mathrm{N} + {}^{4}_{2}\mathrm{He} \rightarrow ({}^{18}_{9}\mathrm{F}) \rightarrow {}^{17}_{8}\mathrm{O} + {}^{1}_{1}\mathrm{H} $$

元素の表示例

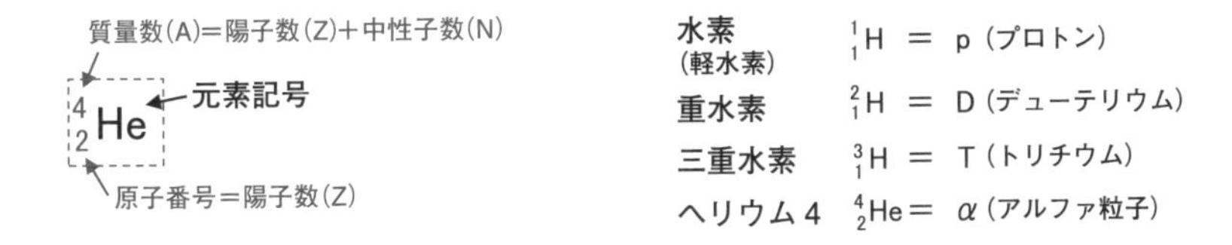

1-5 <基礎編>

核融合が宇宙を進化させる？

星は元素製造マシーンです。宇宙の起源としてのビッグバン初期に、クォークから陽子や中性子が創られ、水素、ヘリウムなどの元素が核融合反応で生成されました。星の内部では、さらにさまざまな元素が製造されてきました。

核融合反応による元素合成

恒星の内部では核融合反応エネルギーによる膨張の力と、自分自身の重力による収縮の力とが釣り合って星が維持されています。太陽では約１千万度以上で陽子４個からヘリウムが生成されますが、太陽よりも数倍重い恒星では、１億度以上でヘリウムから炭素や酸素が生成され、さらに、重い恒星では中心部分にネオンやマグネシウムが製造されます。太陽の10倍以上の質量の星の内部では、陽子を26個もつ鉄までの重い元素が星の中で生みだされています。星の進化では、超新星爆発によるエネルギーによって、鉄よりも重い重元素がクーロン障壁の影響を受けない中性子捕獲反応により生成され、星間物質としてリサイクルされています。私たち人間の体も、窒素、炭素、酸素、水素のほか、マグネシウムや鉄などからできています（**上図**）。その意味で、私たちは「核融合の星屑」のカタマリなのです。

元素組成と核子の結合エネルギー

太陽系の元素のなかで最も質量比の多いのは水素、次にヘリウムであり、リチウムを含めてビッグバンで生成された元素です。**下図左**にはシリコンを10^6として組成比が描かれています。原子番号26の鉄までは恒星内部の核融合反応で作られ、鉄よりも重い重元素は、超新星爆発によるエネルギーやクーロン障壁の影響を受けない中性子捕獲反応により生成されたと考えられています。

原子１個あたりの結合エネルギーを**下図右**に示しましたが、最も結合エネルギーが強くて安定なのが質量数56の鉄です。水素のように軽い原子核が融合すると、エネルギーを出してより安定な状態になります（**核融合反応**）。一方、ウランのような重い原子核に中性子が当たると、より軽い原子核に分裂し、そのときにエネルギーが発生します（**核分裂反応**）。核内の結合エネルギーの質量数依存性は、体積効果、表面効果、クーロン効果などのさまざまな効果を組み入れた**ベーテ・ワイゼッカーの質量公式**で評価できます。

宇宙での元素サイクル

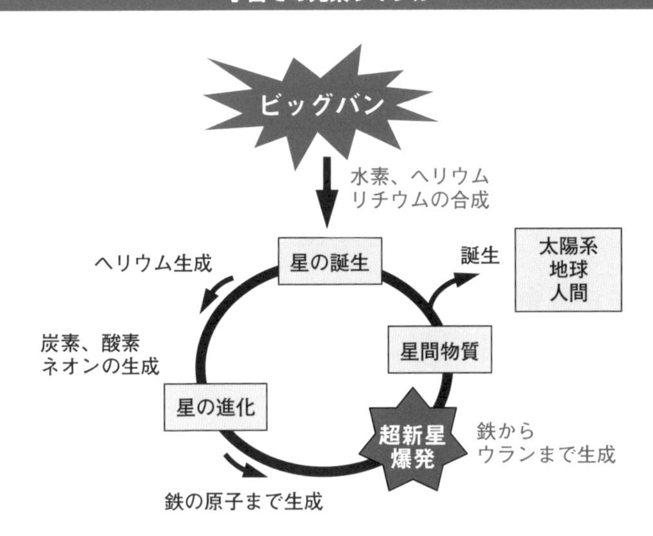

宇宙の元素組成比と結合エネルギー

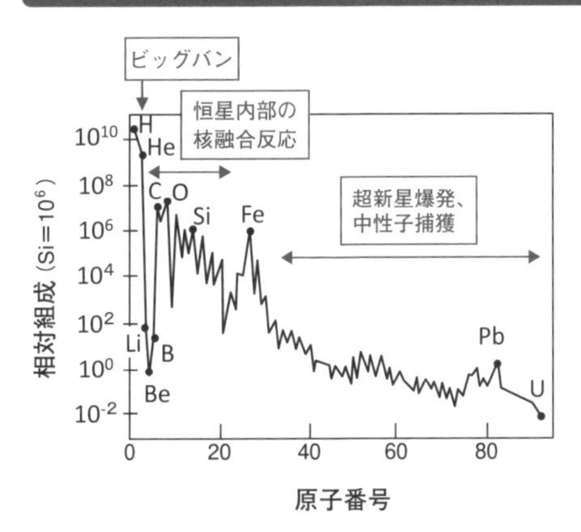

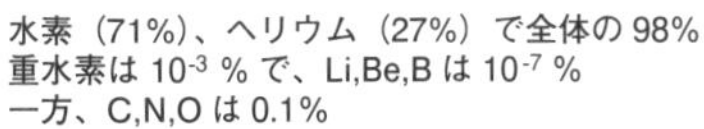
水素（71%）、ヘリウム（27%）で全体の 98%
重水素は 10^{-3} % で、Li,Be,B は 10^{-7} %
一方、C,N,O は 0.1%

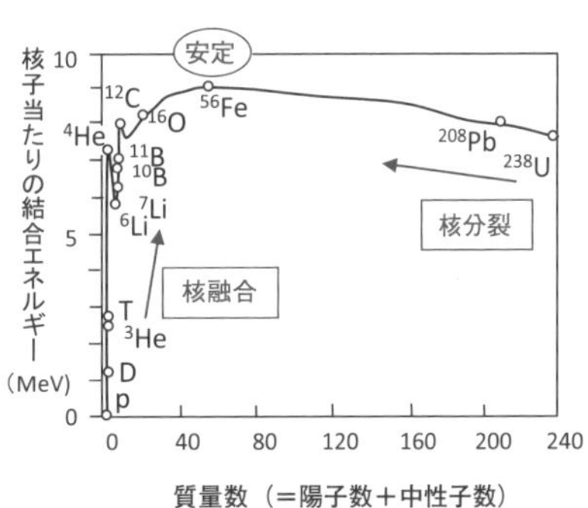

参考メモ　電子ボルト

MeV（メブ）　：1 eV の 100 万倍のエネルギー単位
eV（電子ボルト）：電子 1 個が 1 V（ボルト）の電位差を通過するときに得られるエネルギーであり、
1 eV =1.60 × 10^{-19} J
温度換算では～ 1 万度

1-6 <基礎編>

太陽は核融合で燃えている？

真夏の太陽の光はまばゆいばかりです。太陽エネルギーのおかげで、私たちを含めて地球上の生命のサイクルが維持されてきています。その太陽光の発生メカニズムについて考えてみましょう。

太陽中心での核融合でガンマ線発生

太陽からの電磁波として、エネルギーの高い（波長の短い）ガンマ線から、可視光、そしてエネルギーの低い赤外線などのさまざまな電磁波が地球に届きます。太陽の半径の４分の１までの中心部分の**核**では、重力により閉じ込められたプラズマにより核融合反応が発生・維持されます。太陽の中心でできた放射光は**放射層**（半径の約７割まで）を通過しますが、いろいろな粒子とぶつかり合い、吸収・屈折・再放射され、エネルギーを低下させながら進みます（**上図**）。熱が熱いほうから冷たいほうに伝わるように、放射も低温で低密度の領域に流れます。ジグザグに進むガンマ線は低エネルギーのＸ線に変わり、さらに低エネルギーの電磁波に変わって、長い年月を経て上層の２百万度近くの**対流層**の底に到達します。対流層では放射が低温のイオンに吸収されて、10日程度の短期間で対流によってエネルギーは輸送されます。およそ数十万年の長い歳月を経て、太陽の中心から光エネルギーが私たちの地球に届くことになります。今私たちが見ている太陽の光は、旧人類のネアンデルタール人が活動し始めた頃のエネルギーの光なのです。

ppチェーン核融合反応

太陽のコアで起こっている反応は**ppチェーン（陽子・陽子連鎖）反応**と呼ばれます（**下図**）。陽子同士の核融合により重水素が生成され、同時に陽電子とニュートリノが放出されます。生成された重水素と陽子とが融合してガンマ線とともにヘリウム３が生まれ、ヘリウム３同士でヘリウム４と陽子２個が作られます。その高エネルギーの陽子が、重水素やヘリウム３を生成し、連鎖反応が繰り返されます。一方、反粒子としての**陽電子（ポジトロン）**は通常の電子と反応してガンマ線を放出します。全体として、４個の陽子と２個の電子からヘリウム４とガンマ線が６本発生することになります。

太陽内部の核反応と光の生成

重力による高温プラズマの閉じ込め
pp 連鎖反応による核融合

太陽内部の断面図

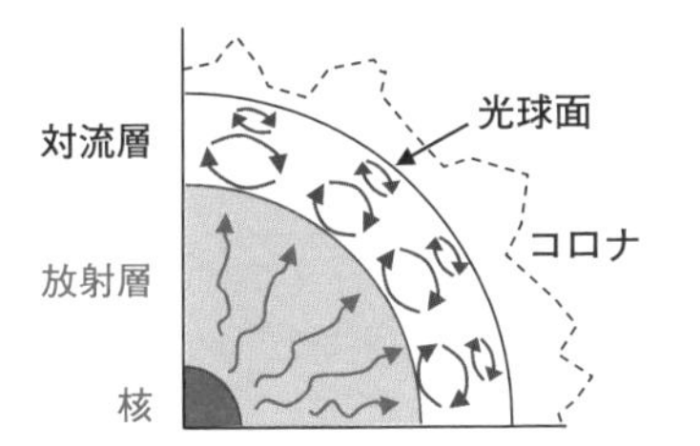

＜核＞
中心核 (コア) は密度が 160 g/cm^3 で、地上の固体の鉛の 10 倍ですが、1500 万度の高温なので電離気体（プラズマ）状態です。コアでの核融合反応でニュートリノとガンマ線が放出されます。

＜放射層＞
ニュートリノ（中性微子）は、直接太陽から地球に 8 分ほどで到達します。一方、ガンマ線（高エネルギー光子）は放射層の中の原子に吸収され再放出されて、外側に行くに従い、エネルギーの低い多数の光子に変換されていきます。

＜対流層＞
対流層は、いくつかの階層構造をなします。光球面には比較的小さな対流が、内部になるほど流れが合流して大きな対流が主となっています。

pp チェーン核融合反応

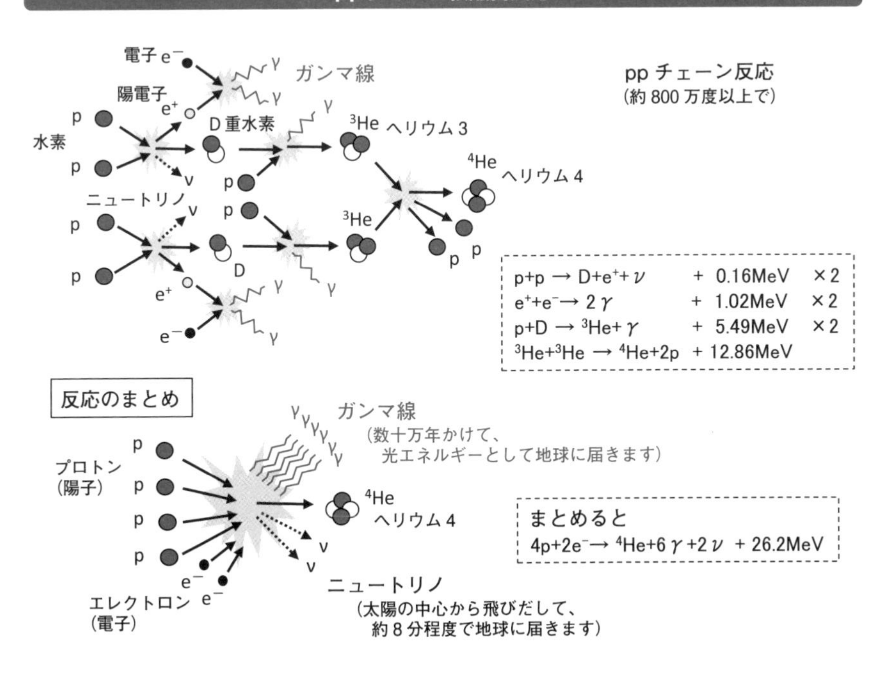

1-7 <基礎編>

原爆と水爆の違いは？

核融合反応の地上での最初の実現は水素爆弾でした。「水爆の父」と言われる原子物理学者エドワード・テラーにより開発が進められ、1952年にマーシャル諸島のエニウェトク環礁にて、人類初の水爆実験が行われました。

砲弾型や爆縮型の原子爆弾

米国では**マンハッタン計画**（1941年〜1945年、本部がニューヨーク・マンハッタン）として原子爆弾の開発が進められました。**原子爆弾**では核分裂物質を臨界量以上に集めて連鎖反応を爆発的に起こさせます。広島型のリトルボーイでは、2つのウラン235の塊を火薬の爆発で接合することで、また、長崎型のファットマンでは球状のプルトニウム239を火薬で圧縮することで、原子爆弾を動作させます（**上図**）。核分裂反応の場合には臨界量で大きさが定まり、極端に大型の原爆の製造は困難です。一方、核融合爆弾ではそのような上限がないこと、ウランと異なり重水素燃料は豊富で分離も容易であること、核分裂よりも核融合による発生エネルギーのほうが大きいこと、などから、水素爆弾の開発が進められてきました。

テラー・ウラム型水素爆弾

核融合の研究開発は20世紀半ばから始められましたが、純粋な**水素爆弾**の製造は困難でした。そこで、最初に原子爆弾を起爆させてそのとき発生するX線の放射圧により瞬時に核融合燃料を高温・高圧に圧縮する方式が採用されました（**下図**）。音速で伝わる通常の爆発的な燃焼波よりも、光速で伝わる電磁波の放射圧を利用することにより、重水素化リチウムの核融合燃料が飛び散るのを避けて、瞬時に一様に爆縮する方式です。核分裂で生成された中性子は重水素やリチウムに捕獲されトリチウム（T、三重水素）が生成され、DT反応が促進されます。天然ウランで作られたタンパー（外皮）に核融合による高速中性子が捕獲されて、核分裂反応も起こります。ハンガリー生まれ物理学者エドワード・テラーとポーランド生まれの数学者スタニスワフ・ウラムにより考案されました（**テラー・ウラム爆弾**）。核分裂→核融合→核分裂の3段階の爆弾（**3F爆弾**）であり、TNT火薬換算で十キロトン（kt）級の原爆よりも3桁も大きい数十メガトン（Mt）級の水爆の開発も行われてきました。

原子爆弾の原理

広島型 リトルボーイ
ガン・バレル（砲弾型）

TNT 爆弾　1 万 5 千 t 相当

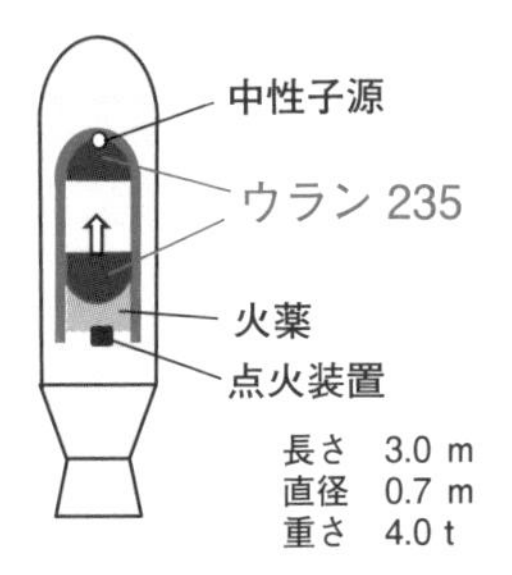

臨界量より少ない 2 つの塊を
火薬で衝突させることで
瞬時に臨界爆発を起こさせます

長崎型 ファットマン
インプロージョン（爆縮型）

TNT 爆弾　2 万 1 千 t 相当

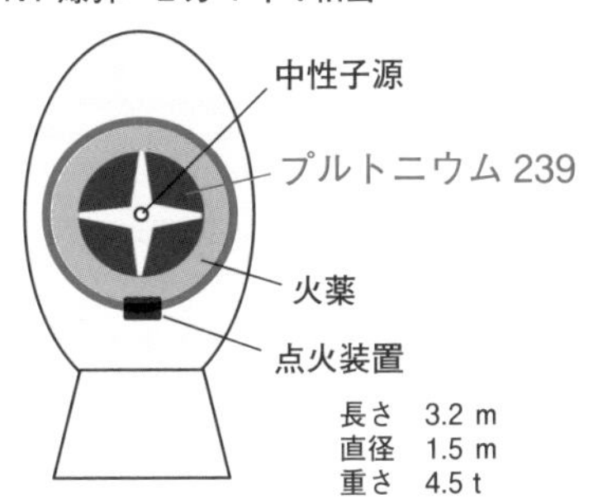

臨界量以下の小さな塊を球状に設置して
周りの火薬で中心へ圧縮して、
瞬時に爆発を起こさせます

水素爆弾の原理

テラー・ウラム型爆弾

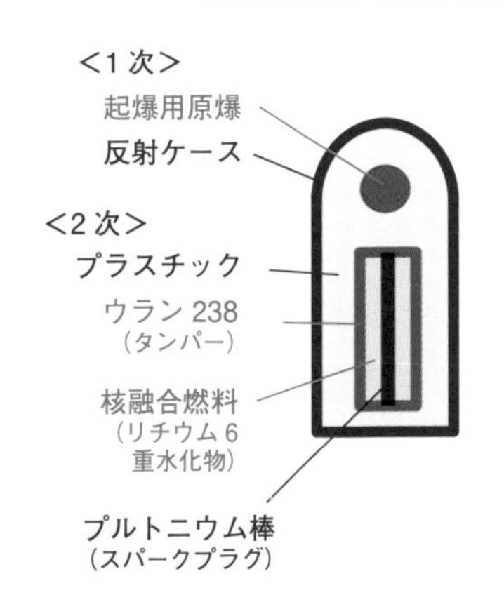

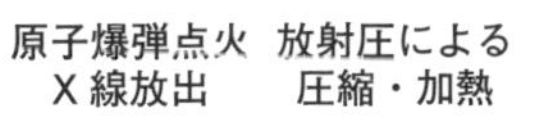

核融合反応

1-8 <基礎編>

トンネル効果で核融合反応？

正電荷の原子核同士を衝突させて核融合反応を起こすには、古典力学では電場の壁を超えるのに30～40億度以上の速度が必要となります。しかし、量子論効果では電場の壁をすり抜けて反応する粒子が現れます。

不確定性原理とトンネル効果

量子力学の世界では、いろいろと奇妙な現象が起こります。その1つが**不確定性原理**であり、ハイゼンベルグが23歳のときに発見しました。量子力学に従えば、物体の位置と運動量（速度と質量の積）を正確に決定することができません。どちらか一方を正確に測ろうとすると他方は不正確になります。これは、粒子には波の性質があるからであり、不確定性の積はある値以上となります。同じように、時間とエネルギーにもある幅の不確定性があります。核子の半径は～10^{-15}mなので、そのポテンシャルエネルギーは0.3～0.4MeVです。原子核同士のこの斥力を越えるほどの速度（あるいはエネルギー）を与えるのは非常に困難です。しかし、十分長い時間十分接近させれば不確定性原理に従って斥力の山を越えて核反応を起こす可能性があります（**上図**）。これを**トンネル効果**と呼びます。

ガモフピーク

核融合反応を起こすには、高温にしてなるべく原子核同士を接近させて、この量子トンネル効果を利用して、クーロン障壁よりも低い温度のプラズマでも原子核同士の核融合反応を促進させることです。プラズマ粒子が熱的に平衡状態の場合には、**マクスウェル・ボルツマン分布**という高温部分にも粒子がなだらかに存在するエネルギー分布になります。高温になればトンネル効果で反応する確率も増えてきます。原子核の相対的な個数と核融合を起こす確率を模式的に**下図**に示しました。実際に核融合が起こる反応数は、これらの掛け算で決まります。この山形の曲線のピークを**ガモフピーク**と呼びます。核融合炉をめざした高温プラズマでは、マクスウェル分布の高エネルギーの裾野の少数の粒子が核融合反応を担っています。積極的に高エネルギー粒子のビームをプラズマ中に打ちこんで、ビームとプラズマイオンを効率的に反応させる方法（**2成分トーラス（TCT）反応**）もあります（**1-10節参照**）。

不確定性原理とトンネル効果

不確定性原理

Δ（位置）× Δ（運動量）　≧ $\hbar/2$
Δ（時間）× Δ（エネルギー）≧ $\hbar/2$

（註）運動量とは質量と速度の積、
$\hbar$ はディラク定数（~10^{-34} Js）
Δ（　）は不確定性を示しており、
測定誤差ではなく、物質の本来の性質

トンネル効果

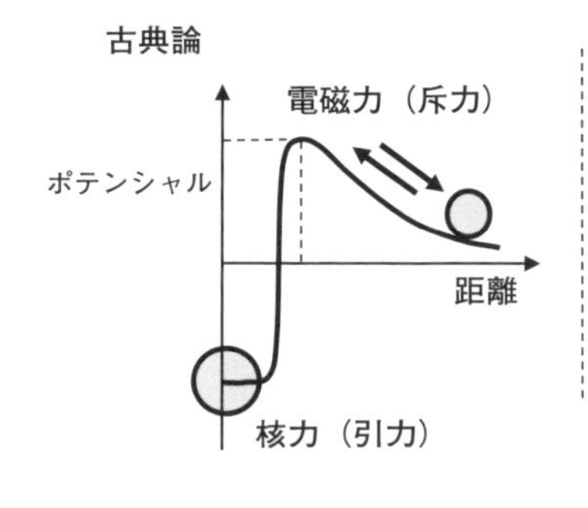

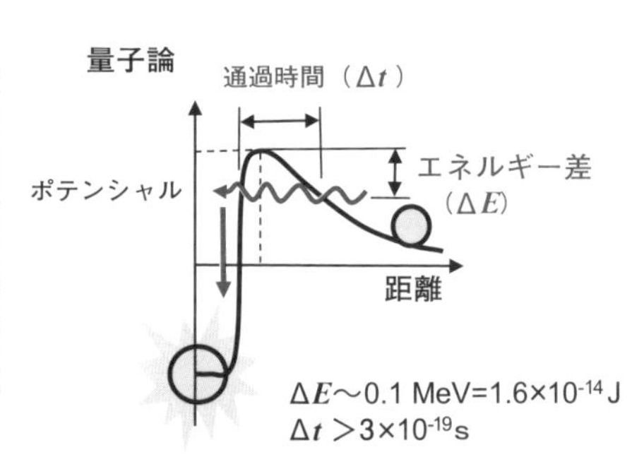

ボルツマン分布とガモフピーク

多粒子分布

$$f(\varepsilon) = \frac{1}{\exp[(\varepsilon - \mu)/kT] \mp 1}$$

μ：化学ポテンシャル
ε=(mv²/2)：運動エネルギー

符号－：ボース・アインシュタイン統計
符号＋：フェルミ・ディラク統計
$\varepsilon \gg kT$、μ=0：マクスウェル・ボルツマン分布

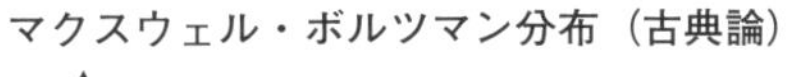

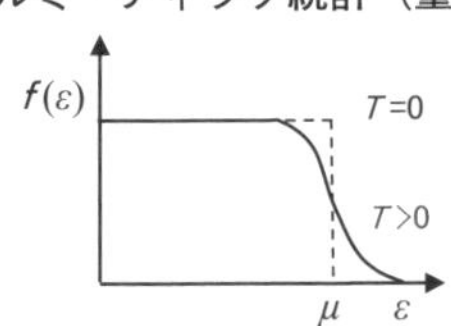

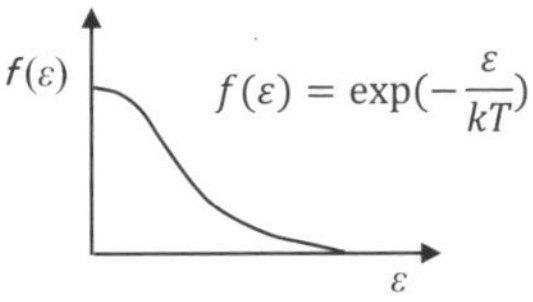

ガモフ・ピーク

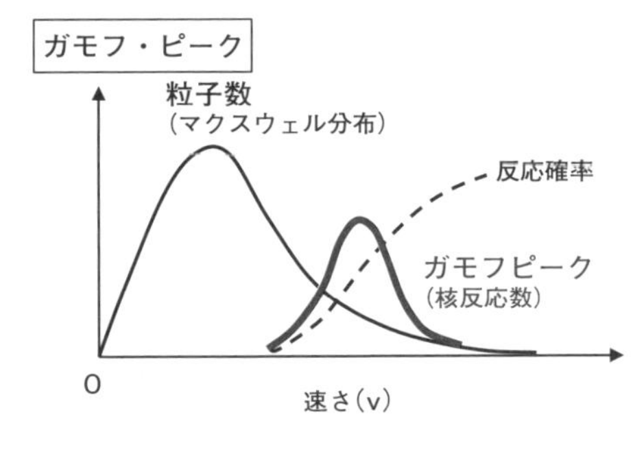

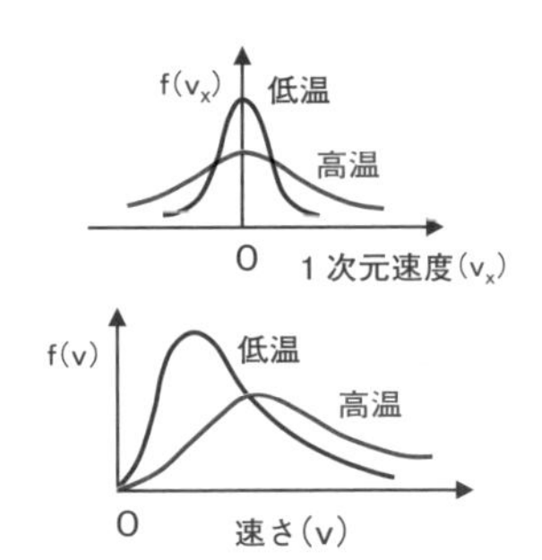

1-9 ＜基礎編＞

質量欠損のエネルギーとは？

人間社会では、一人では孤独で寂しく、大勢では喧嘩になります。適度な大きさがあるように、原子にもちょうど安定な原子核の質量があります。最も安定で結合エネルギーが大きいのが鉄（Fe）元素です。

核反応での質量欠損とエネルギー

重水素と三重水素からヘリウムと中性子ができる反応を考えてみましょう。ヘリウムと中性子の各々の質量の和が、重水素と三重水素の各々の質量の和より小さいことがわかります。質量の一部が反応によって失われ（**質量欠損**）、エネルギーに変換されます。これを説明するのが、世界で最も有名な現代物理学の式$E=mc^2$です。ここで、cは光の速度であり、エネルギー（E）は質量（m）に等価であることを示しており、アインシュタイン博士により特殊相対性理論として発見されました。実際のDT反応では、反応前後で陽子の質量の2%弱の質量が減少しており、その質量欠損分が核反応での発生エネルギーとなっています（**上図**）。

質量とエネルギーの等価の法則E＝mc²

強い力に関連して、真空中の光速c [m/s]を用いて質量m [kg] とエネルギーE [J] の関係$E=mc^2$が1905年のアインシュタインの特殊相対性理論により明らかにされました。これを「質量とエネルギーの等価性」といい、等速運動する系（慣性系）において**光速不変の原理**と**相対性原理**（座標系によらず物理法則は不変）を用いて導かれたものです。**下図**のような等速で動く座標系S'上で細長い長さ$2L$の部屋の中央に質量Mの物体を置き、上下から$E/2$のエネルギーをもつ光子を入射した仮想実験を考えます。静止している座標系Sと、速度Vで等速運動している座標系S' を定義します。光子が物体に合体した場合には、エネルギーが変換されて質量mが増えたと考えますが、エネルギーEの光子の運動量はE/cなので、光子の垂直運動量は上と下とで－（1/2）E/cと（1/2）E/cであり全体としては0です。一方、静止座標系Sで眺めると運動量の垂直方向は0ですが、水平方向の運動量は**下図**のように光子の運動量も含めて前後で保存されるので、光速は静止座標系でも等速座標系でも原理的に一定値cと仮定すると、$E=mc^2$が得られます。この思考実験から相対論のローレンツ因子も導かれます。

DT 核融合反応での質量欠損

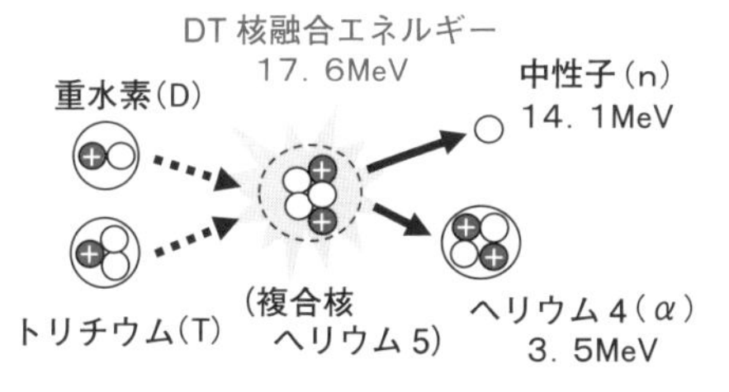

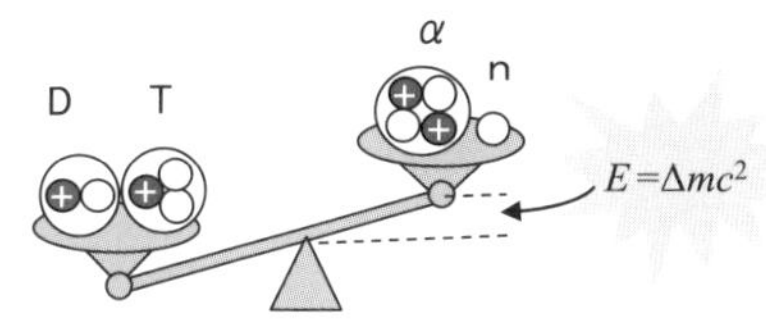

質量

m_D= (2-0.00099) m_p
m_T= (3-0.00628) m_p
m_α= (4-0.02740) m_p
m_n= (1+0.00138) m_p
m_p は陽子の質量 (1.6726×10^{-27} kg)

質量欠損

$\Delta m = (m_D + m_T) - (m_\alpha + m_n)$
$= 0.01875 m_p$

核反応エネルギー

$E = \Delta mc^2$=17.6MeV
c は光の速度 (3×10^8m/s)

参考メモ

運動量の保存則とエネルギーの保存則から、
速度比は質量比の２乗に反比例し、
エネルギー比は質量比に反比例します。
αとｎとの質量比は４：１なので、
全体の質量欠損エネルギー 17.6MeV から、
αが 3.5MeV、ｎが 14.1MeV となります。

質量とエネルギーは等価（アインシュタインの思考実験）

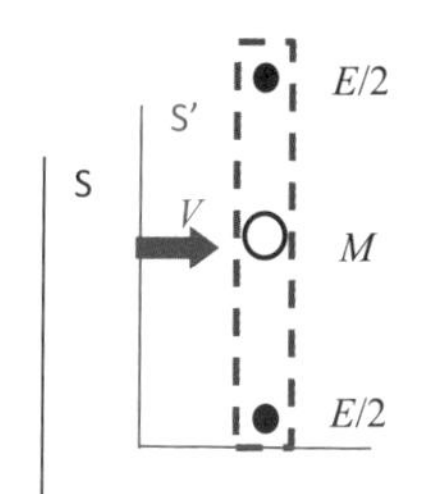

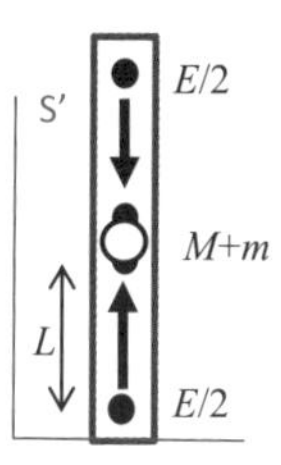

等速運動座標系

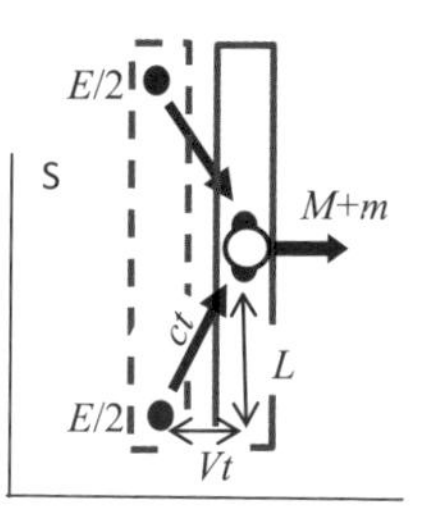

静止座標系

水平方向の運動量

衝突前　$2 \times (E/2c) \times (Vt/ct) + MV$
衝突後　$(M+m)V$

運動量の保存から　$E = mc^2$

参考メモ　静止エネルギー

$1\text{eV} = 1.60 \times 10^{-19}\ \text{J} = 1.16 \times 10^4\ \text{K}$
$e = 1.60 \times 10^{-19}$ C（電気素量）
$m_p c^2$ = 938MeV（プロトンの静止エネルギー）

アルベルト・アインシュタイン
(1879 年～ 1955 年)

1-10 ＜基礎編＞

核融合反応断面積と反応率は？

電荷をもたない中性子による核分裂反応と異なり、正電荷同士の原子核の融合反応では電荷同士の電場の壁を量子論的に乗り越える必要があり、相対速度で反応のしやすさが決まります。比例係数は反応断面積と呼ばれます。

核反応断面積と核反応率

一様な中性子線が物質の薄い層に直角に入射して反応する場合を考えます。単位体積当たりの原子核数をn、厚みをdxとした標的に、1個の中性子が入射した場合に**反応確率**は比例係数をσとして$\sigma n dx$です（**上図**）。ここでσは**断面積**の単位であり、核子の半径はおよそフェムトメートル（fm、10^{-15}m）程度なので10fmの平方断面積を1barnと定義します。これはウランの断面積にほぼ等しい値です。２種類の粒子束が反応する場合には、単位時間当たりの反応確率（**反応率**）は相対速度vに比例しますので、σvをボルツマン分布で平均した値$<\sigma v>$を用いて表されます。反応エネルギーを掛けて反応パワー密度も定義できます。

熱核融合の反応断面積と反応率

DT核融合反応の場合の反応断面積の相対速度依存性と、熱核融合反応率の温度依存性を**下図**に示します。反応断面積はおよそ100keVのエネルギーで最大であり、DT熱核融合反応率は温度10keV近傍ではイオン温度Tの２乗に比例し

$$<\sigma v>_{DT}(\mathrm{m^3/s}) \sim 1.1\times10^{-24}[T(\mathrm{keV})]^2$$

の式で近似できます。ここでエネルギーの単位eV（エレクトロンボルト）は電子を１ボルトの領域で加速したときのエネルギーであり、keV（ケブ）はその1000倍です。100keV近くの重水素ビームをトリチウムプラズマに入射することで核反応率（ビームターゲット反応率）を向上させることもできます。この**TCT（2成分トーラス）反応**により10keVプラズマでも反応率を10倍ほど上げることができます。ウエット・ウッド・バーナー（濡れた木材の燃焼器）とも呼ばれる反応であり、ミラー型の核融合の臨界条件を緩和させることもできます。プラズマ中で重水素ビームとトリチウムビームをトーラスの逆方向に入射して反応率を高める**CBT（衝突ビームトーラス）**の3成分反応も、過渡的なゼロ出力炉として提案されてきました（**参考メモ参照**）。

断面積と反応率

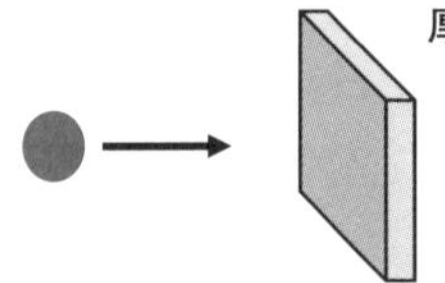

厚さ dx

単位体積あたりの
原子核数 n

断面積　σ(m^2)
1 barn = 10^{-28} m^2

1個の中性子が入射した場合の
単位面積あたりの反応確率Pは
$P=\sigma n \mathrm{d}x$
σは比例係数で核反応断面積

水素原子の半径　〜 0.9x10^{-15}m
　= 0.9　fm（フェムトメートル）

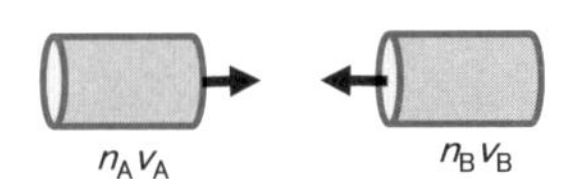

σは相対速度vに依存するので、
多くの粒子の速度について平均をとり

粒子束$n_A v_A$と粒子束$n_B v_B$とが
反応するときの反応率
（単位時間あたりの反応確率）は
$n_A n_B \sigma_{AB} v$、　$v=|v_A-v_B|$

反応粒子密度　$n_A n_B \langle\sigma v\rangle$　(m^{-3}s^{-1})
反応パワー密度　$n_A n_B \langle\sigma v\rangle U_{AB}$(Wm^{-3})
　U_{AB}: 反応エネルギー（J）
反応率　$\langle\sigma v\rangle$(m^3/s)

DT核融合反応率の温度依存性

反応断面積 σ

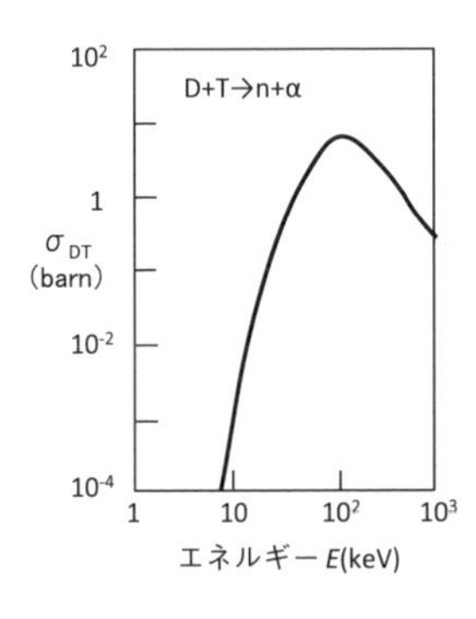

熱核反応率 $\langle\sigma v\rangle$

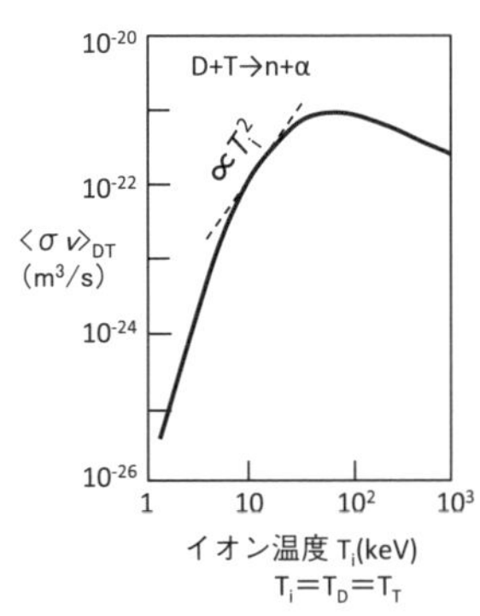

ビームターゲット反応率

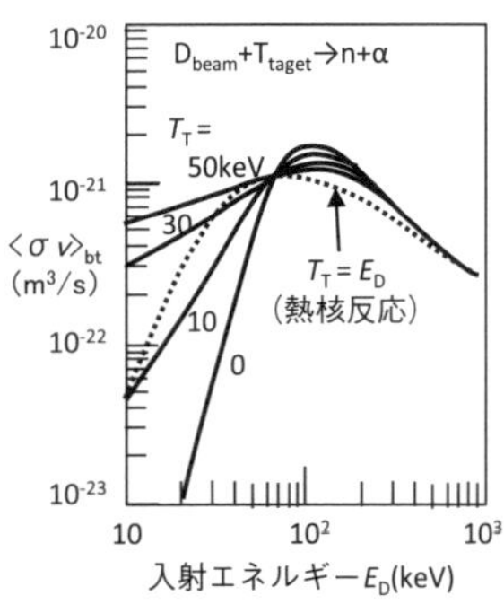

参考メモ　TCT型核融合炉

レビュー論文がWeb上（J-STAGE）で公開されています。
井上信幸、山崎耕造：『TCT型核融合炉』日本原子力学会誌 1976年18巻4号 p.189-201

1-11 ＜基礎編＞

太陽と人工太陽の違いは？

太古の昔、太陽光の降り注ぐ海の中で、原始の生命が誕生しました。地球上の生物は、太陽のおかげで進化・発展してきました。その太陽は水素プラズマで構成されており、核融合反応によりエネルギーが生みだされています。

閉じ込め原理の違い

太陽のエネルギーを地上で作ろうとする場合には、自然の太陽と異なるさまざまな工夫が必要となります。核融合を起こさせるためには、原子核同士がぶつかり合うようにプラズマを高温・高密度にして長時間閉じ込める必要があります。太陽では、自分自身の大きな重力によりプラズマが閉じ込められています（**重力閉じ込め**）。地上でそのような大きな重力を利用することができません。最も有望視されている方式は、磁場の力により核融合プラズマを閉じ込め方式（**磁場閉じ込め**）です。レーザーなどを用いて高密度に圧縮して慣性で閉じ込める方式（**慣性閉じ込め**）もあります。磁場閉じ込めや慣性閉じ込めに相当する現象は自然界でも観測されています（**上図**）。

反応確率と質量の違い

太陽では、水素原子（p）同士の反応によりヘリウム４が作られ、ニュートリノ（ν）やガンマ線（γ）が放出される**ppチェーン反応**が起こっています（**1-6節参照**）。その反応確率は非常に小さく、反応時間は数十億年に相当します。これでは、地上でのエネルギー取りだしに利用できません。水素の同位体としての重水素（D）や三重水素（T）の反応を利用することにより、太陽内部の**ppチェーン反応**の10^{20}倍以上の反応確率を得ることができます。核融合反応しているプラズマの温度も異なります。太陽内部では１千５百万度で緩やかな反応ですが、地上の太陽では、加えた以上のエネルギーを取りだす必要があり、１億度のプラズマ温度が必要となります。300万キロワット熱出力の核融合炉の炉心の体積はおよそ1000立方メートルなので、１立方メートルあたり300万ワットの熱に相当します。一方、太陽中心では密度は磁場核融合プラズマの10^{10}倍ですが、反応確率が微小なので１立方メートルに30ワットの電球をつけたほどの熱しか発生しません。しかし、その膨大な質量ゆえに、地上に多大な恵みのエネルギーを送り届けてくれるのです。

太陽と人工太陽の原理の違い

自然の太陽

重力による閉じ込め

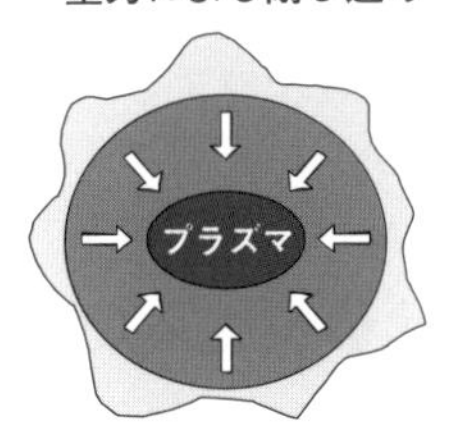

<自然界での例>
太陽や星の内部

人工の太陽（その1）

磁力による閉じ込め

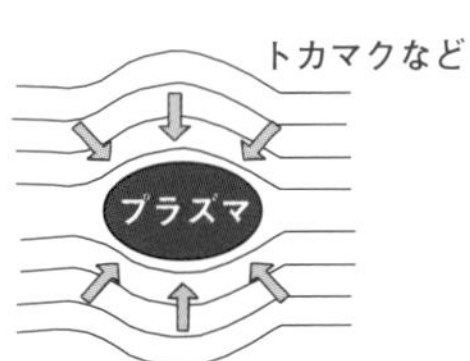

<自然界での例>
太陽の磁気ループ
バン・アレン帯
オーロラ

人工の太陽（その2）

慣性力による閉じ込め

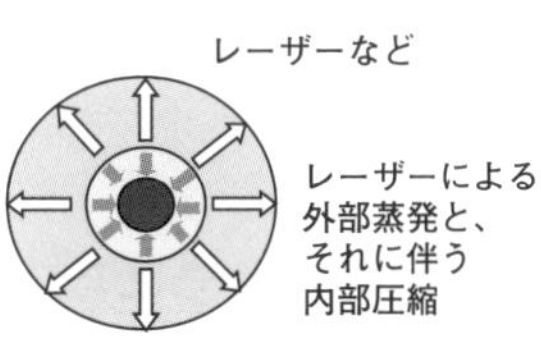

<自然界での例>
超新星爆発での内部圧縮
ロケット推進の原理

太陽と人工太陽の反応の違い

太陽

pp チェイン反応

重力閉じ込め 膨大な質量 低い反応率

$4p+2e^- \rightarrow {}^4He+6\gamma+2\nu + 26.2MeV$

核融合反応と同時に、電子・陽電子の
対消滅反応（0.51MeV）も起こっています

人工太陽

DT 反応

磁場または慣性閉じ込め 微小な質量 高い反応率

$D+T \rightarrow {}^4He+n+17.6MeV$

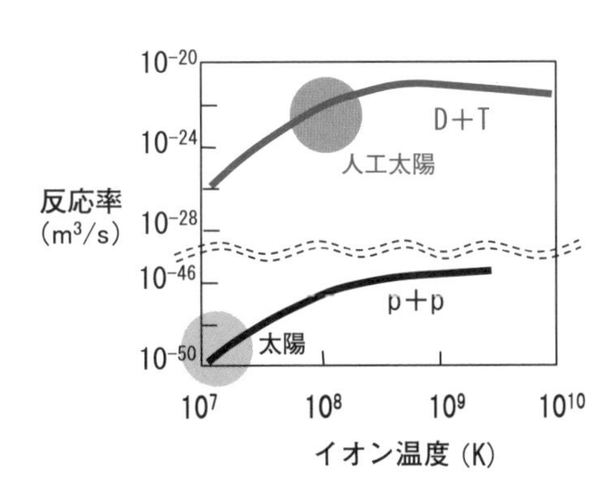

人工太陽：1 億度

太陽：1 千 5 百万度

1 億度～ 10keV

1-12 ＜基礎編＞

地上での核融合の方式は？

核融合では、どのような燃料を使うのか、どのように燃料のプラズマを閉じ込めるのか、特別な反応を利用するのかで、さまざまな方式に分類できます。この節では、磁場閉じ込めと慣性閉じ込めに関する核融合発電方式を概観します。

「定常ボイラー」の磁場核融合と「間欠エンジン」の慣性核融合

核融合プラズマの閉じ込めの実現のために、これまでいくつかの方法が提案され実験されてきています（**上図**）。かつて話題を集めた常温核融合（現在ではエネルギー源としては否定されています）も進められていますが、熱核融合研究は、大きく2つの方式に分けられます。

第一は**磁場核融合**方式と呼ばれ、連続燃焼する「定常ボイラー」にたとえることができます。プラズマを構成する電子とイオンは電気を帯びた粒子であり、磁場に巻きつく運動をするので磁場によりプラズマを閉じ込めることができます。ドーナツ状の磁場とプラズマ電流を利用する「トカマク」、や、ドーナツ状の外部のラセン型磁場コイルを利用する「ヘリカル」があります。両端を絞った直線型磁場形状を利用した「ミラー」もあり、自然界では地球磁場でのバン・アレン帯でのプラズマ閉じ込めに相当します。第二は**慣性核融合**と呼ばれる方式であり、繰り返しパルス運転を行うもので「間欠エンジン」にたとえることができます。出力の大きなレーザー（位相のそろった光ビーム）や荷電粒子ビームを小さな燃料球（ペレット）に照射し、燃料球の表面が燃焼・膨張する反動でその内側の部分が圧縮加熱（爆縮）されることを利用する方法です。圧縮方法はロケット推進の原理に相当しています。

磁場核融合と慣性核融合での発電

核融合炉では、心臓部に当たる炉心プラズマでの核融合反応によりエネルギーを発生させます。重水素および三重水素を燃料とする核融合反応では、放出エネルギーのほぼ80%を高エネルギーの中性子がもちだします。中性子のエネルギーは炉心をとりまく「ブランケット」の中の液体リチウムに吸収され熱エネルギーに変換されます。磁場核融合と慣性核融合では炉心部分に違いがありますが、核融合発電システムとしては、原子力発電と同様に、核エネルギーを熱に変換して蒸気タービンをまわして発電する方式です（**下図**）。

さまざまな核融合閉じ込め方式

磁場核融合	環状型	軸対称	トカマク	標準型 ❶
				コンパクト型（球状、強磁場）
			逆磁場ピンチ（RFP）	
			コンパクトトーラス（CT）	スフェロマック
				磁場反転配位（FRC）
		非軸対称	ヘリカル ❷	
	直線型		ミラー ❸	

❶ 中心磁場　電流　周辺磁場

❷

❸

慣性核融合	レーザー方式	直接照射 ❹
		間接照射
		高速点火
	荷電粒子ビーム方式	軽イオンビーム
		重イオンビーム

❹ レーザー

磁場核融合と慣性核融合の発電システム

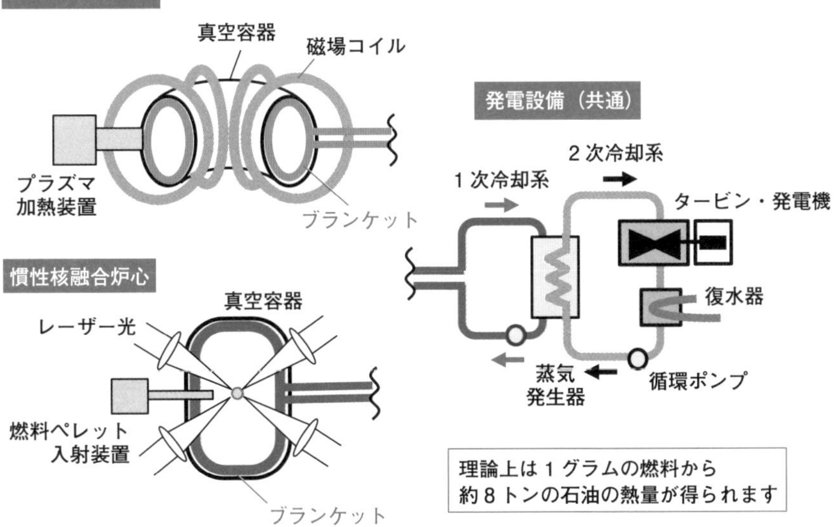

第1章　核融合の基礎（核物理学）

1-13 ＜基礎編＞

第１世代、第２世代の燃料は？

核融合炉の実現には第１世代燃料としてDT燃料が用いられます。トリチウム（T、三重水素）は自然界には存在しないので増殖が必要です。高温プラズマ閉じ込めが可能となれば、重水素（D）だけの第２世代燃料核融合が可能となります。

最も実現容易なDT核融合

核分裂では、反応により生成される中性子による連鎖反応を利用しますが、核融合では反応生成物のエネルギーにより新たに加えた燃料が加熱されて核燃焼が維持されるので、原子炉のような核暴走は起こらず、固有の安全性があります。燃料が少なすぎたり、燃料を入れすぎたりの場合には、反応が停止してしまいます。

最初に想定されている核融合炉は、最も低い温度で核燃焼が可能な**DT炉**です。重水素（D）と三重水素（T）反応によりヘリウム４（^{4}He）と中性子（n）とが発生します（**上図上**）。発生エネルギーの80%近くが中性子なので、そのエネルギーを熱に変換して回収するブランケットが必要となります。また、トリチウム（T）は弱いベータ線を放射する水素の放射性同位元素であり、天然には極めて微量しか存在しないので、ブランケット内でベリリウムなどで中性子を増倍してリチウム（^{6}Li）と反応させてトリチウムの生成・回収を行う必要があります（**上図下**）。

燃料豊富なDD核融合

核融合の燃料の世代の明確な定義はありませんが、燃料豊富な重水素だけでのDD炉を第２世代、中性子の発生が少ないクリーンなD^{3}He炉が第３世代です。中性子が全く発生しない将来のp^{11}B反応炉（第４世代）も夢見られています。各種燃料による核反応断面積と核反応率の温度依存性を**下図**に示しました。海水中に無尽蔵にある重水素（D）だけを燃料とした**DD炉**では燃料増殖は必要ありませんが、中性子のエネルギー（DT反応の中性子の２割以下）を吸収するブランケットが必要であり、かつ、中性子による材料損傷・劣化の対策が必要です。また、高温（60～70keV）・高密度のプラズマの保持が必要となるので、DT炉よりも装置が大型化してしまいます。DD炉に、初期にトリチウムを加えて燃焼・加熱させ、途中からDD反応で生成されるトリチウムを回収・燃料化して運転する**触媒DD炉**も構想されています。

DT核融合とT増殖

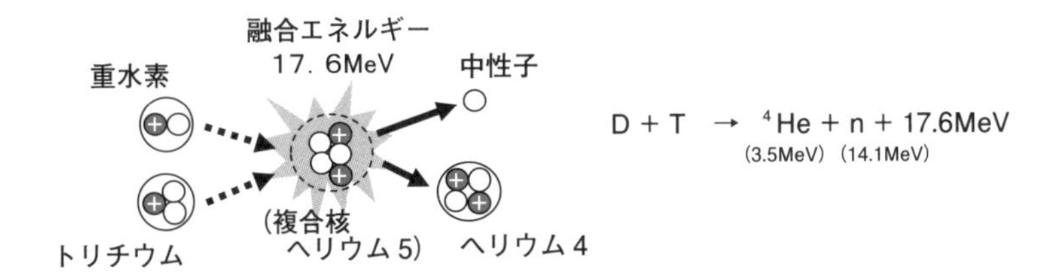

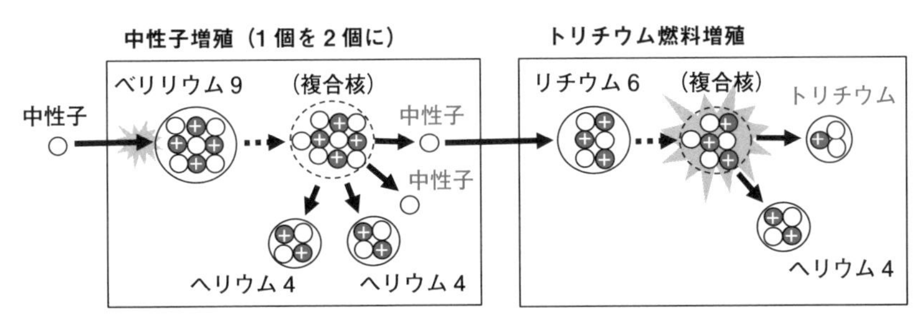

^{9}Be＋n →2^{4}He＋2n－2. 5MeV　　^{6}Li＋n → T＋^{4}He＋4. 8MeV

いろいろな核融合の反応断面積と反応率

天然存在密度比
水素　D / H ＝ 1.5×10^{-4}
ヘリウム　^{3}He / ^{4}He ＝ 1.3×10^{-6}
リチウム　^{6}Li / ^{7}Li ＝ 0.08

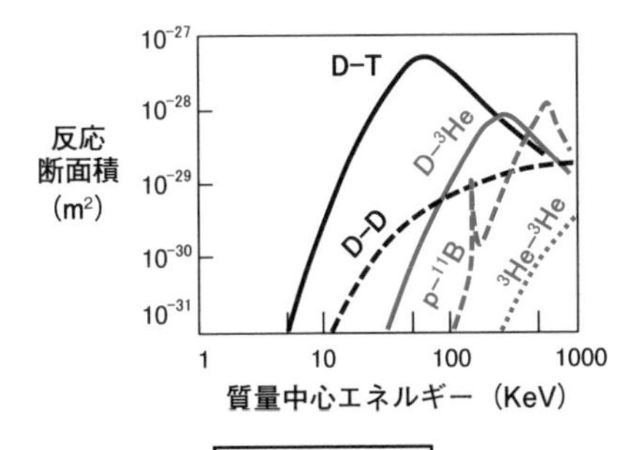

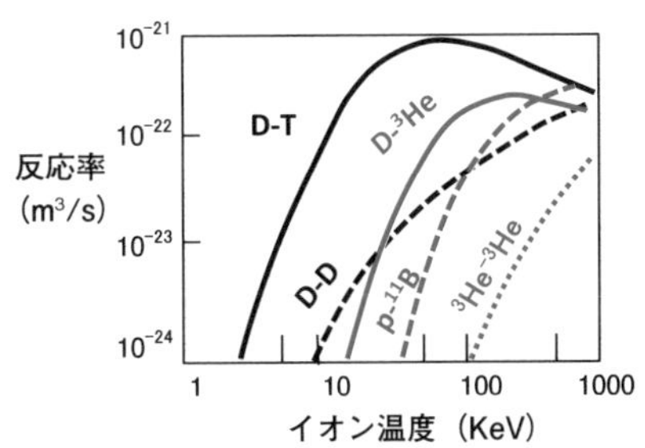

第１世代燃料

DT反応：　D＋T → ^{4}He (3. 52MeV) ＋n (14. 06MeV)
^{6}Li＋n → T＋^{4}He＋ 4. 8MeV

第２世代燃料

DD反応：　D＋D → ^{3}He (0. 82MeV) ＋n (2. 45MeV)
D＋D → T (1. 01MeV) ＋p (3. 03MeV)

1-14 ＜基礎編＞

ヘリウムやボロンの先進燃料は？

DT燃料核融合は点火が最も容易であるものの、反応で生成される中性子が核融合エネルギーの8割を担うため、炉材料の放射化は避けられません。また、燃料のトリチウムは放射性物質であり、かつ、その増殖が不可欠です。

第3世代燃料（D^3He）核融合

核融合の直近の目標は、トカマク型でのDT核融合炉の実用化ですが、さまざまな**先進核融合**の開発も進められています。先進的なプラズマ閉じ込め、炉工機器、燃料、反応、応用など多面的な先進開発が進められています（**上図**）。

先進核融合として燃料種別の選択は、燃料の豊富さ、環境への優しさ、などの観点から重要です。第3世代燃料としての重水素とヘリウム3との核融合反応では、中性子がでません。しかし、実際のD^3He炉では、DD反応も同時に起きてしまうので、多少中性子が発生してしまいます。中性子のエネルギー割合を示すN値は3%です（**中図**）。^3Heの比率を3倍、または、10倍高めることで中性子発生の極めて少ないクリーンな核融合炉が可能です（**8-1節参照**）。ただし、^3Heは地上には存在しないので月の資源のヘリウム3の利用が計画されています。太陽で生成される^3Heは、太陽風に乗って地球に届きますが、地磁気で守られた地球表面には到達しません。一方、月には磁場がないので直接ヘリウム3がレゴリス（固まっていない堆積物）に吸収されています（**8-1節参照**）。

第4世代燃料（$p^{11}B$）核融合

第4世代燃料核融合として、中性子のほとんどでない陽子（p）とボロン11（^{11}B）との反応があります（**下図**）。水素原子（陽子）は重水素原子と異なり、水分子から直接採取可能です。また、原子番号5のホウ素（ボロン）は、古くから陶磁器の釉として利用されていて採掘が容易です。天然のボロンは^{11}Bが80%で^{10}Bが20%です。この核融合方式では、① 200キロ電子ボルトほどの超高温が必要となり、② 10テスラの磁場閉じ込めで100%近くの高ベータが必要になります。しかも、③ 電子温度をイオン温度の3分の1ほどに下げて放射損失を下げ、④ 高磁場でのシンクロトロン放射のほとんどを壁で反射させることが必須です。さらに、⑤ 高効率の直接エネルギー回収により炉の循環電力を低く抑える必要があります。

さまざまな「先進」核融合

（1）先進プラズマ閉じ込め（出力密度の高いシステム）　例：第２安定化領域プラズマ
（2）先進炉工機器（性能の良い、信頼性の高い機器）　例：液体金属壁
（3）先進燃料（豊富な燃料、中性子発生の少ない燃料）　例：D^3He 反応
（4）先進反応（反応率を高める方式）　例：スピン偏極核融合
（5）先進応用（核融合の発電以外の応用）　例：水素製造、ロケット推進

第３世代先進燃料核融合（D^3He 核融合）

D^{3}He 反応　$D + {}^3He \rightarrow {}^4He(3.67MeV) + p(14.67MeV)$

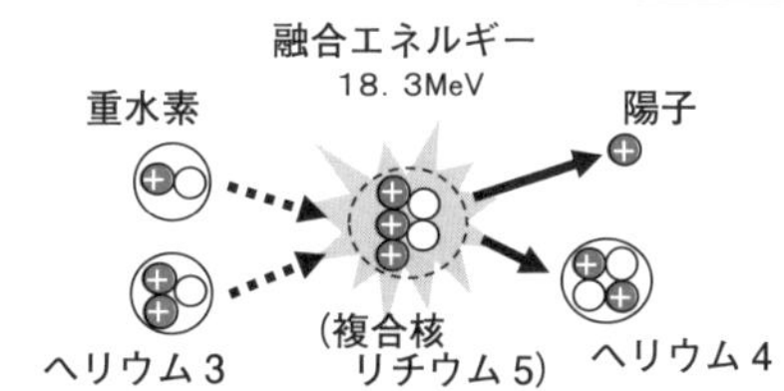

付随反応

$D + D \rightarrow {}^3He + (n) + 3.72MeV$　(50%)
$D + D \rightarrow T + p + 4.04MeV$　(50%)
${}^3He + {}^3He \rightarrow {}^4He + 2p + MeV$

$^3He^3He$ 反応の断面積は、100keV 領域では D^3He 反応の１万分の１で無視できます。

反応	N 値
核分裂	0.01
DT	0.80
DD	0.34
D^3He	0.03
$p^{11}B$	≲ 0.001
$^3He^3He$	≲ 0.0001

２次反応　（生成Ｔと燃料との反応）

$T + D \rightarrow {}^4He + n + 17.6 MeV$
$T + {}^3He \rightarrow {}^4He + p + n + 12.1 MeV$

３次反応　（生成Ｔ同士の反応）

$T + T \rightarrow {}^4He + 2n + 11.3 MeV$

N 値（Neutronicism）
反応全エネルギーあたりの発生中性子のもつエネルギーの割合

第４世代先進燃料核融合（$p^{11}B$ 核融合）

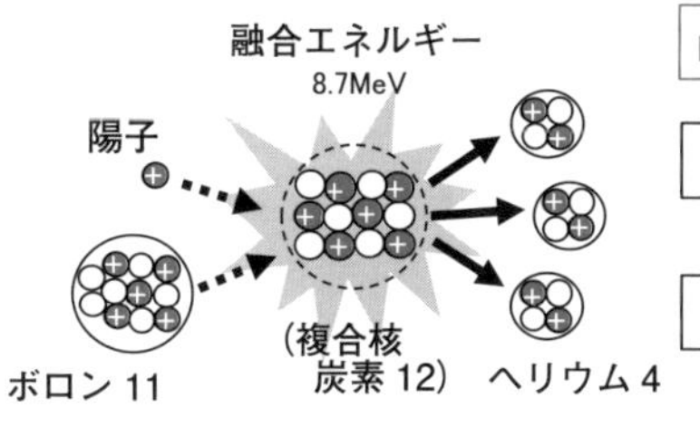

$p^{11}B$ 主反応　$p + {}^{11}B \rightarrow 3\,{}^4He + 8.7MeV$

副反応　$p + {}^{11}B \rightarrow (n) + {}^{11}c - 2.8MeV$
（1 ～ 2MeV の粒子では反応起こらず）

２次反応　${}^4He + {}^{11}B \rightarrow n + {}^{14}N + 0.2MeV$
（中性子発生が起こるが、極微量）

1-15 ＜基礎編＞

エキゾチックな核融合とは？

かつて試験管核融合として常温核融合が話題になりました。これは、さまざまな検証実験の後、再現性が乏しいとして科学的に否定されましたが、素粒子を含めて、反応を促進するエキゾチックな（風変わりな）研究開発もなされてきています。

ミュオン触媒核融合と反陽子触媒核融合

常温核融合に関連して、話題になる反応に**ミュオン触媒核融合**があります（**上図上**）。電子の207倍の質量をもった負電荷の粒子ミュオン（ミュー中間子）を触媒として使っての核融合反応です。通常は電子が原子核の周りを回っていますが、ミュオン（μ^-）を加えると電子をはね飛ばしてミュオンが原子核を回ります。重水素の原子（D）と三重水素の原子（T）とはクーロン力で反発して近づきませんが、ミュオンの軌道半径は電子の207分の1なので、DとTが近づき、全体としてミュオン分子となり核融合反応が起こります。ミュオンは解き放たれて、再びDやTのミュオン原子を作るのに役立ちます。ミュオン触媒核融合は常温で可能ですが、ミュオンを作るために素粒子加速器が必要であり、エネルギー利得が極端に小さいことや、ミュオンの寿命が100万分の2.2秒しかないことが課題です。反粒子としての反陽子を触媒としての**反陽子触媒核融合反応**も検討されています（**上図下**）。

スピン偏極核融合と形状増倍核融合

量子力学では粒子は固有の角運動量（スピン）をもっており、これを制御しての**スピン偏極核融合**があります。陽子と中性子のスピンは、換算プランク定数（ħ）で規格化すると両方ともに1/2であり、重水素（D）は1、三重水素（T）は1/2です。DT反応ではヘリウム5が形成され、中性子とヘリウムが作られます。Dのスピン±1とTのスピン±1/2との反応でスピン3/2のヘリウム5ができるときに融合反応が起こりますが、スピン1/2の場合には反応確率が半分、または1/3となります（**下図左**）。通常のDT熱核反応に比較して、原子核を磁場の方向にスピン偏極させることで、核燃焼度を50%増加させることができますし、中性子の発生の方向を制御することで壁の放射化を減らすクリーンな核融合の可能性もあります。

$P^{11}B$の核融合では、ボロンの反応時の形状をそろえることで、反応確率を1桁上げる**形状増倍核融合**も可能です（**下図右**）。

ミュオン触媒反応と反陽子触媒反応

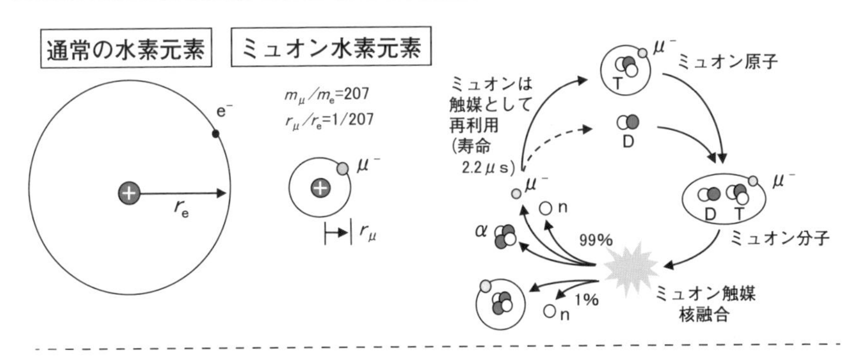

反プロトン水素元素
（プロトニウム）

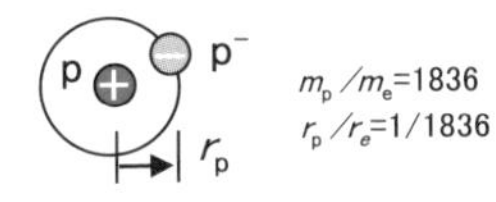

プロトンの静止系での
回転の図です

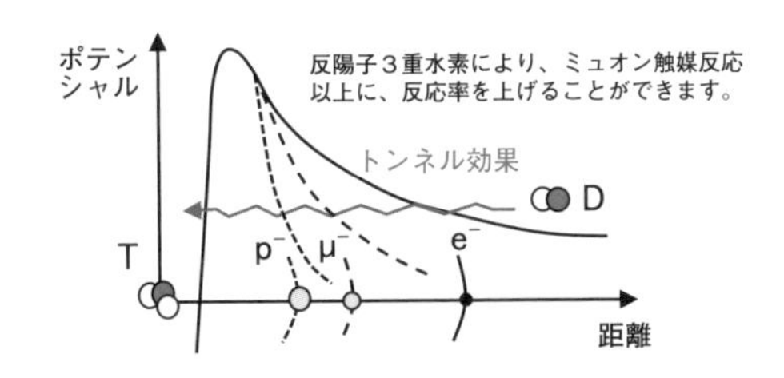

スピン偏極反応と形状増倍反応

スピン偏極

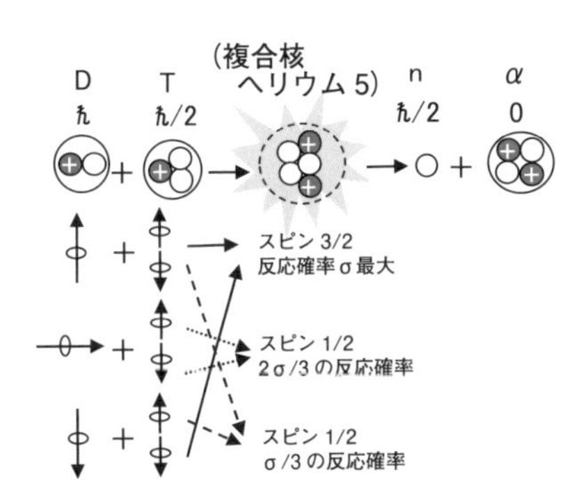

ランダムな反応では、各々1/6の割合なので
反応断面積は2σ/3です。スピンをそろえることで
最大σとなり、ランダム反応に比べて50％高くする
ことができます

形状増倍

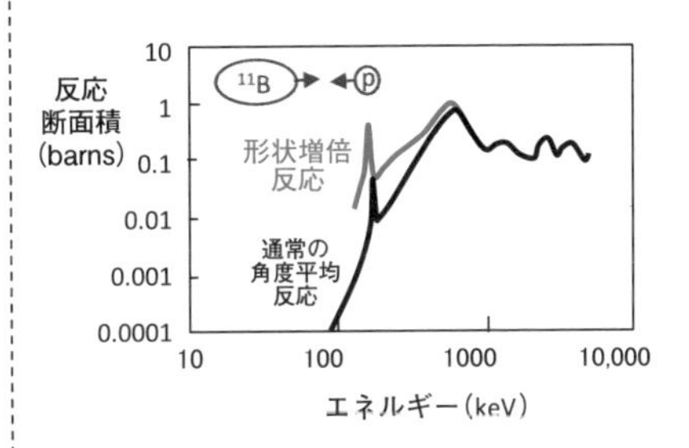

形状の方向をそろえることで
反応断面積を10倍高めることができます

1-16 ＜基礎編＞

核融合は夢のエネルギーか？

化石エネルギーは二酸化炭素排出や資源枯渇の問題があり、自然エネルギーと核エネルギーの利用が進められています。資源豊富で環境に優しい未来の核融合エネルギーにも期待が集まっています。

▶▶ 従来のエネルギー源の課題と核融合の特長

化石燃料は枯渇と二酸化炭素排出が課題であり、自然エネルギーでは不安定で設置環境が限定されている点があります。一方、原子力エネルギーでは安全性や長寿命の放射性廃棄物の処理が課題となっています。これら在来のエネルギーに対しても、さまざまな技術開発や政策が進められてきています。DACCS（二酸化炭素の直接空気回収・貯留）などのネガティブ・エミッション技術開発、大電力貯蔵技術開発、安全性・経済性を向上させた小型モジュール原子炉の開発などが進められています（**上図**）。

▶▶ 核融合の特長と課題

核融合炉の特長は、他のエネルギー源に比して、豊富でクリーンなエネルギー源であるという点にあります。① 温室効果ガス（二酸化炭素、メタン）などを出さないという大きなメリットもあります。原子炉と比較して、核融合炉発電では、② 燃料が偏在せず海水中に無尽蔵にあること、③ 核暴走がなく安全性・環境保全性が高いこと、④ 高レベルの放射性廃棄物も少ないこと、などの魅力的な利点があります。夢のエネルギー源として、期待が集まっています（**下図**）。

核融合エネルギーには課題も山積しています。第一に、① いまだ完成していない技術だということで、夢見るだけではなく、現在課題克服のための研究開発も着実に進められています。DT核融合炉の燃料としての放射性のトリチウム（T）の扱いも重要で、現在の原子力施設での取り扱いの経験が重要となります。将来的には、非放射性物質としての重水素（D）のみによるDD核融合が構想されています。DD核融合が完成することで文字どおり無尽蔵の資源を獲得したことになります。

核融合炉では ② 低レベル放射性廃棄物の大量の排出が懸念されています。そのためには、低放射化材料の開発も進められています。③ 巨大システムでの経済性の問題もあります。将来的にはモジュール化による建設費の削減も重要です。

各種エネルギー源の課題と対策

化石エネルギー

資源枯渇　⇒　非在来型燃料の開発（メタンハイドレートなど）
温室効果ガス排出大　⇒　ゼロ・エミッション技術開発

自然エネルギー

不安定電源　⇒　大電力貯蔵技術開発
設置環境限定
（太陽光：敷地大面積）　⇒　高効率化
（風力：イヌワシ保護）　⇒　洋上発電へ
発電単価高い　⇒　補助金での普及促進

原子力エネルギー

安全性危惧　⇒　小型モジュール炉開発
高レベル放射性廃棄物　⇒　核変換処理の技術開発

核融合炉のメリット・ディメリット

核融合エネルギー

長所
○

❶ カーボンニュートラル：二酸化炭素排出なし
❷ 燃料無尽蔵：燃料資源が豊富で偏在しない
❸ 固有安全性：核暴走がない
❹ 環境保全性：高レベル放射性廃棄物なし
❺ 安定供給：大規模で安定な電力供給
❻ 技術波及：ハイテクでの国際貢献

課題
△

❶ 開発中：技術開発中で発電炉は未完成！ ⇒原型炉開発
・トリチウム燃料の取り扱い
・材料問題と中性子問題
❷ 廃棄物：低レベル放射性廃棄物を大量排出？
⇒低放射化材料開発、先進燃料核融合炉開発
❸ 経済性：経済性は未確認！ ⇒商用炉開発

COLUMN 1

新しい元素の創成！（日本初の新元素「ニホニウム」）

中世では錬金術が盛んに試みられました。卑金属から貴金属を作る化学的な試みはことごとく失敗に終わりましたが、現代では、物理学的に原子核自体を変換することで、原理的に錬金術が可能となりました。

一般的に、原子核の中の陽子数Zや中性子数Nが特別な数字の場合に安定となります。ヘリウム（Z=2）、酸素（8）、カルシウム（20）、ニッケル（28）、スズ（50）、鉛（82）などは安定であり、これらの数字は**マジックナンバー**（魔法数）と呼ばれます。野球好きな人には優勝までの勝ち数ですが、物理では原子核の安定性の数字なのです。

天然の元素は20世紀前半まではZ=92のウランまでと考えられており、それ以上は超ウラン元素と呼ばれました。その後、天然の^{237}Np（Z=93）と^{239}Pu（Z=94）が発見されていますが、そのほかは人工的に作られています。原子番号が113の元素は理化学研究所の線形加速器（RILAC）を用いて、亜鉛Zn（Z=30）をビスマスBi（Z=83）にぶつけて合成されました（**図**）。衝突核融合により元素を人工合成するのは一見簡単そうですが、9年の実験期間中に400兆回衝突させて、合成で確認された113番元素はわずか3回でした。百年ほど前にも日本人による新元素発見があり、43番をニッポニウム（Np）と提案されましたが、間違いが判明して取り消されています。一度使われた元素名は使えない慣例により、今回は2016年に「ニホニウム（Nh）」と名づけられました。ちなみに、当初の計画名は「ジャポニウム計画」であり、マジンガーZでの超合金物質はジャパニウムです。現在は原子番号が最大の元素は118のオガネソンです。

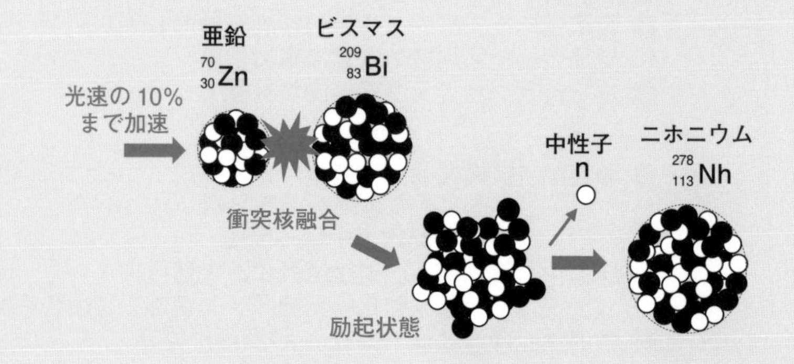

第2章

<基礎編>

プラズマの基礎（プラズマ物理学）

核融合エネルギーの実現の基礎として、核反応物理学とプラズマ物理学の研究が推進されてきました。基礎編の第２章として、後者のプラズマ物理学を概観します。特に、デバイ遮蔽とプラズマ振動について述べ、粒子軌道、プラズマ平衡、安定性、輸送と、核融合炉でのα加熱について説明します。

2-1 ＜基礎編＞

プラズマとは？

プラズマとは電離した気体であり、固体、液体、気体につぐ「第4の物質」です。自由に動き回る荷電粒子の集まりです。宇宙のほとんどがプラズマ状態ですので、むしろ「第1の物質」と呼ばれるべきかもしれません。

プラズマは電離気体、名づけ親はラングミュア博士

冷蔵庫に入っている氷（固体）について考えてみてください。これを温めていくと水（液体）になり、さらに温めると水蒸気（気体）になるという３つの状態の変化があります。これはよく知られた**三態の変化**です。では、もっともっと温めたらどうなるでしょうか？（**上図**）原子を構成しているプラスの原子核とマイナスの電子とがバラバラになります。これが**プラズマ**であり、電離気体とも呼ばれます。自由に動きまわる荷電粒子の集まりで、全体としてプラスとマイナスが同数あり中性です。プラズマは、① 電離した気体、② 準中性、③ 集団的振る舞い、で特徴づけられます。実際には、この条件を逸脱した固体プラズマや非中性プラズマもあり、さまざまなプラズマの状態が存在します（**中図**）。

太陽や星を含め、宇宙の99.9%以上はプラズマでできています。私たちの地球も大宇宙のプラズマの海に漂う一粒の小舟にたとえることができます。北極や南極で見られる美しい自然のカーテンとしてのオーロラもプラズマです。

プラズマはギリシャ語に由来し「成形されたもの」という意味があり、プラスチックと語源が同じです。入れ物の形に従って形を変えることができる物質という意味で、アメリカ物理・化学者の**アーヴィング・ラングミュア博士**（米国、1981～1957）により命名されました。ネオンサインのプラズマのように、いろいろな形に作ることができるからです。

プラズマ状態の生成、発見は1835年のファラディ（英国、1791～1867）による真空放電での「陽光柱」の観測に始まります（**下図**）。1879年にはクルックス（英国、1832～1919）により、真空実験での新しい状態は「第4の物質」と呼ばれました。「プラズマ」の名づけ親であるアーヴィング・ラングミュアは、1928年に**プラズマ振動**（**2－4節**）を発見しています。ちなみに、プラズマは物理学以外でも別の用語として使われています。「神によって形作られたもの」の意味で生物学の分野では「原形質」を、医学の分野では「血漿」をさしています。

プラズマは第４の物質

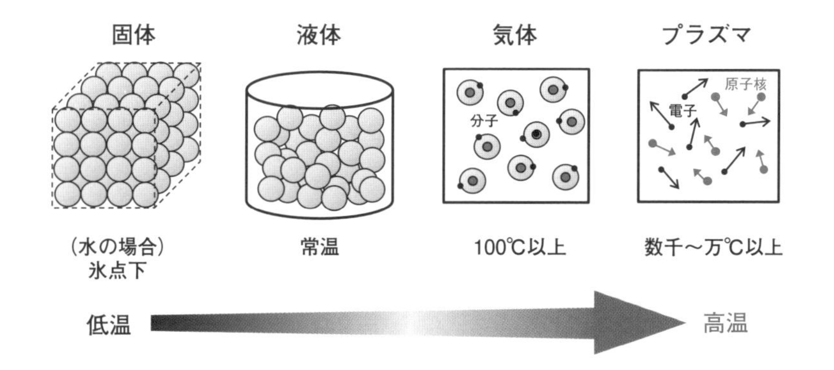

プラズマの定義

❶ 電離気体　　（例外：固体プラズマ）
❷ 準中性　　　（例外：非中性プラズマ）
❸ 集団的振る舞い
（時間的にプラズマ振動時間以上の長さ、
空間的にデバイ半径以上の大きさの現象）

プラズマの名づけ親ラングミュア博士

1835 年頃　最初の陽光柱と呼ばれるプラズマ実験は、マイケル・ファラデー（英国）
1879 年頃　「第４の物質」の名づけ親は、ウイリアム・クルックス（英国）
1928 年　「プラズマ」の名づけ親は、アーヴィング・ラングミュア（米国）

アメリカの物理・化学者
Irving Langmuir（1881 ～ 1957 年）
ノーベル化学賞受賞は 1932 年

2-2 <基礎編>

自然界と実験室のプラズマは？

宇宙は太陽や星間物質を含めてプラズマで満たされています。また、実験室では加工などの魔法の道具としてプラズマが利用されています。地上ではプラズマ状態は限られ特殊ですが、宇宙では非常にポピュラーな物質なのです。

宇宙の物質とプラズマ

宇宙は神秘の世界です。現代物理学では、物質の質量とエネルギーは等価ですが、宇宙で観測可能な通常の物質はおよそ4%にすぎません。残りとしては、**ダークマター**（暗黒物質）が23%、**ダークエネルギー**（暗黒エネルギー）が73%です。これらの未知の物質を除けば、私たちが知っている4%の通常の物質の99.99%以上はプラズマでできています（**上図**）。宇宙をはじめ、地球周辺、地上での生活・環境応用、エネルギー応用などに、いろいろなプラズマがあります。

いろいろなプラズマの温度・密度領域

プラズマはその密度や温度の違いによって特徴づけることができます（**下図**）。**古典プラズマ**に対して、**相対論プラズマ**ではエネルギーkT（kはボルツマン定数）が静止質量m_0のエネルギーm_0c^2（cは光速）より大きい領域です。**量子論プラズマ**では運動エネルギーkTがフェルミエネルギーε_Fよりも小さく、縮退した状態です。ここでε_Fは絶対零度においてフェルミ粒子の最大のエネルギー準位です。一方、古典論での静電的な結合が強い**強結合プラズマ**では、静電ポテンシャル$e\phi$がプラズマエネルギーkTよりも大きい領域であり、**結合係数**（$=e\phi/kT$）≧1で表されます。

下図では、横軸を温度、縦軸を密度として自然プラズマと実験室プラズマを色分けした丸で示しています。1億度の領域で$10^{20}m^{-3}$が磁場核融合プラズマであり、密度がさらに10^{10}倍以上高い領域が慣性核融合プラズマです。これは太陽内部、太陽光球、太陽コロナよりも高い温度・密度領域です。$10^{30}m^{-3}$以上では白色矮星のプラズマ、一方、$10^{10}m^{-3}$以下では星間プラズマの領域です。宇宙空間は空っぽではなく、薄いプラズマで満たされています。地球近辺でも、太陽からの非常に速度の大きい荷電粒子（太陽風）により生成されるオーロラや電離層、雷や稲妻がプラズマでできています。これら数多くのプラズマが私たちの地球をとりまいているのです。

宇宙の物質

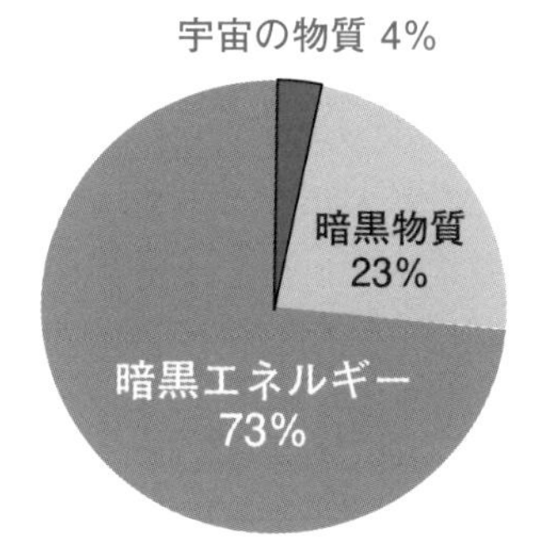

物質とエネルギーは等価です。

通常の物質の 99.99%以上は
プラズマです

プラズマの領域

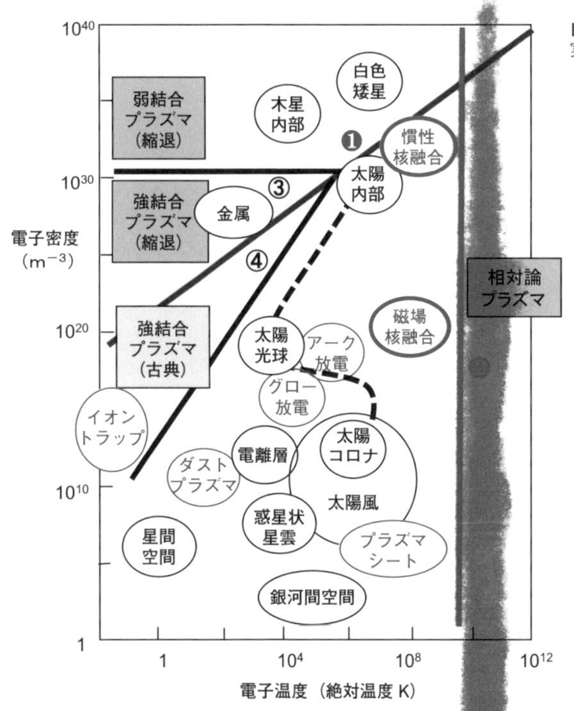

自然界プラズマ：黒円に黒字
実験室プラズマ：青円に青字

❶ 温度 ≦ フェルミエネルギー
$kT \leqq \varepsilon_F$
（量子論（縮退）条件）

❷ 温度 ≧ 静止エネルギー
$kT \geqq m_0c^2$
（相対論の条件）

③ イオン球半径 ≧ ボーア半径
$r_i \geqq a_B$
（強結合縮退条件）

④ 温度 ≦ 静電エネルギー
$kT \leqq e\Phi$
（強結合古典論条件）

参考メモ　イオン球半径とボーア半径

イオン球半径とは、イオンの込み具合の指標で、
イオン１個が占める等価的半径。
ボーア半径とは、電子の軌道半径。

2-3 ＜基礎編＞

プラズマ中の電場は遮蔽される？

荷電粒子の電場の強さは距離の２乗に反比例して（電場ポテンシャルは距離に反比例して）遠くまで届きますが、プラズマ中では周りの電子やイオンにより指数関数的に減衰して、電場は遮蔽されてしまいます。

デバイ遮蔽は静電場と熱運動との釣り合い

電場の中での荷電粒子の運動について考えてみましょう。真空中に正の点電荷Ｑを固定すると、この電荷の周りには電場が生成されます。この場に正電荷のテスト粒子ｑを置くと、テスト電荷は静電力で固定電荷Ｑから離れる方向に動き出します。これを力学での力とポテンシャルとの関係と同じように、電場強度に対して電場ポテンシャルの坂を定義します。イオンはポテンシャルの坂を滑り落ち、電子は坂を駆け上がると考えることができます。固定電荷の周りの電場は距離の２乗に反比例し、電場を記述する静電ポテンシャルは距離に反比例します（**上図**）。これは、電場に関するガウスの法則から得られます。

真空ではなくプラズマ中に固定電荷Ｑを置くと、その作る電場で電子やイオンを引きつけたり反発したりして、周りに自分の電場を打ち消すような電荷のプラズマ分布を作ろうとします。一方、電子やイオンは熱運動をしているので一様な空間分布になろうとします。この２つの作用（静電場の作用と熱運動の作用）の釣り合いから電荷の空間分布が決まります（**参考メモ参照**）。その場合には作用する距離が真空の場合よりもずっと短くなります。その特性的な長さをデバイ長といいます。電解質溶液の理論ではじめてこの量を定義したＰ.デバイ博士（オランダ生まれのアメリカ人、1936年にノーベル化学賞を受賞）の名前にちなんでつけられました。

電場は周りの電子で遮蔽されるので密度が高くなるほど遮蔽効果が大きくなりデバイ長は短くなります。また、温度が高くなるほど遮蔽が不規則で弱くなり、デバイ長は（プラズマの温度／粒子密度）の平方根に比例することになります（**下図**）。

プラズマ内に静電場を作ろうとすると、すぐにこのデバイ遮蔽のメカニズムでその作用を部分的に消すような電荷分布が生じるので、プラズマ中での局所的な静電場ができる現象、たとえば、プラズマ振動やプラズマと壁との境界のシース（静電的な鞘）現象などでは、この特徴的な長さが重要になります。

真空中の電場と静電ポテンシャル

点電荷の電場と静電ポテンシャル

電場

$$E(r) = k_0 \frac{Q}{r^2} \equiv -\nabla\phi$$

静電ポテンシャル

$$\phi(r) = k_0 \frac{Q}{r}$$

r

正電荷 Q

$$k_0 = \frac{1}{4\pi\varepsilon_0}$$：クーロン定数

静電ポテンシャル中の電荷の動き

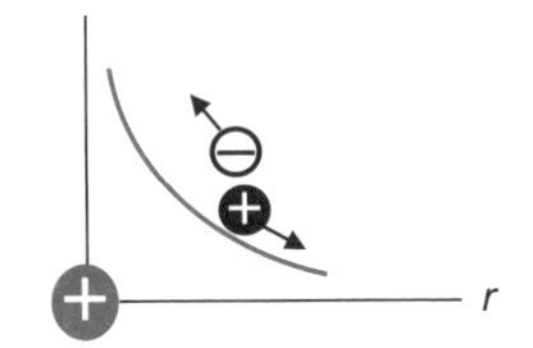

正電荷はポテンシャルの坂を転がり落ち、
負電荷は駆け上がります

プラズマ中の電場のデバイ遮蔽

真空中

静電ポテンシャル

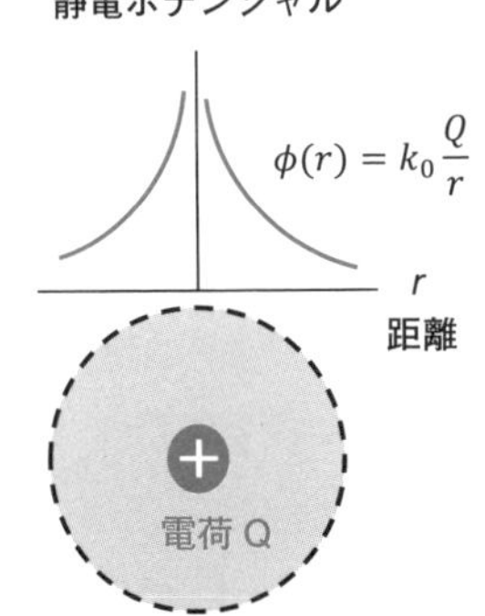

プラズマ中

静電ポテンシャル

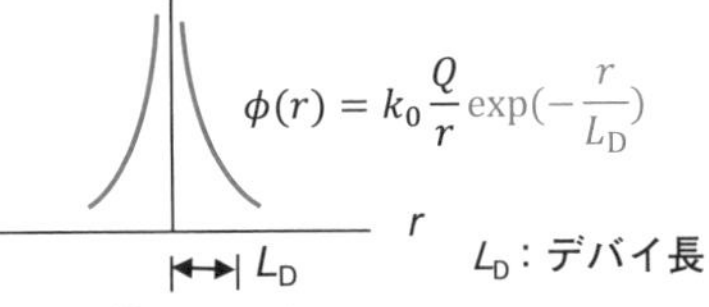

L_D：デバイ長

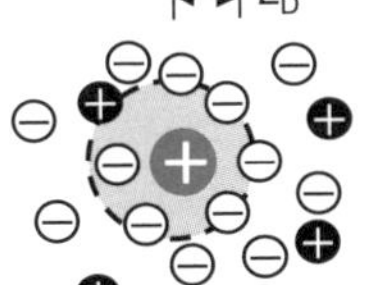

固定電荷 Q の電場により
プラズマ中の電子を
引きつけようとします。
一方、プラズマは熱運動で
中性を保とうとします

したがって、電場と熱運動の釣り合いから
$L_D \propto$（プラズマ温度／粒子密度）$^{1/2}$

参考メモ　デバイ長の導出

ガウスの法則から

$$\varepsilon_0 \nabla \cdot E = e(n_i - n_e)$$

電場と熱運動から

$$-\varepsilon_0 \frac{\phi}{{L_D}^2} = -en\frac{e\phi}{kT}$$

したがって $L_D = \sqrt{\frac{\varepsilon_0}{e^2}\frac{kT}{n}}$

ここで、以下を利用しています

$E \equiv -e\nabla\phi$、 $n_i = n$

$n_e = n \exp\left(\frac{e\phi}{kT}\right) \approx n\left(1 + \frac{e\phi}{kT}\right)$、 $\frac{e\phi}{kT} \ll 1$

2-4 <基礎編>

プラズマ振動はプラズマの原点？

人間社会では、個人としての行動と集団としての行動とのバランスが非常に大切ですね。プラズマでも、個々の原子核や電子の動きと同時に、集団的な振る舞いが重要となります。プラズマ中に現れる固有な振動もその１つです。

プラズマ物理学の原点としてのプラズマ振動

バネと重りを考えてみましょう。バネに重りをつるし、手で軽く引っ張ると、釣り合い点を中心に独特の振動を続けます。バネ（集団）は引き戻す力として作用し、重り（個人）は慣性力として働きます。２つの力で振動が決まります。

プラズマ中には動きやすい電子と重いイオンがあります。一様なプラズマ中になんらかの弾みで電子の分布に粗密ができたとしましょう。すると、局所的な電場が作られ、この粗密を消すようなバネの場合と同じような復元力が働きます。生成された静電場により電子は加速されますが、釣り合い点を通りすぎてしまい、今度は逆の粗密を作ってしまい、逆向きの電場ができてしまいます（**上図**）。この粗密を平坦化するように、電子は逆向きに動きます。これが繰り返されて振動（**プラズマ振動**）が続きます。

バネの場合には、バネ定数と重りの質量を用いての運動方程式から、その固有振動数は（バネ定数／質量）の平方根に比例することがわかります。同様に、プラズマの場合には、バネ定数は復元力を生みだす電子密度に対応し、重りは電子質量に対応するので、電子プラズマ振動の固有振動数は（電子密度／電子質量）の平方根で表されます（**上図右**）。

電波の反射や透過

プラズマに電波（電場）を入射した場合には同様な振る舞いが現れます。電波の電場を打ち消すように軽い粒子はすぐに移動します。しかし、加えられた電場が非常に早く変化すると、もはや電子はその変化に追従できずに電場がプラズマ内部にそのまま侵入することとなります。プラズマ振動数よりも高い振動数をもつ波はプラズマ中を通過しますが、低い振動数の波は通過できずに反射されることになります。これは、ラジオやテレビの電波を遠くに送る場合に、**電離層**のE層、F層のプラズマによる反射、透過を用いていることにも、関係しています（**下図**）。

プラズマ振動の原理

プラズマの場合　イオンは動かず、電子が電場で振動

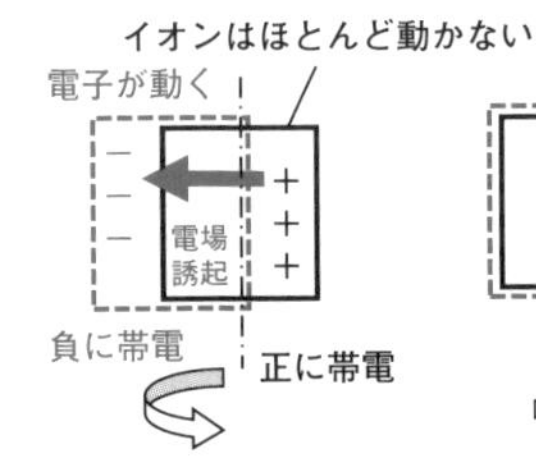

中和

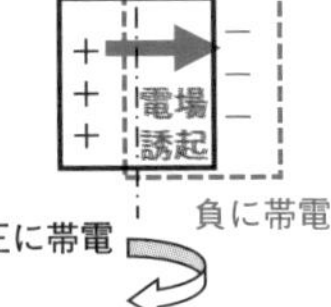

電子は中和しようと
引き返す

勢いあまって
通りすぎ

逆の電場ができて
逆戻り

m_e ：電子質量
n_e ：電子密度

電子の運動方程式

$$m_e \frac{\mathrm{d}^2 x}{\mathrm{d}t^2} = -eE$$

$$E = \frac{e n_e}{\varepsilon_0} \Delta x$$

より

プラズマ振動数

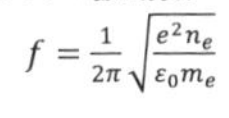

$$f = \frac{1}{2\pi} \sqrt{\frac{e^2 n_e}{\varepsilon_0 m_e}}$$

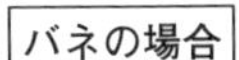

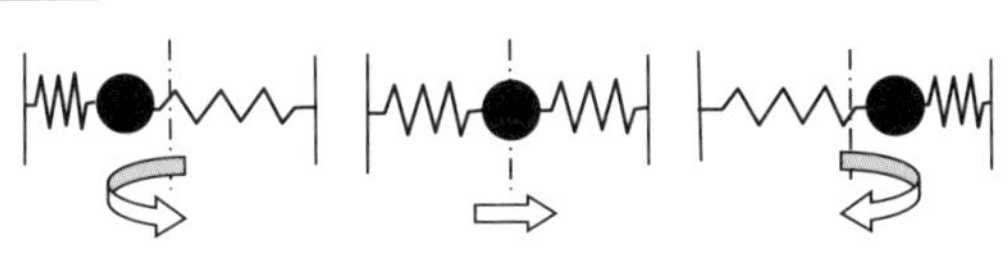

k ：バネ定数
M ：重りの重量

運動方程式

$$M \frac{\mathrm{d}^2 x}{\mathrm{d}t^2} = -kx$$

$x \propto \mathrm{e}^{i\omega t}$ または
$\sin\omega t$ として
$(\omega = 2\pi f)$

$$-M\omega^2 x = -kx$$

振動数 $f = \frac{1}{2\pi} \sqrt{\frac{k}{M}}$

電波の反射、透過はプラズマ電子密度で決まる

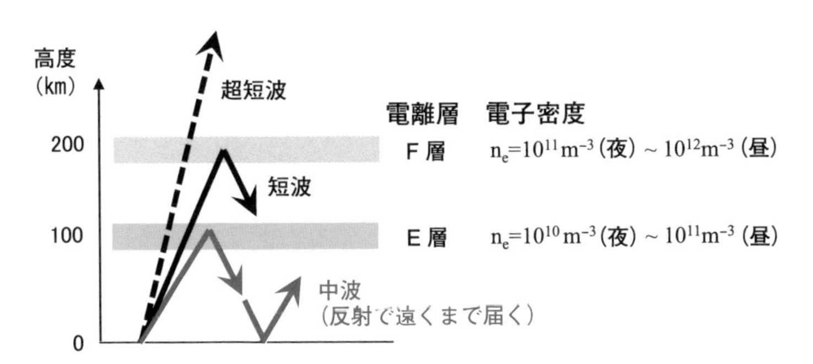

プラズマ振動数よりも低い周波数の波は反射されます

2-5 <基礎編>

プラズマ粒子は波乗りする？

夏になるとやや波の高い日には若者たちはサーフィンを楽しみます。波のエネルギーをうまく利用して、サーフボードやサーファーを動かす運動エネルギーに変換して、波乗りを楽しみます。

波と粒子との共鳴作用と粒子加速

サーフィンと同じように、プラズマ中に外から加えられた波を使って、プラズマ中の粒子が波乗りをすることができます。これは波と粒子との共鳴的な相互作用と呼ばれる現象であり、波のエネルギーが減衰を受け、粒子の加速に使われます。

たとえば、一様なプラズマ中を一定の位相速度で伝わる静電波（空間電荷波）を考えてみます。これと等しい速度で走る荷電粒子は、長時間にわたって波の同じ位相に留まっているので、粒子はその間に同じ方向の電場によって加速（または減速）を受け続けます。

波によるプラズマ加熱とランダウ減衰

これらの粒子のうち、位相速度より少し遅い粒子は波に押されて平均として加速され、逆に少し速い粒子では波にぶつかって減速されます。熱平衡分布では、遅い粒子のほうが速い粒子より数が多いので、共鳴粒子は平均として加速され、波からエネルギーを奪うことになります。その結果、波のエネルギーは減衰します。この現象は、アゼルバイジャン生まれの旧ソ連のノーベル賞理論物理学者L.D.ランダウ博士により解明され、**ランダウ減衰**と呼ばれています。ランダウ減衰は、波の寿命が短くて、その間に共鳴粒子が加速の位相と減速の位相とを行き来しないときに起こります。これは、外部から波の形で加えたエネルギーを粒子のエネルギーに変換する役目を果たすので、プラズマの高周波加熱や電流駆動の物理機構として使われています。

分布関数が熱平衡分布とは異なり、ビームなどにより高速粒子が多いプラズマの場合には、逆にビームが波を励起することになります（**逆ランダウ減衰**）。熱運動があるプラズマではプラズマ振動からプラズマ波が励起されてランダウ減衰が起こります。同様に、サイクロトロン運動により**サイクロトロン波**が励起され、**サイクロトロン減衰**のメカニズムにより波によるプラズマの加熱が起こります。

波乗りによる荷電粒子加速

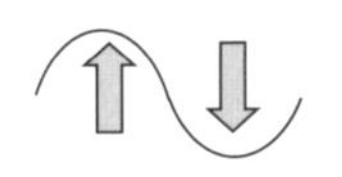

横波の振動の方向
（水の波の場合）

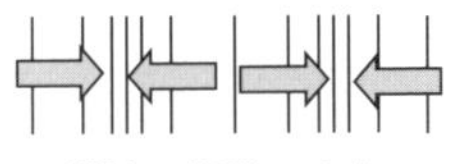

縦波の振動の方向
（プラズマの静電波の場合）

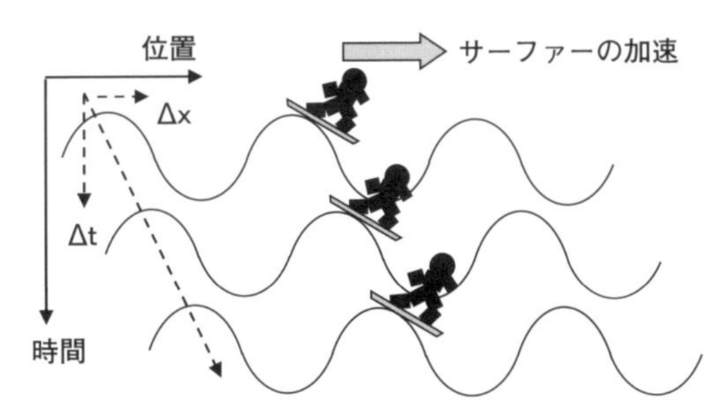

波の見かけの速度はΔx/Δt

プラズマの場合は、縦波としての粗密波に
プラズマ粒子が共鳴して加速されます

ランダウ減衰の原理

波を静止したと考えた図

（1）
粒子の速度が波の見かけの速度より大きいとき、粒子は波で減速されて、同じ速度となります

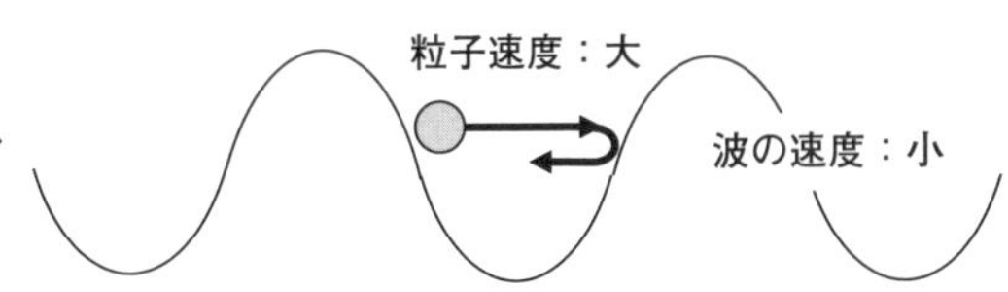

（2）
粒子の速度が波の見かけの速度より小さいとき、粒子は波で加速されて、同じ速度となります

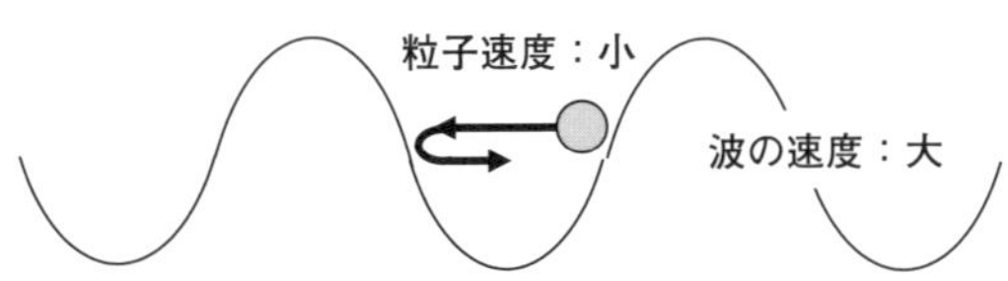

プラズマでは（1）の高速の粒子よりも
（2）の低速の粒子が多いので、全体として
粒子が加速され、波のエネルギーが減衰します

2-6 <基礎編>

磁場閉じ込めでの断熱不変量とは？

プラズマの磁場閉じ込めには、荷電粒子の磁場中での挙動を理解する必要があります。紐のついたボールが回転している場合には角運動量が保存されますが、磁場中の荷電粒子では磁気モーメントが保存されます。

磁場による荷電粒子の閉じ込め

自然界のプラズマは、重力や電磁力（電場や磁場による力）により閉じ込められています。磁場がない場合には、荷電粒子は任意の方向に運動して散らばりますが、磁場があると磁力線に巻きついて運動し、磁場に垂直方向には拘束されて軸方向のみの運動となります（**上図**）。磁力線に垂直な方向の荷電粒子の移動は、他の荷電粒子や中性粒子との衝突により、または、磁場の乱れにより引き起こされます。

サイクロトロン運動と磁気モーメント

磁場に垂直な方向に動く荷電粒子（電荷q、質量m）の場合、磁場（強さB）と運動（速度$v_{\perp}$）の両方向に対して垂直方向の力（$qv_{\perp}B$）が加わります。この力はオランダの理論物理学者の名前をとって**ローレンツ力**と呼ばれています。粒子の進行方向には力が働かないので、静電場とは異なり静磁場からのエネルギーの授受はありません。一様な磁場の場合には、どこでも同じ大きさの力が加わるので、軌道は円形となり、慣性力としての遠心力と向心力としてのローレンツ力が釣り合って一定の円運動を描きます。これは**サイクロトロン運動**（**ラーモア運動**）と呼ばれ、相対論的な高エネルギー領域では**シンクロトロン運動**と呼ばれます。

力の釣り合いからサイクロトロン半径やサイクロトロン角周波数が求まり（**中図**）、磁場が強く質量が小さい場合には旋回半径が小さくなり、回転周波数も高くなります。電子は小さな半径で速く回り、イオンは大きな半径でゆっくり回ります。また、回転の方向も電荷の正負が異なるので逆となり、荷電粒子が作る磁場がもとの磁場を弱める方向（反磁性の方向）となります（**下図**）。

垂直エネルギー$W_{\perp}$の一個の荷電粒子が磁場B中で回転する場合、円電流Iと円面積Sとで、**磁気モーメント**$\mu_{m}=SI$が定義され、$\mu_{m}=W_{\perp}/B$が得られます（**下図**）。磁場の強さが時間的あるいは空間的にゆっくり変化する場合（断熱近似）に、この磁気モーメントが保存され、プラズマ閉じ込めに重要な役割を果たします。

磁場による荷電粒子の閉じ込め

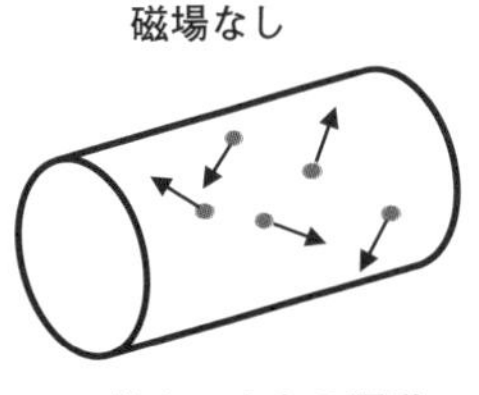

任意の方向の運動

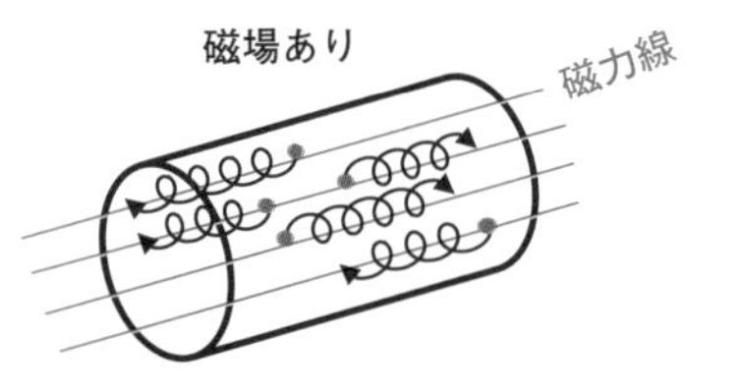

軸方向のみの運動

横方向の移動は、
粒子同士の衝突や
電磁場の乱れによる

磁場中のイオンと電子の運動

サイクロトロン運動
ラーモア（Larmor＊）運動

（＊）ジョセフ・ラーモア（1857 ～ 1942 年）
アイルランドの物理学者

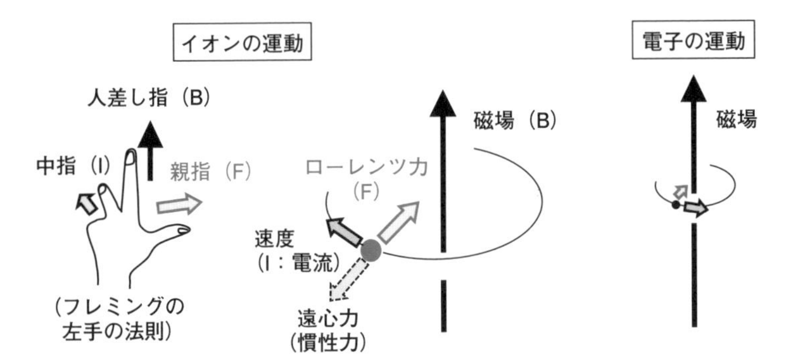

慣性力とローレンツ力との釣り合い
$mv_\perp{}^2/r_c = qv_\perp B$

サイクロトロン半径　$r_c = mv_\perp/(qB)$

サイクロトロン角周波数　$\omega_c = v_\perp/r_c = qB/m$

断熱不変量

磁気モーメント　$\mu_m = SI = W_\perp/B$

円の面積　$S = \pi r_c{}^2$
円電流　$I = qv_\perp/(2\pi r_c)$
垂直エネルギー　$W_\perp = (1/2)mv_\perp{}^2$

磁場が空間的時間的に急激に変化しない場合（断熱近似）
磁気モーメントは保存されます

2-7 <基礎編>

オープン磁場での粒子軌道は？

磁場によって荷電粒子の横方向の損失をなくすことができますが、無限に長い円柱状のプラズマ閉じ込めは非現実的です。直線のオープン（開放端）磁場では、両端の磁場を強くして反射させる方法があります。

ミラー磁場とカスプ磁場

一様な無限直線磁場中の荷電粒子は磁力線に巻きついて、軸方向には自由に動けますが、粒子同士の衝突がない限り横方向には円運動を描くだけで逃げることはありません。有限の直線閉じ込めにするには、2つの円コイルに同方向の電流を流してミラー磁場を作ることです。逆方向電流の磁場では**カスプ磁場**が作られます（**上図**）。カスプ磁場では円盤状の損失領域が増え、しかも中心部分で磁場強度がゼロであり、中心近傍を通った粒子の断熱不変量は保存されず、粒子軌道が不規則となり閉じ込めは困難です。一方、ミラー磁場では断熱不変量の保存により、荷電粒子の閉じ込めが可能ですが、両端のロスコーンからの損失が問題となります。また、中央部分では外側へ行くほど磁場の強さが弱くなり、プラズマが不安定となります。

磁気鏡（磁気ミラー）による粒子の反射

直線型の磁場閉じ込めの原理は、円錐の容器にボールを一定の速度で転がすと跳ね返ってくる原理を用いています。ボールは**下図上段**のように回転しながら落ちていきますが、摩擦が無視できる場合には回転が速くなって下に落ちる途中で下向きの速度がゼロになり、上方に戻ってきます。展開した面をつなぎ合わせてみれば理解しやすいと思います。この力学問題ではエネルギーと角運動量の保存則で考えられますが、磁場中の荷電粒子では**エネルギー保存則**（$W=W_{\perp}+W_{\parallel}=$一定）と**磁気モーメント保存則**（$\mu_m=W_{\perp}/B=$一定）で運動が定まります。磁場$B$が強くなると荷電粒子の垂直方向のエネルギー$W_{\perp}$が大きくなり、ある点で軸方向のエネルギー$W_{\parallel}$が零になって、粒子が跳ね返ってきます（**下図中段**）。軸上の中心磁場（最小磁場）強度をB_0、最大磁場強度をB_Mとして、ミラー比$R_m=B_M/B_0$が定義されます。粒子があたかも鏡に跳ね返されたかのように考えられ、**磁気ミラー**（磁気鏡）と呼ばれる所以です。閉じ込められない荷電粒子もあり、速度空間で**ロスコーン**（損失円錐）が定義されます。

ミラー磁場とカスプ磁場

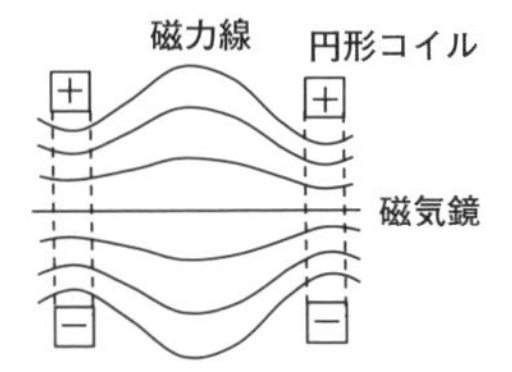

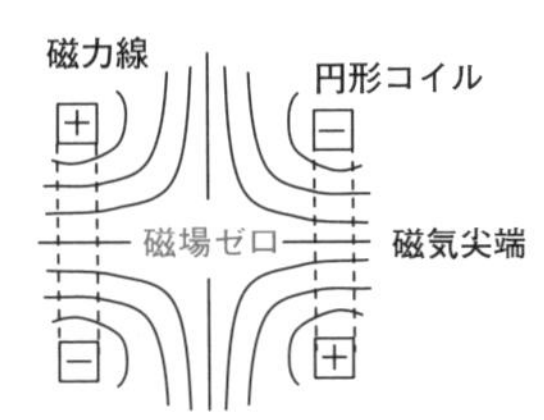

単純なミラー磁場は
2本の円コイルで作られます

ミラー磁場による荷電粒子閉じ込め

ミラー磁場による閉じ込めの原理図

尖端に穴のある円錐内に
ボールを落とします

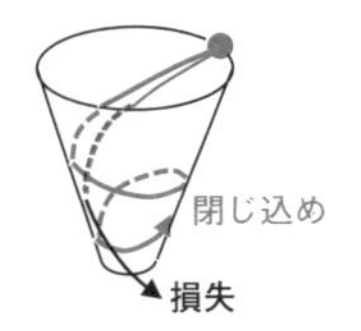

円錐軸に垂直な速度をもつ
ボールが、閉じ込められます

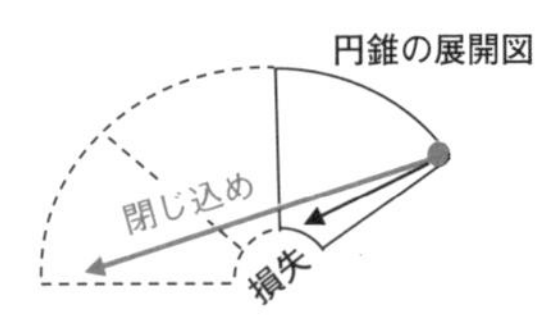

断熱不変量による粒子閉じ込め

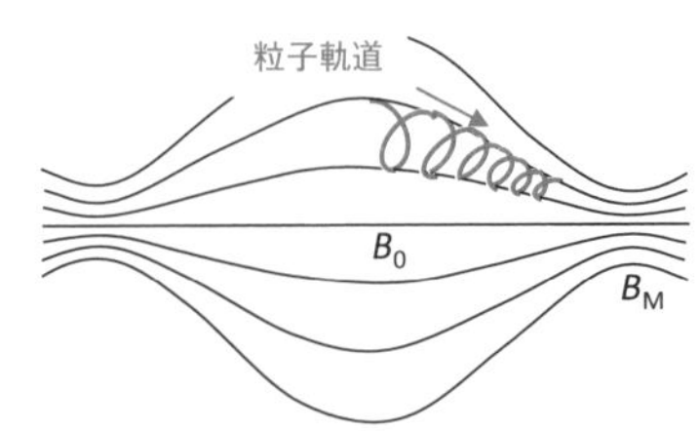

エネルギー保存　$W=W_\perp+W_\parallel$ ＝一定
磁気モーメント保存　$\mu_m=W_\perp/B$ ＝一定

B が強くなるにつれて $W_\perp$ が大きくなり、
ある点（反射点）で $W_\parallel=0$ となります

ミラー比　$R_m=B_M/B_0$

損失円錐（ロスコーン）

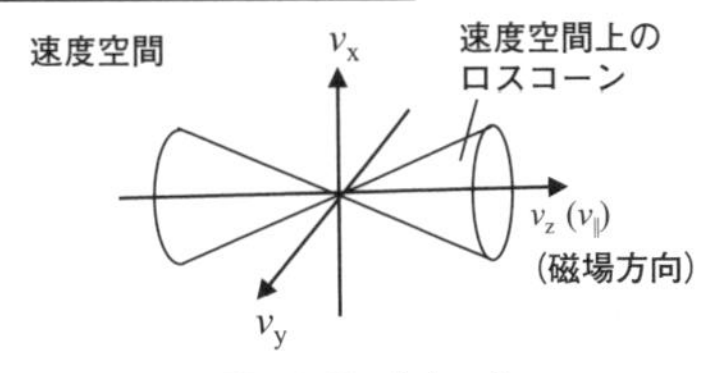

$W_\perp=(1/2)m(v_x^2+v_x^2)$
$W_\parallel=(1/2)mv_z^2$

中心で $W_\perp/W<1/R_m$ の粒子は
閉じ込めることができません
(速度空間上のロスコーン)

ミラー型磁場で粒子の閉じ込めを良くするには、
（1）粒子の垂直速度成分を大きくする
（2）磁場のミラー比を大きくする

2-8 ＜基礎編＞

トーラス磁場での粒子軌道は？

直線型閉じ込め装置では端からプラズマが漏れてしまうので、磁場を曲げてつないだドーナツ型にすることが考えられますが、単純な軸対称磁場（単純トーラス）では荷電粒子を閉じ込めることができません。

単純トーラス磁場でのドリフト

磁場が直線で一様な場合には、プラズマ粒子は磁場に垂直方向には円運動を描きながら磁場に沿ってうごきます。一方、単純トーラスでは磁場は曲がっており、しかも磁場の強さが半径Rの関数として1/Rのように外側で弱くなるので、内側で回転半径が小さく、外側で回転半径が大きくなり、円軌道がゆがめられて上下方向（主軸方向、Z方向）に変位が起こります（**上図**）。これは**トロイダルドリフト**（磁場勾配および湾曲による横方向移動）と呼ばれています。電子とイオンとのドリフトの向きが逆なので、このドリフトにより電子とイオンとが荷電分離し、上下方向に電場が生じてしまいます。この電場によりサイクロトロン運動の粒子の加速・減速が起こり、結果的にイオンも電子も同じ速度で水平外側方向（R方向）に漏れ出してしまいます。この移動は電場と磁場の両方に対して垂直に動くので、ベクトル積としての×（クロス）を用いて、**E×Bドリフト**と呼ばれます。流体的描像では、内側と外側との磁気圧の差でプラズマが外側へ移動してしまうと考えることもできます。

トロイダルドリフトによる荷電分離の抑制方法

この荷電分離してできた電場をなくするためにいろいろな方策が考えられてきました（**下図**）。2つのドーナツを逆向きに作ってそれをつながる方式は「8の字ステラレータ」と呼ばれ、米国で提案されました。磁場そのものをらせん状に曲げることも考えられました。電子は磁力線方向には速く動くことができるので、このトーラスの磁場構造では、荷電分離の電場が磁力線に沿って短絡されて、トロイダルドリフトもなくなります。このヘリカル構造として、プラズマ電流を利用する**トカマク型**や外部のラセンコイルによる**ヘリカル型**が考案されてきました。プラズマ電流の代わりに超伝導導体を浮かせた**内部導体型**の装置によるプラズマ研究も進められてきました。

トロイダル効果によるプラズマの損失

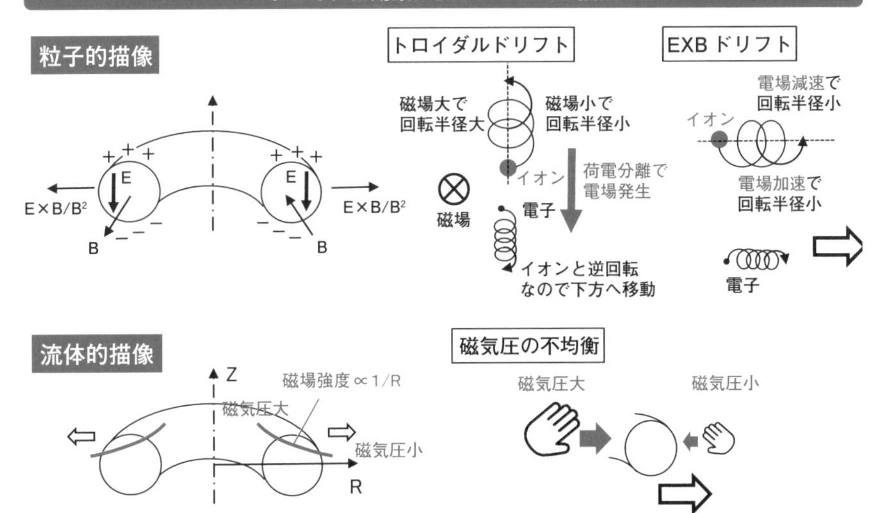

トロイダルドリフトを抑制する

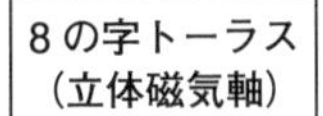

ヘリカルトーラス
（平面磁気軸）

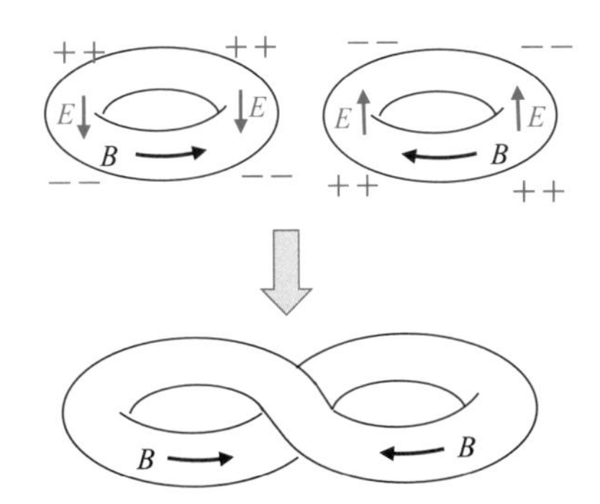

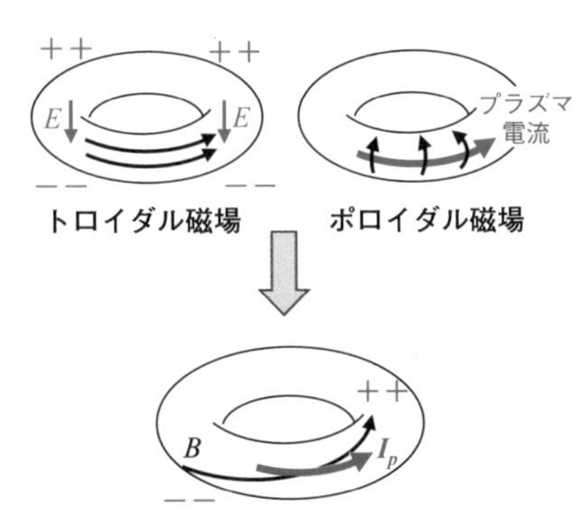

２つのドーナツをあわせて、
荷電分離の電圧を消します

磁力線をねじって、磁力線に沿った中和
電流により荷電分離を短絡させます

トカマク型　プラズマ電流で
内部導体型　内部コイルで
ヘリカル型　外部コイルで

2-9 ＜基礎編＞

プラズマの平衡とは？

プラズマを磁場で閉じ込めるには、プラズマの圧力を磁場の圧力で釣り合わせることが必要です。この力の釣り合いがプラズマ平衡です。平衡が保たれないとプラズマは瞬時に飛び散ってしまいます。

プラズマの平衡と非平衡

磁場を固定してその中での荷電粒子の軌道を前節までにまとめましたが、集団としてのプラズマにより磁場の構造が変化するので、単一の荷電粒子ではなくて流体としてのプラズマ圧力と磁場圧力との釣り合いを考える必要があります。

磁場閉じ込めのプラズマでは磁場の圧力とプラズマの圧力とがつりあって力のバランス（平衡）が保たれます。**上図**のように、水平面にボールが置かれている場合には力のバランスがとれて静止できますが、坂になっている場合は非平衡です。平衡状態であっても、微小な擾乱が与えられたときには、ボールが平衡状態から著しく離れていく場合があります。お椀の底にボールがある場合には**安定な平衡**ですが、山頂にある場合には**不安定な平衡**です。不安定な場合でも、**線形的**（微小な擾乱）に安定でも**非線形的**（大きな擾乱）に不安定な場合や、その逆の場合もあります。**準線形的**（中程度の擾乱）に不安定な場合も考えられます。プラズマでの速度空間での熱的平衡はマクスウェル・ボルツマン分布であり、位置空間での力学的平衡は電磁圧力とプラズマ圧力の釣り合いで決まります。

プラズマ平衡の基礎式と閉じ込め描像

プラズマを記述する最も簡単な基礎式として、質量密度ρ_mで速度Vの1流体（電子とイオンの区別をせず電場を含まない）理想（抵抗がない）電磁流体力学方程式と磁場に関するマクスウェル方程式とが用いられます（**下図上方**）。これらの式から、定常状態として電磁力と圧力勾配の力の釣り合い（平衡）の式$\boldsymbol{j}\times\boldsymbol{B}=\nabla p$が得られます。流体的描像ではプラズマ圧力$p$と磁気圧$B^2/2\mu_0$との釣り合いで理解できます。一方、粒子的描像では、荷電粒子のサイクロトロン運動による電流が内部では相互にキャンセルされ、圧力勾配のある場所ではキャンセルされずに反磁性電流が流れ、この反磁性電流と磁場との相互作用によりプラズマ閉じ込めがなされる、と解釈できます（**下図下方**）。

平衡のイメージ図

平衡と非平衡　　いろいろな平衡

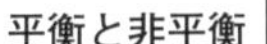

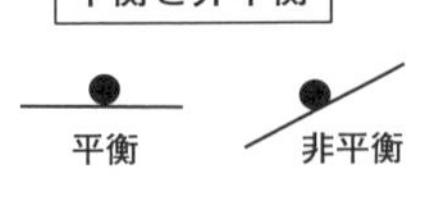

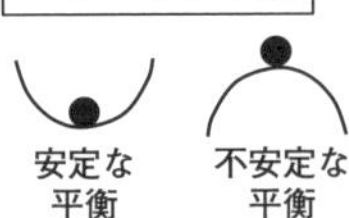

- 熱的平衡（速度空間での平衡）　マクスウェル・ボルツマン分布
- 力学的平衡（位置空間での平衡）　$\boldsymbol{j}\times\boldsymbol{B}=\nabla p$

プラズマ平衡の基礎

基礎方程式

1流体理想MHD方程式　$$\rho_{\mathrm{m}}\frac{\partial V}{\partial t}=\boldsymbol{j}\times\boldsymbol{B}-\nabla p=0 \quad (1)$$

磁場に関するマクスウェル方程式　$$\nabla\times\boldsymbol{B}=\mu_0\boldsymbol{j} \quad (2)$$

$$\nabla\cdot\boldsymbol{B}=0 \quad (3)$$

(3) で磁場の湧きだしはなし
(2) (3) で $\nabla\cdot\boldsymbol{j}=0$ 電流の湧きだしはなし

平衡の式と反磁性電流

（1）で時間変化＝0として平衡の式　$\boldsymbol{j}\times\boldsymbol{B}=\nabla p$
したがって反磁性電流　$\boldsymbol{j}_\perp=(\boldsymbol{B}\times\nabla p)/B^2$

$\boldsymbol{j}\cdot\nabla p=0$
$\boldsymbol{B}\cdot\nabla p=0$　　電流 $\boldsymbol{j}$ と磁場 $\boldsymbol{B}$ は p=一定の面上にあります

粒子的描像

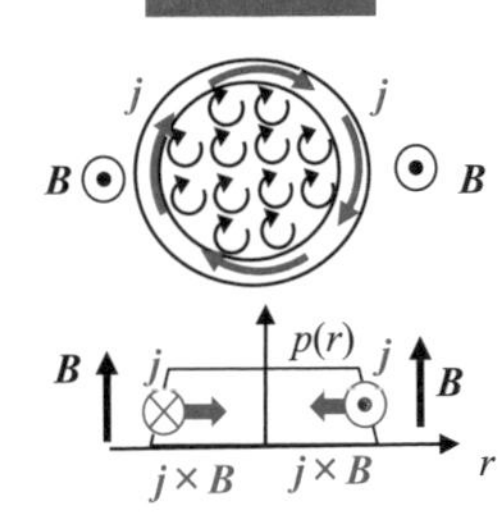

サイクロトロン軌道による電流が
内部では相互にキャンセルされ
周辺の部分で反磁性電流として残ります

流体的描像

$$\nabla\left(p+\frac{B^2}{2\mu_0}\right)=\frac{1}{\mu_0}(\mathbf{B}\cdot\nabla)\mathbf{B}$$

プラズマ圧

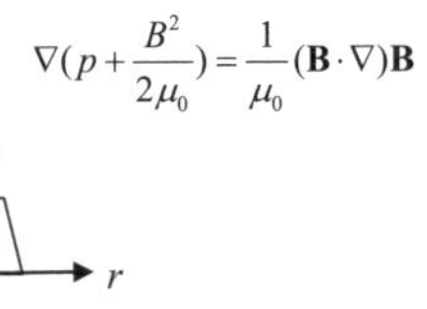

磁気圧

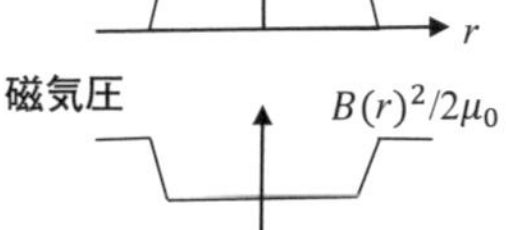

直線磁場では上式の右辺がゼロで
$p(r)+B(r)^2/2\mu_0$ ＝一定

2-10 <基礎編>

プラズマの安定性とは？

磁場とプラズマの押し合いのなかで、圧力の静的バランスは平衡であり、擾乱に対する動的応答は安定性と呼ばれます。特に、プラズマの電流と圧力による不安定性がプラズマの性能を制限することになります。

不安定性の分類

安定性は、駆動エネルギーと不安定性のスケールに、プラズマ抵抗の有無、磁場変動の有無などにより分類されます（**上図**）。プラズマ電流やプラズマ圧力による力のアンバランスにより駆動されるのが**マクロ（巨視的）不安定性**であり、**MHD（電磁流体力学）不安定性**とも呼ばれています。一方、ビーム成分やマクスウェル速度分布からのズレによる力に関連する**ミクロ（微視的）不安定性**もあり、プラズマ輸送とも関連しています。速度空間不安定性とも呼ばれますが、位相空間（座標と速度の6次元空間）では、マクロ不安定性は座標空間不安定性と呼ぶこともできます。プラズマ抵抗の有無で理想不安定性と抵抗性不安定性に分類でき、主にミクロ不安定性に関しては、磁場の変動の有無で、静電不安定性と電磁不安定性とに分類できます。

フルート不安定性とバルーニング不安定性

マクロ不安定性の圧力駆動型の一例を**下図**に示します。上部に重い流体があり下部に軽い流体がある場合には、なにかの擾乱が与えられると重力で重い流体が軽い流体を押しのけて降下し、軽い流体が上昇します。全体としての位置エネルギーは減少する方向に動きます。同様に、上部にプラズマがあり、下部は真空とした場合には、プラズマが不安定となります（**レーリー・テーラー不安定性**）。実際の円柱プラズマでも同様な不安定性が起こります。中心部分の磁場が強い磁気丘の円柱プラズマでは、運動する荷電粒子に荷電分離が起こり外向きの力がかかって、プラズマが磁場に沿った縦溝（フルート）型の変形を誘起します（**フルート不安定性**）。特に、トーラスプラズマではドーナツの外側にのみ、風船（バルーン）のように膨れる場合もあります（**バルーニング不安定性**）。磁場でプラズマを閉じ込める場合には、プラズマの圧力と磁場の圧力との比（**ベータ値**）が重要であり、ベータ値の限界は圧力駆動不安定性により決まる場合がほとんどです。

いろいろな不安定性

<応答様式>
線形 / 準線形 / 非線形

<駆動源とスケール>
マクロ（巨視的）不安定性（MHD 不安定性）
- 電流駆動型
  - キンク不安定性
  - ティアリング不安定性
- 圧力駆動型
  - フルート不安定性（レーリー・テーラー不安定性）
  - バルーニング不安定性

ミクロ（微視的）不安定性
- 速度空間不安定性
- 位置空間不安定性（ドリフト波不安定性）

<プラズマ抵抗の有無>
理想不安定性 / 抵抗性不安定性

<磁場変動の有無>
静電不安定性 / 電磁不安定性

圧力駆動型不安定性の例

レーリー・テーラー不安定性

不安定

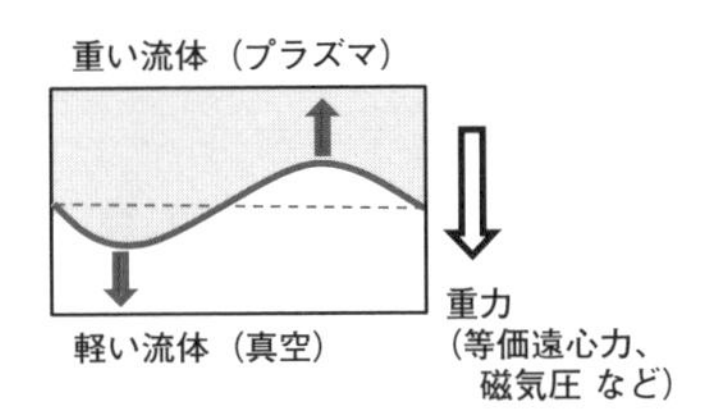

安定

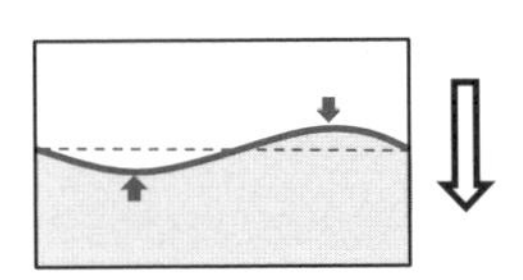

フルート（縦溝）不安定性　【円柱（磁気丘）】

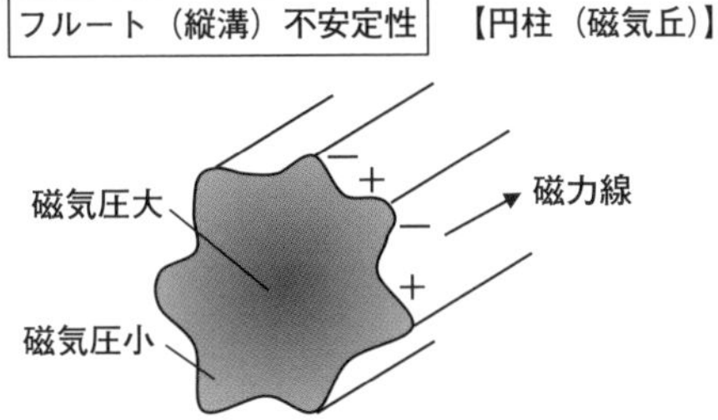

バルーニング（風船）不安定性　【円環（高ベータ）】

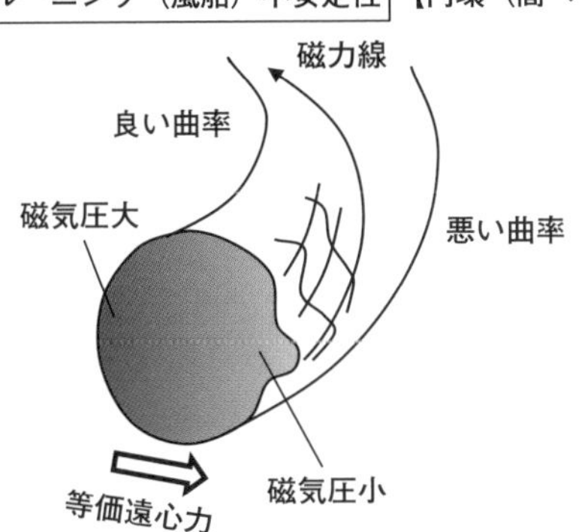

2-11 <基礎編>

プラズマの安定化方法は？

プラズマ不安定性を抑制するには、不安定性の駆動エネルギーを低くすると同時に、磁場配位を改善したり、フィードバック制御を利用したりして、不安定性の変形を抑え込むことが必要です。

不安定性の安定化方法

前節で述べたように、不安定性にはマクロ不安定性とミクロ不安定性がありますが、前者の場合には変形の形態からは、m=0/n≠0のソーセージ（くびれ）型、m=1のキンク（折れ曲がり）型、m≫1のフルート（縦溝）型などに分けられます（**下図左**）。これらの変形を抑制するためには、磁気シアや磁気井戸の磁場配位による安定化が重要であり、壁設置やプラズマ回転も安定化に有効です（**上図**）。

安定化方法の例

圧力駆動型のフルート不安定性は、真空（磁場空間）領域とプラズマ領域とが交換することでエネルギーが低くなり、プラズマの不安定性が進む現象です。プラズマ領域で磁場が強い磁気丘の場合に、イオンと電子のドリフトの違いにより荷電分離が起こり、凹凸ができExBドリフトを伴い、さらに凹凸が進展してしまいます。これを抑えるには縦溝型の変形を壊し、荷電分離による電圧を短絡させるように、磁力線の層ごとのねじれ（**磁気シア**）を変えることです。また、プラズマ内部の磁気力を外の磁気圧に比べて低くする構造（**磁気井戸**）を作ることです（**下図右**）。

プラズマ電流駆動型のソーセージ不安定性では軸方向に強い外部磁場を加えれば安定化されます（トカマクでは強い縦磁場で安定化されています）。キンク不安定性の場合は、折れ曲がると折れ曲がりの内側の表面で磁場が強くなりさらに折れ曲がりが加速されます。これを抑えるには、外側に金属の壁を作ることです（**下図右**）。金属壁にプラズマ電流が近づくと磁力線が密になりプラズマが押し返されます。この導体壁の効果は金属の抵抗で持続時間が制限されます。現実には壁抵抗の影響で安定化効果が小さくなり、現在のトカマクでも**壁抵抗性モード**（RWM）と呼ばれる不安定性が起こり、プラズマの性能の上限を決めています。導体壁のさらに外側に**帰還制御用の磁場コイル**を設置したり、**プラズマ回転**を利用したりして、RWM不安定性を抑制することができます。

安定化の方法

■磁気シア（ねじれ）	フルートモードなど
■磁気井戸	フルートモード、バルーニングモードなど
■壁安定化 / プラズマ回転	キンクモード、ティアリングモードなど
■局所加熱と局所電流駆動	ティアリングモードなど
■外部磁場フィードバック制御	位置不安定性 RWM（抵抗性壁モード）など

不安定性の変位と安定化方法

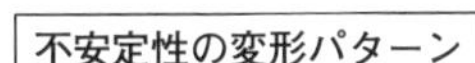

半径方向変形（m：ポロイダル数）

軸方向変形（n: トロイダル数）

n=0　n=1　n=2

境界条件

磁気シア

シアゼロ：不安定

内側の
磁気面と磁力線

縦溝型不安定性が
容易に成長します

外側の
磁気面と
磁力線

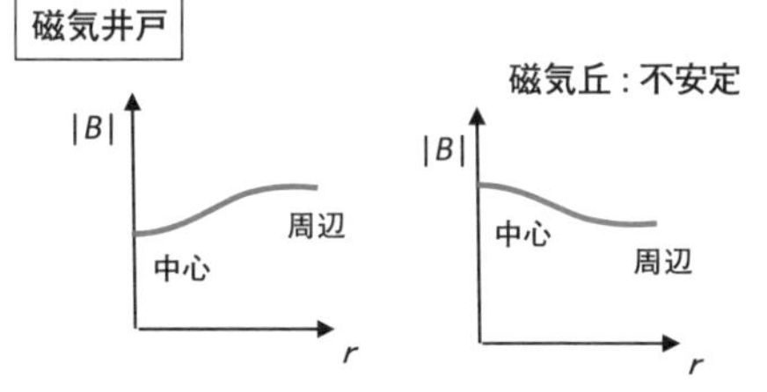

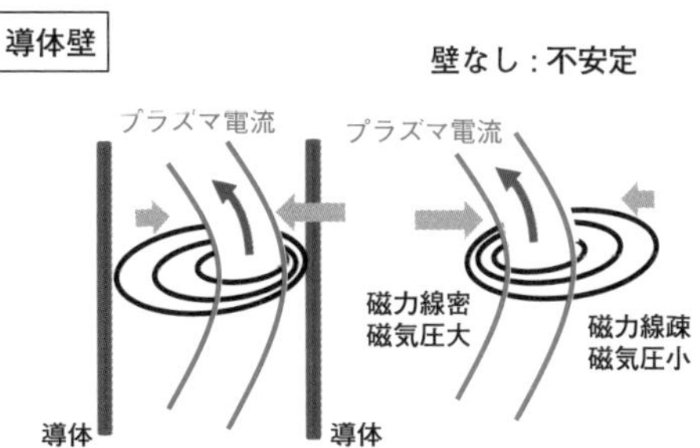

2-12 <基礎編>

プラズマの輸送は？

狭い所でなるべく高い砂山を作ろうとしても限度があります。砂山自身の坂で砂が滑り落ちてしまいます。同様に、狭い領域に大量のプラズマを閉じ込めるのは容易ではありません。周辺部分にどれだけ急な坂を作れるかが鍵となります。

粒子衝突（古典輸送）と波（異常輸送）によるプラズマの損失

一般に、損失粒子の流束は粒子密度の勾配に比例して大きくなり、その比例係数を**粒子拡散係数**と呼びます。熱流束は温度勾配に比例して、比例係数としての**熱輸送係数**が重要になります。

プラズマ粒子の損失は、第一に粒子同士の衝突により起こります。磁力線に巻きつきながら運動するプラズマ粒子は、衝突により異なる磁力線に移動してしまいます。この粒子衝突によるプラズマ輸送を**古典的輸送**と呼んでいます。特に、ドーナツ形状では高速の粒子は1本の磁力線で描かれた閉じた面（**磁気面**）と少しずれた粒子軌道の面（**ドリフト面**）を描きます。直線では、粒子衝突による移動量はラーモア半径程度ですが、トーラス配位では磁気面とドリフト面（回転中心軌道面）とのずれの分だけ1回の衝突で移動・損失してしまいます。磁力線に垂直な速度成分が大きい粒子では、ミラー磁場での振る舞いのように、磁場の弱い外側に粒子が捕捉されて、往復運動を行います。プラズマ断面上ではバナナのような形をしているので**バナナ運動**と呼ばれています。この場合に粒子衝突が起こると、バナナの幅だけ大きなステップでプラズマ粒子が動いてしまい、損失が大きくなります。ヘリカル装置ではヘリカル磁場による磁場の空間的な変動ができるので、バナナ運動の中にさらに小さなバナナ構造（**スーパーバナナ**）が現れ、それが輸送を増大させます。幸いにプラズマ自身で電場（両極性電場）が生まれて、大きな熱損失は抑制されます。これらドーナツ効果を考慮した古典輸送は、**新古典輸送**と呼ばれます。

粒子衝突とは異なり、プラズマ中に発生する波により熱的な対流が起こり、実質的に粒子衝突と同じようなプラズマの熱損失が起こります。これらは**異常輸送**と呼ばれています。プラズマ圧力に傾きがある場合に密度や電場・磁場の揺らぎ（**ドリフト波乱流**）が成長してプラズマを外に押しやるメカニズムです。ステップ長（Δ）は波の波長、ステップ時間（δt）はドリフト時間で評価され、熱輸送係数（κ）は$\Delta^2/\delta t$となります。

古典輸送（古典理論と新古典理論）

粒子束　$\Gamma(\mathrm{m}^{-2}) = nV = -D\nabla n$　　D：拡散係数

熱流束　$q(\mathrm{Wm}^{-2}) = nk_{\mathrm{B}}TV = -\kappa\nabla T$　　κ：熱輸送係数

$D = \Delta^2/\delta t$

Δ：衝突によるステップ長

δt：ステップ時間

粒子軌道　＝　円運動（ラーモア運動）　＋　回転中心運動（ドリフト運動）

古典理論（直線系）　　**新古典理論（トーラス系）**

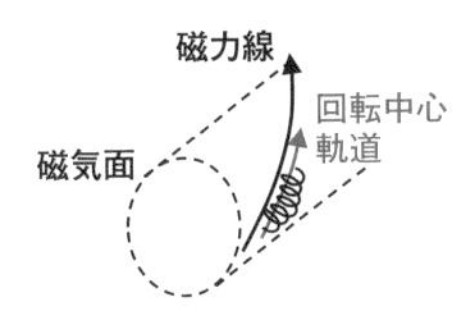

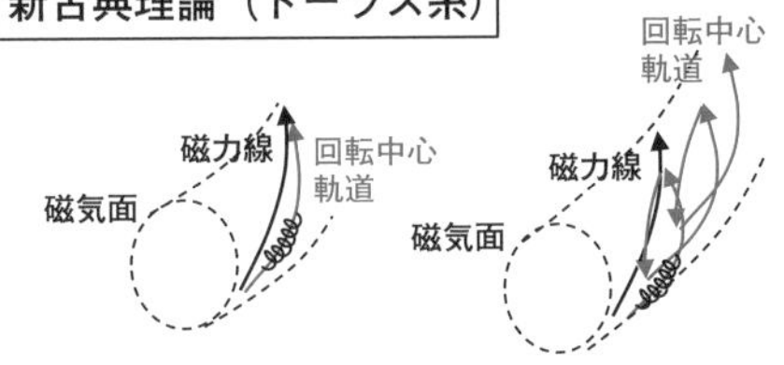

磁気面 ＝ 回転中心軌道面

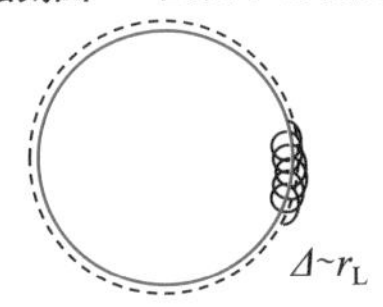

δtの１回の衝突で
粒子同士の衝突により
Δだけ移動します

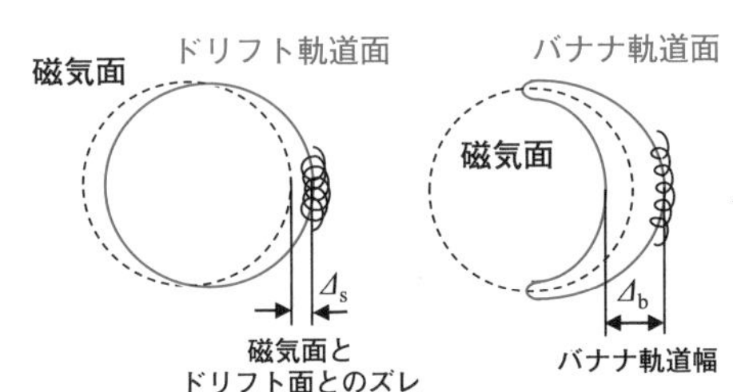

古典輸送と異常輸送の輸送係数

拡散係数
D
熱輸送係数
κ

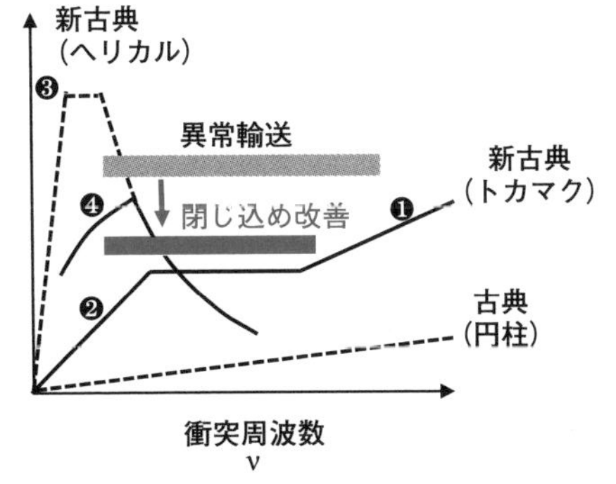

❶ ドリフト面トロイダル効果
❷ バナナ軌道効果
❸ スーパーバナナ軌道効果
❹ 両極性電場効果

参考メモ　拡散係数と閉じ込め時間

粒子閉じ込め時間τと拡散係数Dとの関係は、プラズマ半径をaとして$\tau \sim a^2/(4D)$です。Dが一定であれば、$n/\tau = -D\nabla n$より密度nの分布がベッセル関数となり、正確に$\tau = (a/2.4)^2/D$となります。

2-13 ＜基礎編＞

放射によるエネルギー損失は？

プラズマからのエネルギー損失として、輸送損失に加えて放射損失があります。不純物放射、制動放射、そしてシンクロトロン放射があり、核融合炉の運転に強い制限をもたらします。

不純物放射

核融合燃料としての水素（重水素、三重水素）の場合には、電離は1回ですが、低Z（荷電数）不純物としての炭素や酸素ではプラズマ周辺でZ回だけ電離がなされて完全電離されます。一方、高Zのモリブデンやタングステンではプラズマ中心でも完全電離はなされず、電離と再結合のエネルギーレベル差に対応した線スペクトルの線放射が発生します。高Z不純物の混入により、電子密度が増えて燃料の希釈が起き、結果的に核融合出力が減少してしまいます。不純物の許容量を**上図右**に示します。

制動放射

荷電粒子が電場の中で急に減速されたり進路を曲げられたりすると電磁波放射が発生します。特に電子が原子核のクーロン力によって進路を曲げられ、電子が加速度を得て、連続スペクトルとしての**制動放射**を生じます。損失パワー密度は電子密度と不純物密度、不純物電荷の２乗、そして、電子温度の平方根の積に比例します（**中図**）。核融合で生成されるα粒子による制動放射も無視できません。鋸歯状振動などを利用して、不純物などのプラズマ中心への蓄積を抑制し排出する必要があります。さまざまな不純物を含めて放射パワーは実効電荷Z_{eff}で評価できます。

シンクロトロン放射

制動放射と同様に自由ー自由電子遷移による放射ですが、加速はクーロン散乱ではなく磁気力に起因します（**下図**）。角周波数のスペクトル（強度分布）としては$n\omega_e$（電子サイクロトロン角周波数の整数倍）で強いピークが現れます。nが小さい放射はプラズマ中で吸収されるので、プラズマ半径と吸収長さが同程度となる周波数からエネルギー損失として重要となり、壁からの反射を含めての評価が必要です。高温度領域のD^3He炉ではこの放射損失が炉の成立条件を規定することになります。

不純物粒子の線放射

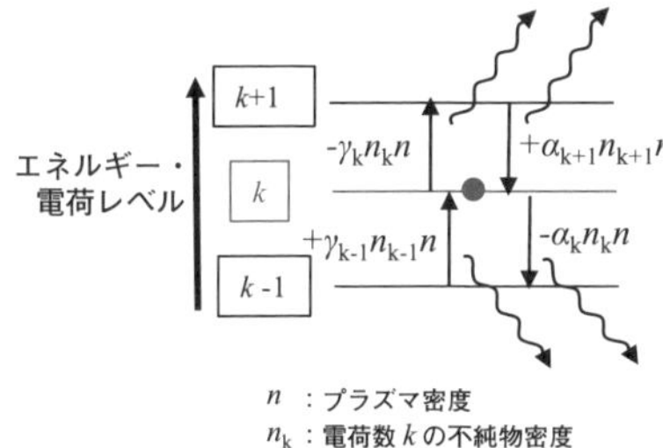

n　：プラズマ密度
n_k：電荷数 k の不純物密度
γ_k：電離係数
α_k：再結合係数

新古典輸送では、高Zほど中心に蓄積します

$$n_z(r) \propto [n(r)]^z$$

不純物の許容パーセント

10keV プラズマで P_{rad}=0.5P_α の条件

縦軸：0.01%, 0.1%, 1%, 10%, 100%
横軸（原子番号）：10, 20, 30, 40, 50
He, Li, Be, C, O, Ne, Al, Cl, Ti, Fe, Cu, Mo, Ag

制動放射

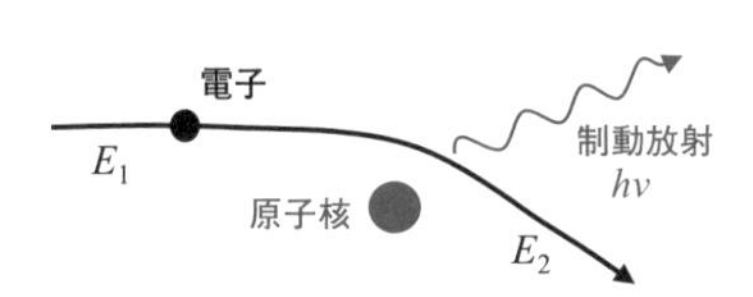

E_1-E_2：電子のエネルギー変化
h　：プランク定数
ν　：放射の周波数

E_1-E_2=$h\nu$

自由電子の進路が
原子核のクーロン力により
曲げられたときに放出される放射

制動放射損失

$$P_{brem} = Z_{eff}\, n_e^2 (T_e)^{1/2}$$

$$Z_{eff} = (n_i + Z^2 n_z)/n_e \qquad n_e = (n_i + Z n_z)$$

制動放射損失により、炉点火の最低温度（着火温度）が定まります(3-1 節参照)

シンクロトロン放射

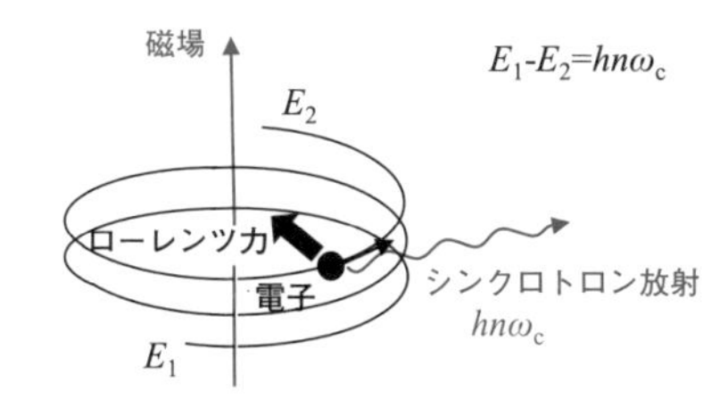

E_1-E_2=$hn\omega_c$

自由電子の進路が
磁場による電磁力により
曲げられたときに放出される放射

電子の静止質量は 500keV なので、
数十 keV 領域では相対論効果が重要となり
サイクロトロン運動ではなく、
シンクロトロン運動と呼ばれます

参考メモ　シンクロトロン放射

シンクロトロン放射損失は DT トカマク炉では無視できますが、
D^3He 炉の高温領域では無視できなくなります

2-14 ＜基礎編＞

プラズマの加熱は？

日常生活ではさまざまな加熱方法が用いられています。電熱器、熱湯の直接注入、電子レンジ加熱、などがあり、これらの原理に対応してプラズマ加熱ではジュール加熱、中性粒子ビーム加熱、高周波加熱として利用されています。

ジュール加熱

トカマクでは、トランスの原理でトロイダル方向に電流を流すことで**ジュール加熱**により温度が上昇します。これはニクロム線を用いた電熱器に相当します。ただし、プラズマの温度が高くなるにしたがってプラズマ抵抗が小さくなり、効率的に加熱できなくなり、他の加熱（**追加熱**と呼ばれます）が必要となります（**上図**）。

中性粒子ビーム（NB）加熱

ぬるい水にヤカンからの熱湯を注げば全体を温めることができます。磁場中では荷電粒子ビームはプラズマ中心まで到達することはできないので、荷電粒子を電場で加速して、そののちに中性化して**中性粒子ビーム**（NB）を作ります。NBはプラズマ中で荷電交換して荷電粒子に変わり磁場に閉じ込められ、この高速イオンがプラズマイオンと衝突を繰り返してをプラズマを温めます。これが**中性粒子ビーム入射**（NBI）**加熱**です。大型装置ではエネルギーの高いNBが必要であり、正イオンでは中性化効率は高エネルギー領域で低いので、負イオン源から加速して作られる負イオン中性粒子ビーム入射（N-NBI）が用いられます（**中図**）。

高周波（RF）加熱

家庭料理では、電子レンジが大活躍です。磁場閉じ込めプラズマの加熱でも粒子の運動に共鳴する電磁波が利用されます。サイクロトロン周波数は、磁場強度に比例し、荷電粒子の質量に反比例しますが、電子の質量は水素イオン（プロトン）のおよそ1/1800なので、回転周波数は電子のほうがプロトンに比べて1800倍高くなります。5T（テスラ）の磁場では、電子ラーモア周波数は140GHz（波長2mm）で、重水素イオンのラーモア周波数は～40MHzです。これらの周波数の電磁波で電子やイオンを加熱することができます（**下図**）。ちなみに、家庭用の電子レンジでは、波長12cmの2.45GHzの周波数が用いられています。

ジュール加熱

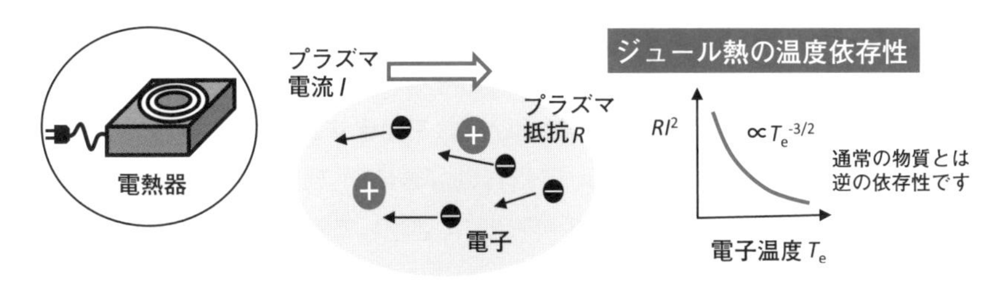

中性粒子加熱

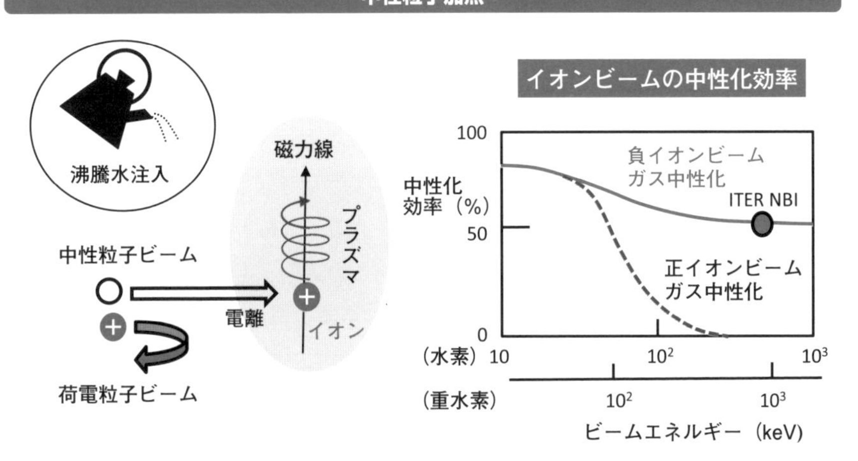

高周波加熱

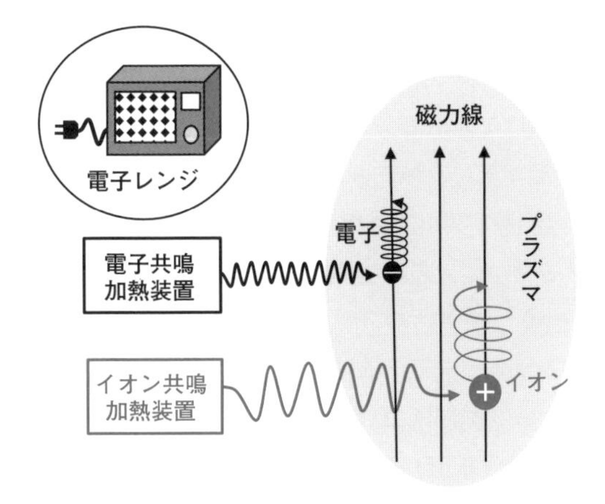

電子やイオンの回転周波数に共鳴（サイクロトロン共鳴）する電磁波を入射すると、サイクロトロン減衰のメカニズムにより、波のエネルギーが粒子に移り、プラズマの加熱が行われます。

サイクロトロン減衰：
　磁場中でのランダウ減衰（２－５節）に相当します。

2-15 ＜基礎編＞

アルファ粒子加熱は？

外部からの粒子ビーム加熱では数百keVの重水素ビームが用いられますが、内部加熱としてのアルファ粒子加熱では3.5MeVのヘリウム4イオン（アルファ粒子）がプラズマの加熱に寄与します。

高エネルギーアルファ粒子の減速とプラズマ加熱

追加熱としての中性粒子ビーム加熱の場合には、数百keVの重水素の中性粒子ビームがプラズマ中に入射され、電離してイオンビームとなってプラズマを加熱することになります。DT核燃焼で生成される2価の正電荷のアルファ（α）粒子の場合には、追加熱ビームのおよそ5～10倍の3.5MeVのエネルギーであり、**フォッカー・プランク方程式**で表される減速・拡散過程ではイオンではなくて電子との相互作用が大きく、主に電子加熱がなされます（**上図**）。核燃焼を維持するためにはイオン温度を高める必要があるので、電子とイオンとの粒子衝突により温度が平衡になるためのやや高めの密度での運転が必要となります。α粒子加熱が有効となるためには、高エネルギーα粒子の閉じ込めが良く、かつ、電子のエネルギー閉じ込めも良い必要もあります。そうでなければ、イオン加熱が有効になりません。ただし、エネルギーが低くなったヘリウムは、プラズマ燃料を希釈してしまい、しかも、制動放射損失を増加させてしまいます。高エネルギーアルファ粒子は閉じ込めて効率的に加熱に使い、残った低温のα粒子（**アルファ灰**）は極力排出する必要があります。

アルファ粒子関連の物理課題と工学課題

核融合出力と外部加熱入力との比（Q値）を用いて、核反応計画（Q～1）から核燃焼計画（Q≳10）に伴う課題を整理することができます（**下図**）。アルファ粒子に関連する物理課題として、プラズマ加熱パワーに関連する**熱的不安定性**と、高エネルギーアルファ粒子の速度の非平衡分布による**熱核不安定性**があります。前者では、Qが3～5以上で重要となり、燃焼制御実験も可能となります。後者では、Q～1でも解析可能であり、異常輸送誘起の可能性の解明も重要です。工学課題としては、トリチウムハンドリングや放射線遮蔽の研究課題は現在のQ～1装置でもなされてきていますが、ブランケットテストにはQ値が10以上のITERクラスの核融合装置が必要となってきます（**下図**）。

アルファ粒子加熱とフォッカー・プランク方程式

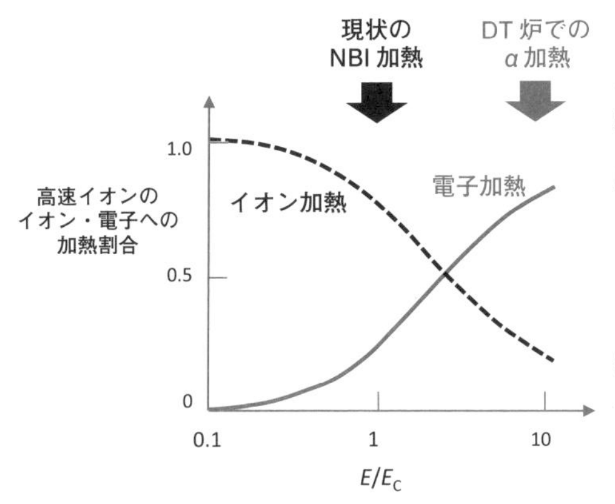

アルファ粒子の速度緩和プロセスは、
遠距離力としてのクーロン衝突に関する
フォッカー・プランク方程式の
摩擦項と拡散項で表されます。

$$\left(\frac{\delta f}{\delta t}\right)_{coll.} = -\frac{\partial}{\partial \mathbf{v}} \cdot f < \Delta \mathbf{v} > + \frac{1}{2} \frac{\partial^2}{\partial \mathbf{v} \partial \mathbf{v}} : f < \Delta \mathbf{v} \Delta \mathbf{v} >$$

D/T=50%/50% のプラズマでは
アルファ粒子の臨界エネルギー E_C は
33×（プラズマ温度）であり、
10keV プラズマでは 330keV です。

核融合 α 粒子はこの 10 倍ですので、
エネルギーは電子加熱に使われます。

核融合燃焼の物理と工学の課題

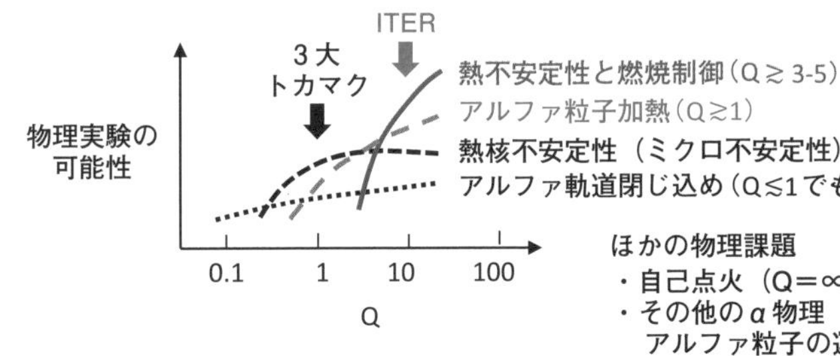

ほかの物理課題
- 自己点火（Q＝∞）の実証
- その他の α 物理
  アルファ粒子の運動量移行と径電場生成
  アルファ粒子による電流駆動
  鋸歯状振動から鮫歯状振動 など

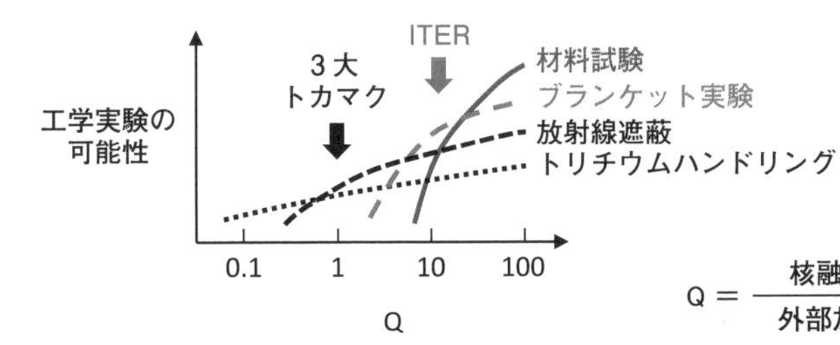

ほかの工学課題
- 遠隔操作
- 安全性試験

$$Q = \frac{\text{核融合パワー}}{\text{外部加熱パワー}}$$

COLUMN 2

極限プラズマとは？（クォーク・グルーオン・プラズマ）

熱核融合反応では、プラズマ状態を利用することで効率的に反応を維持することができます。原子の中の正電荷の原子核と負電荷の電子は、加熱・圧縮によりお互いにばらばらとなり「プラズマ」が生成されます。同様に、原子核の中の陽子や中性子を構成する基本粒子としてのクォークとそれをつないでいるボーズ粒子としてのグルーオンとが、加熱・圧縮によりばらばらとなり、「原子核内のプラズマ状態」としての「クォーク・グルーオン・プラズマ（QGP）」が生成されます。これは、力の分岐が起きた宇宙創成初期のクォークの海の状態です。恒星の終末期としての中性子星内部もQGP状態と考えられています（**図**）。これを用いて、粒子・反粒子の対消滅反応により莫大なエネルギーが生成できることになります。温度（エネルギー）領域としては、化学反応では数千度（～100eV）、核反応では数億度（～10keV－1MeV）ですが、素粒子反応では～10－100GeVの膨大なエネルギーが必要となります。

反物質を効率よく制御・生成でき、物質との反応でエネルギー生成が可能となれば、人類は火、電気、原子力（核融合）につぐ第4の火「素粒子（ハドロン）の火」を手にすることができると考えられます。そのような遠い将来のエネルギー生成の夢に向けての基盤としても、プラズマ・核融合研究が十分役立つと考えられます。

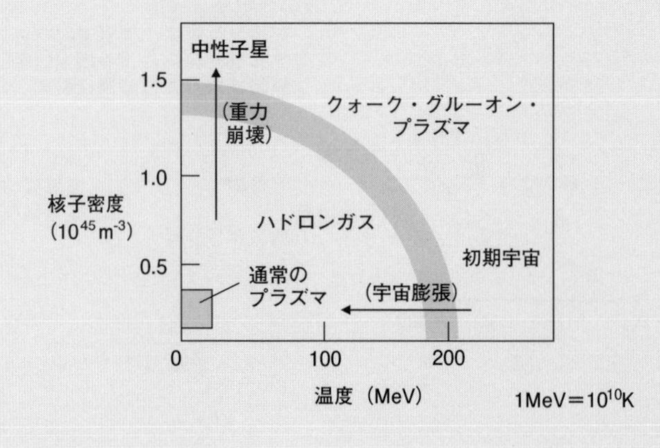

第3章

＜炉心編＞

地上に太陽を作る（核融合プラズマの物理）

核融合炉の実現のためには、第一に炉心プラズマの閉じ込めが重要です。核燃焼プラズマの条件を明らかにして、ミラー、トカマク、ヘリカルなどの磁場閉じ込め方式とレーザーなどの慣性閉じ込め方式についてまとめます。核燃焼実験をめざしての研究開発の現状についても述べます。

3-1 ＜炉心編＞

核燃焼プラズマと着火温度とは？

原子炉の場合には核分裂で生成される中性子がさらにウラン燃料に衝突するという粒子連鎖反応を引き起こしますが、核融合炉では反応生成粒子のエネルギーが新しい燃料を加熱して燃焼させる熱連鎖反応に相当します。

DT核融合炉での粒子・エネルギーバランス

DT核融合炉では、DとTとの反応で複合核としてヘリウム5が作られますが、これは中性子が超過で不安定なので瞬時に中性子（n）が高速で飛びだし、ヘリウム4（^{4}He、アルファ粒子）が残ります。核融合燃料としての粒子密度n（$n_D = n_T = n/2$）の時間変化dn/dtを考えます。反応率＜σv＞を用いて発生するアルファ粒子は（1/4）n^2＜σv＞であり、粒子閉じ込め時間τ_nによる損失と燃料注入率S_nを考えてプラズマの**粒子バランス**が求まります（**上図左**）。

プラズマのエネルギーバランスでは、外部入射加熱と内部α加熱があり、ロスとしてはエネルギー閉じ込め時間τ_Eで表される輸送損失と制動放射などの放射損失があります（**上図右**）。中性子はプラズマとは相互作用せずに直接プラズマ外のブランケットで熱エネルギーに変換されます。その過程で、中性子を増倍して、リチウムからのトリチウム増殖に利用されます。プラズマ自身の加熱（自己加熱）に使われる生成α粒子はエネルギーが高いので、主に電子と衝突して電子を温めますが、加熱された電子はイオンとの衝突によりイオン温度を高めます。この熱バランスにより、核燃焼が維持されます。

放射損失と着火温度

プラズマからの放射エネルギー損失として、DT核融合炉で最も重要となるのは制動放射であり、核融合反応生成のα粒子による加熱のエネルギー密度が制動放射のエネルギー密度に勝る条件から、最低限の点火温度（**着火温度**）が定まります。DT反応では～4keV（～4億度）、DD反応では～35keV（～35億度）です。実際のエネルギーバランスでは、プラズマの空間的な温度分布（空間ピーク係数）や不純物の影響（不純物実効電荷Z_{eff}）により条件が異なってきますが、概ねこれが核融合炉成立の最低限のプラズマ温度条件と言えます。

粒子バランスとエネルギーバランス

粒子バランス

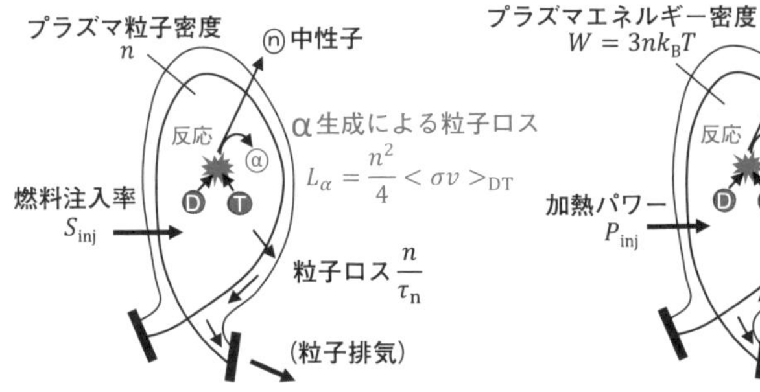

$$\frac{\mathrm{d}n}{\mathrm{d}t} = S_{\mathrm{inj}} - L_\alpha - \frac{n}{\tau_{\mathrm{n}}}$$

τ_{n} 粒子閉じ込め時間

エネルギーバランス

プラズマエネルギー密度
$W = 3nk_{\mathrm{B}}T$
ⓝ 中性子エネルギー
α加熱パワー
$P_\alpha = \frac{n^2}{4} < \sigma v >_{\mathrm{DT}} U_\alpha$
反応
加熱パワー
P_{inj}
放射ロス P_{rad}
熱輸送 $P_{\mathrm{loss}} = \frac{W}{\tau_{\mathrm{E}}}$
(熱排気)

$$\frac{\mathrm{d}W}{\mathrm{d}t} = P_{\mathrm{inj}} + P_\alpha - \frac{W}{\tau_{\mathrm{E}}} - P_{\mathrm{rad}}$$

τ_{E} エネルギー閉じ込め時間

着火温度

エネルギーバランスの式で

制動放射損失パワー $P_{\mathrm{rad}} = bn^2\sqrt{k_{\mathrm{B}}T}$

$P_{\mathrm{inj}} = 0$、$\frac{W}{\tau_{\mathrm{E}}} = 0$ のときに、

$\frac{\mathrm{d}W}{\mathrm{d}t} \geq 0$ となるためには

$$\frac{1}{4} < \sigma v >_{\mathrm{DT}} U_\alpha \geq b\sqrt{k_{\mathrm{B}}T}$$

密度に関係なく、温度のみで定まります
→着火温度

DT 炉と DD 炉の着火温度

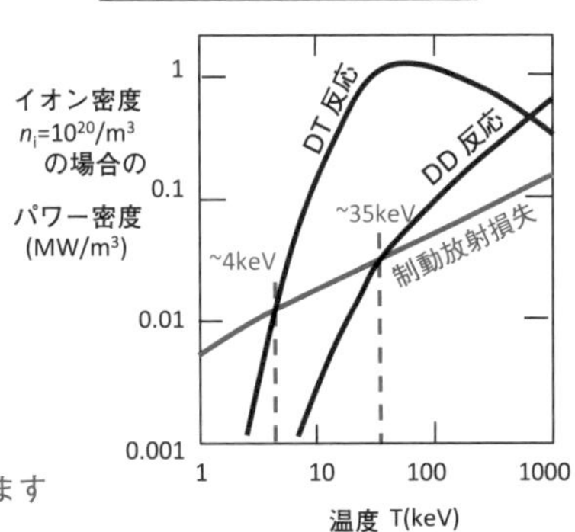

参考メモ　制動放射の係数

$P(\mathrm{MW/m^3})$、$n(10^{20}\mathrm{m^{-3}})$、$k_{\mathrm{B}}T_{\mathrm{e}}(\mathrm{keV})$
として、係数は $b=5.3 \times 10^{-3}$ です。
α粒子エネルギーは $U_\alpha=3.5\mathrm{MeV}$ です。
k_{B} はボルツマン定数です。

3-2 <炉心編>

核融燃焼の条件は？

核融合反応を持続させるには、たくさんの粒子（n：密度）を、なるべく長い間（τ：閉じ込め時間）閉じ込めて、ぶつかり合うように速度（T：温度）を上げることが必要です。これら三つのパラメータの積nτTが重要となります。

閉じ込め時間と核融合３重積

プラズマの閉じ込め時間は、プラズマが生成されている持続時間（放電時間、パルス時間）とは異なります。穴の開いた容器に水をためる場合、あるところで一定の水量になり、給水が続く限り貯水量が保たれます。給水率Sが高く、ロスの穴が小さい場合には貯水量が大きくなります。貯水を維持している時間が核融合プラズマの放電時間に相当し、穴からのロスに関する時間が閉じ込め時間τに相当します。核融合反応を持続させるには、多くの粒子（n：密度）を、長い時間（τ_E：エネルギー閉じ込め時間）閉じ込めて、ぶつかり合うように速度（T：温度）を上げることが必要です。これら三つのパラメータの積$n\tau T$を**核融合３重積**と呼びます。核融合出力は10keV領域では$n^2<\sigma v> \sim n^2T^2$に比例し、外部加熱入力は$nT/\tau_E$に比例するので、その比であるQ値はおよそ$n\tau T$に比例した値となります。

臨界条件と自己点火条件

核融合の運転維持には、外からの加熱エネルギーと核融合エネルギーが同じになる条件（**プラズマ臨界条件**）と自分自身で燃焼が維持できる条件（**自己点火条件**）があります。原子炉で言われる臨界条件は、核融合炉の場合の外部加熱入力なしで核燃焼が持続される自己点火条件に相当します。

これらの条件を表すために、核融合全出力と外部加熱入力との比である核融合利得（**Q値、プラズマQ値**）と、プラズマ燃焼による内部加熱パワーと損失パワーの比としてのイグニッションマージン（**点火余裕、M_I**）というパラメータとを用います。臨界（ブレイク・イーブン）条件はQ=1で表され、自己点火（**イグニッション**）条件はQ=無限大、または、M_I=1で表されます。この2つの条件は、プラズマのパワーのみに関連する炉の成立条件です。工学的には、外部で消費・損失される電力パワーをも考慮する必要があり、次節で述べるローソン条件に関連する**工学的Q値**が重要になります。

持続時間と閉じ込め時間

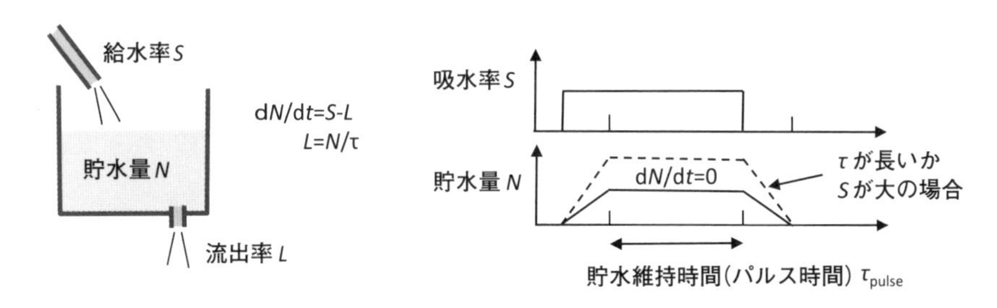

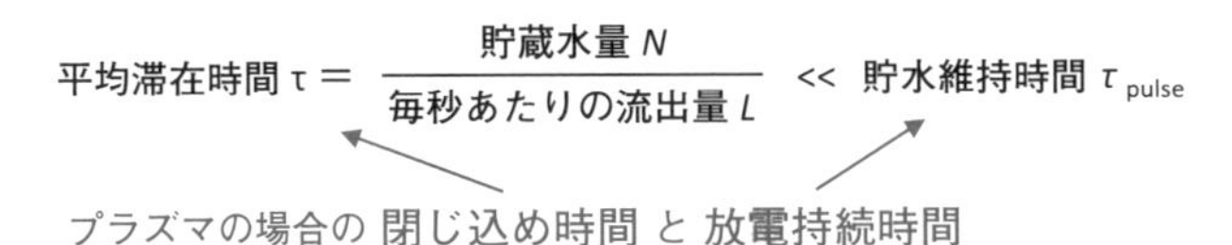

臨界条件と自己点火条件

臨界条件　Q=1

プラズマQ値

$$Q = \frac{P_{\mathrm{fusion}}}{P_{\mathrm{aux}}}$$

$P_{fusion} = n_D n_T \langle\sigma v\rangle_{DT} U_{DT}$

U_{DT}= 17.6MeV

ブランケットでのエネルギー増倍も
含めることもあります

$U_{DT} = U_\alpha + U_n + U_{blanket}$
$= 3.5 + 14.1 + 4.8 = 22.4$ MeV

$P_{fusion} \propto n^2 \langle\sigma v\rangle_{DT} \propto n^2T^2$（10keV 領域で）
$P_{aux} \propto nT/\tau_E$
したがって
$Q \propto n\tau_E T$（核融合3重積）

自己点火条件　M_I=1

イグニション・マージン（点火余裕）

$$M_I = \frac{P_\alpha}{P_{loss}} \qquad P_{loss} = \frac{W}{\tau_E}$$

τ_E：エネルギー閉じ込め時間

$P_\alpha = n_D n_T \langle\sigma v\rangle U_\alpha$

$P_{loss} \sim P_{aux} + P_\alpha$
$P_{fusion} \sim 5P_\alpha$
なので、DT炉では
$M_I \sim Q/(5+Q)$

参考メモ　ITERのQ値

ITERの場合　P_{fusion}＝500MW
P_{aux}＝50MW
Q=10
M_I=0.67

3-3 <炉心編>

核融合動力炉のローソン条件とは？

前節ではQ値などの核融合プラズマとしてのエネルギーバランスを述べましたが、核融合炉システムの成立条件としては、電気エネルギーなどの工学的なエネルギーの収支勘定が不可欠です。

ローソン条件（Q_E＝1）

臨界条件や自己点火条件（$Q=\infty$、または$M_I=1$）はプラズマのパワーバランスに関連する条件ですが、工学的には電気エネルギーの収支が重要です。得られる核融合パワーP_{fus}から電力変換効率ηを考慮して得られる電気出力パワーηP_{fus}を、プラズマ補助加熱に必要な電気パワーP_{aux}/η_{aux}で割った値で評価する必要があります。これは、プラズマのエネルギー利得としてのQ値ではなく、電気エネルギーとしての工学的Q値です。正味の電気出力P_{net}はηP_{fus}からP_{aux}/η_{aux}を差し引いた値です。正確には、核融合炉からのエネルギーとして、核融合反応による中性子エネルギー、放射損失としての電磁波エネルギー、輸送損失としてのプラズマエネルギーがあり、回収して電気エネルギーに変換する効率も同じではありません。また、プラズマ運転に伴うさまざまな電力も差し引く必要があります。

簡単化された正味の電気出力が正となる条件（$P_{net}\geqq 0$）は$Q_E\geqq 1$です（**上図**）。これは1957年にJ.D.ローソン（Lawson）博士（英国1923年～2008）により提案されたので、ローソン条件と呼ばれています。

ローソンパラメータとローソンダイアグラム

エネルギー収支の条件では、プラズマ密度nの関数として、核融合反応パワーや制動放射損失パワーはn^2に比例し、輸送損失エネルギーはn/τ_Eに比例するので、プラズマ温度Tの関数として$n\tau_E$が一意的に定まります。プラズマ密度とエネルギー閉じ込め時間との積$n\tau_E$はローソンパラメータと呼ばれ、$n\tau_E$とTの図（ローソンダイアグラム）で核融合炉の成立条件が示されます（**下図**）。DT炉の場合は、$n\gtrsim 10^{20}m^{-3}$、$\tau_E\gtrsim 1s$、$T\gtrsim 10KeV$（～1億度）がローソン条件の典型的なパラメータです。このローソンダイアグラムは、プラズマ圧力と温度の空間分布（ピーキングファクター）で変化しますが、一般的に臨界条件と自己点火条件の間に位置します。

ローソン条件

工学的Q値（Q_E）

Q_E ＝核融合電気出力 / 補助加熱電気入力

核融合電気出力＝熱出力パワー P_{fus} × 発電効率 η
補助加熱電気入力　＝補助加熱パワー P_{aux} / 変換効率 η_{aux}

ローソン条件（$Q_E \geqq 1$）

正味の電気出力　$P_{net} = \eta P_{fus} - P_{aux} / \eta_{aux} > 0$

$$P_{aux} = P_{loss} + P_{rad} - P_{\alpha}$$

典型的に　$\eta \sim 1/3$
$\eta_{aux} \sim 1$

核融合
P_{fus}
η
ηP_{fus}
P_{net}
P_{aux}
η_{aux}
P_{aux}/η_{aux}

参考メモ　交換効率

実際には右図のように変換効率はさまざまですが
ブランケットの変換効率に統一しています。

$P_{out} = \eta P_n + \eta_{loss} P_{loss} + \eta_{rad} P_{rad}$
$\sim \eta (P_n + P_{\alpha} + P_{aux}) \sim \eta P_{fus}$　　仮定：$P_{aux} \ll P_{\alpha}$

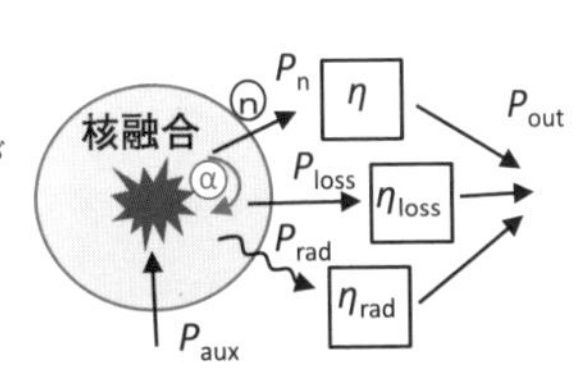

ローソンダイアグラム

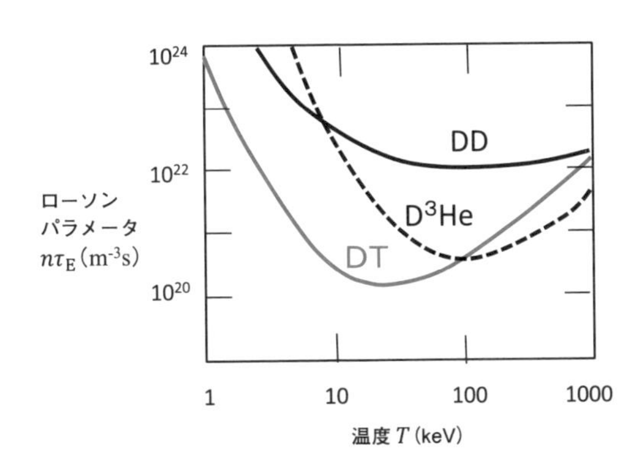

DT 炉のローソン条件：
　温度～ 1 億（～ 10keV）以上、
　密度～ 10^{20} 個 /m^3 以上
　閉じ込め時間～ 1 秒以上

10keV ～ 1 億度

参考メモ　燃焼条件の定義

プラズマ臨界条件	：核融合熱出力が外部プラズマ補助加熱入力と等しい
自己点火条件	：補助加熱入力なしで、アルファ粒子加熱で核融合燃焼維持
ローソン条件	：核融合電気出力がプラズマ補助加熱電気入力と等しい

3-4 ＜炉心編＞

さまざまな核融合方式は？

核融合プラズマの閉じ込めにはさまざまな方法が提案され実験されてきています。かつての常温核融合やミュオン触媒低温核融合の研究も進められていますが、熱核融合研究は、磁場核融合と慣性核融合との２つの方式に分類できます。

核融合プラズマの閉じ込め方式

核融合プラズマの閉じ込めの実現のために、これまで多くの方法が研究・開発されてきました（**図**）。現在まで行われてきた熱核融合研究は、大きく２つの方式に分けられます。第一は**磁場核融合方式**と呼ばれ、長時間運転する「定常ボイラー」にたとえることができます。第二は**慣性核融合方式**と呼ばれる方式であり、繰り返しパルス運転を行うもので「間欠エンジン」にたとえられます。現状では高温熱核融合の磁場核融合方式が最も有望視されており、国際協力のもとでのITERトカマクに代表されるように、着実な研究が推進されてきています。

プラズマを構成する電子・イオンは電気を帯びた粒子であり、磁場に巻きつく運動をするので磁場によりプラズマを閉じ込めることができます。これが磁場核融合の方式です。ドーナツ状の磁場閉じ込めとしては、プラズマ電流を利用する**トカマク**型、内部で磁場の向きが反転した**逆磁場ピンチ**（RFP）型や、プラズマ電流を利用せずドーナツ状の外部のラセン型磁場コイルを利用する**ヘリカル**型があります。球状のスフェロマックや円筒状の磁場反転配位（FRC）の**コンパクトトーラス**型もあります。一方、直線型磁場形状を利用した**ミラー**型もあります。

慣性核融合は、出力の大きな**レーザー**や**荷電粒子ビーム**を小さな燃料球（ペレット）に照射し、燃料球の表面が燃焼・膨張する反動でその内側の部分が圧縮加熱（爆縮）されることを利用する方法です。直接照射か間接照射方式が採用され、レーザーやビームの種類により方式が異なります。

その他、電場による閉じ込めや磁場と慣性閉じ込めとの組み合わせの方式も開発されてきています。**ミュオン**や**反陽子**を触媒とする反応や、固体内反応としての**凝縮系反応**の可能性も検討が続けられています。

未来の最適な核融合炉を開発するためには、これら各種閉じ込め方式の長所・可能性を伸ばす幅広い研究を続ける必要があります。

さまざまなプラズマ閉じ込め方式

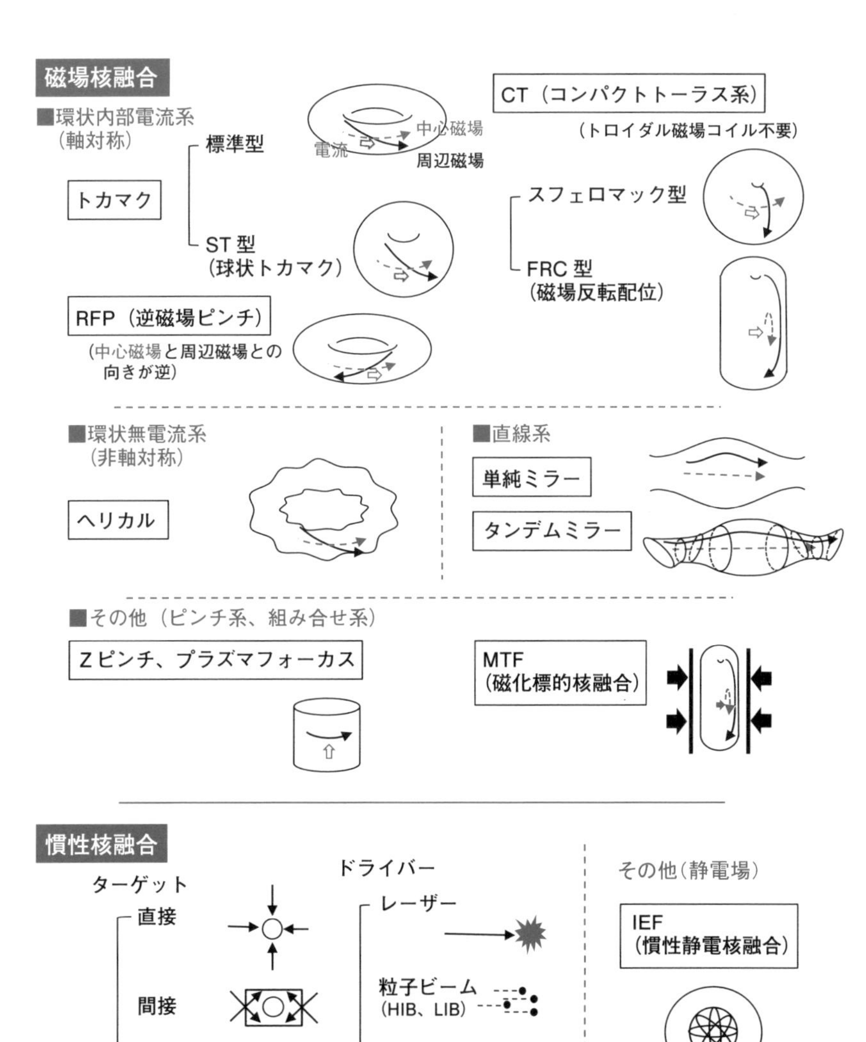

- ミュオン触媒核融合
- 反陽子触媒核融合

- ピクノ核融合（白色矮星）
- 凝縮系核反応（試験管核融合？）

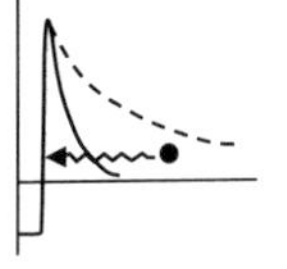

3-5 <炉心編>

ミラー核融合は単純か？

ミラー型（開放端系）核融合の利点は、高ベータ化の可能性、定常運転の可能性、直接発電の可能性、そして、単純な炉構成、などがあげられます。実際には端からのプラズマの損失を防ぐための工夫が必要となり、複雑化しています。

▶▶ 単純ミラーと断熱不変量

単純ミラーでの磁気鏡（磁気ミラー）による粒子の反射の原理は**2-7節**で述べましたが、磁場に平行の速度成分が大きな荷電粒子（速度空間でロスコーン領域）の閉じ込めは困難です。そこでは断熱不変量を導入しましたが、一般的に周期運動する力学系では運動量に関連する断熱不変量が定義できます。ミラー磁場では、対称性から３つの**断熱不変量**が定義され（**上図**）、その原理を利用してのプラズマ閉じ込めが行われています。ゆっくり変化する磁場中での第１種断熱不変量は、上記のサイクロトロン運動での角運動量保存です。第２種断熱不変量はミラー間を反射する粒子の磁場方向の速度の反射点の間の積分であり、縦の不変量と呼ばれています。宇宙でのフェルミ粒子加速の原理です。第３種断熱不変量はドリフト（横移動）する粒子の面の磁束が一定となることです。この断熱不変量により、核融合炉での粒子軌道や断熱圧縮加熱などの物理現象が理解できます。

▶▶ ベースボール型とタンデムミラーと熱障壁

磁場閉じ込めでは、不安定性を抑えるのには外に向かって常に磁場が強くなる配位（極小磁場配位）を作ることです。ミラーコイルに２対のカスプコイルあるいはマルチポールコイルを追加したのと等価な極小磁場として**ベースボール型**があります。問題点は非対称で粒子閉じ込めが劣化してしまうことです。一方、ミラー型の端からのプラズマの漏れを少なくして閉じ込めを良くする方法に、**サーマルバリアー（熱障壁）**による電場閉じ込めの原理を用いるタンデムミラーの方法があります。また、非軸対称ミラーではプラズマ閉じ込めの劣化が懸念されるので**軸対称化の原理**を用いて、タンデムミラーの中央ミラー（軸対称）の両端にアンカーミラー（非軸対称）を加え、さらにプラグミラー（軸対称）による安定化・閉じ込め改善を行うなどの工夫がなされてきました（**下図**）。

ミラー閉じ込めの原理

軸対称

単純ミラーコイル

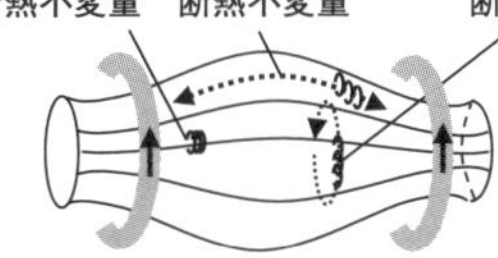

軸対称

極小磁場
非軸対称

ベースボールコイル

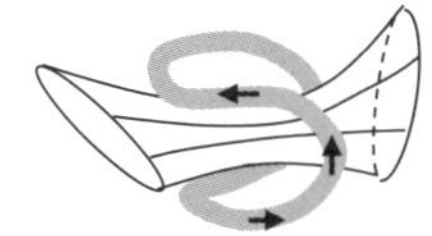

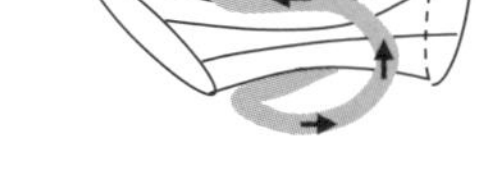

インヤンコイル

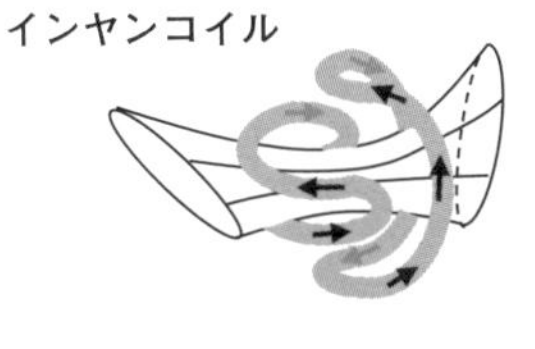

ミラー型核融合炉の特長

＜長所＞

○ 単純ミラーは装置が単純、
　（タンデムミラーはやや複雑）

○ 高ベータで D^3He 核融合の可能性

○ 定常運転が容易

＜短所＞

× 単純ミラーは端損失が大

× 細長の大型装置が必要

タンデムミラーとサーマルバリア

ダンデム型

ミラーの両端にインヤンコイルを付加して
熱障壁による電場閉じ込めを利用します

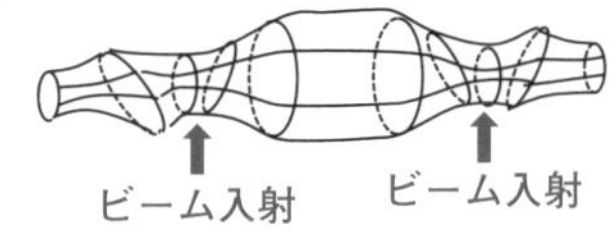

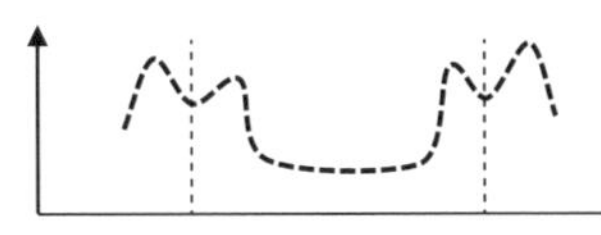

3-6 ＜炉心編＞

トカマク核融合とは？

核融合装置のなかで最も開発が進んでいるのがトカマクです。強いトロイダル磁場にポロイダル磁場を加えて、閉じ込めの良い軸対称でねじれた磁力線を作るのにプラズマ中に電流を流します。

トカマク計画とその特徴

トカマク型装置は、単純なトロイダル（環状）磁場とその中を流れるリング状のプラズマ電流で特徴づけることができます。この名前は、TOK（電流）、KAMEPA（容器）、MAGNITNUE（磁気の）、KATUSHKI（コイル）に由来しています。1950年代に旧ソ連で開発され、現在でも閉じ込め性能が最大です。世界中に多くの実験装置があり、データベースが豊富ですが、プラズマ電流が突然遮断されてしまうディスラプション（破壊的不安定性）が起こる危険性があります（**上図右**）。

トカマク型装置では、プラズマ中に内部電流を流すことが必要です。電流を流す方法としては、電磁誘導の法則を利用したトランス（変圧器）の原理を使います。一次巻線に電圧を加え一次側に電流を流し、鉄心（あるいは空心）の中に磁場を発生させます。発生した磁力線の束は鉄心内に閉じ込もります。一次電流を変化させると、プラズマが取り囲んでいる部分での磁場の強さの時間的変化により、プラズマに周回のループ電圧がかかり、プラズマ内に電流が励起されます（**上図左**）。

トカマク装置の構成

トカマクプラズマの断面は、歴史的に円形から縦型楕円、そしてD型へと変化し、安定性と輸送の向上が図られてきました。装置では（**下図**）、Dの形をしたコイル（TFコイル）を円環状に並べ、コイルの中にドーナツ状のトロイダル磁場を発生させます。さらに、ドーナツの中心にあるコイル（CSコイル）でプラズマに誘導電流を流し、誘導電流によりドーナツの断面を回るような磁場（ポロイダル磁場）を発生させます。これら2つの磁場の重ね合わせによりねじれた磁場を形成し、プラズマを閉じ込めます。プラズマ電流の位置と形状を制御するためにはポロイダル磁場（PF）コイルが用いられます。CSコイルでは誘導電流を半永久的に流すことは不可能ですので、非誘導方式の加熱・電流駆動装置を利用して電流を流し続ける必要があります。

トカマク型装置の電流生成と特徴

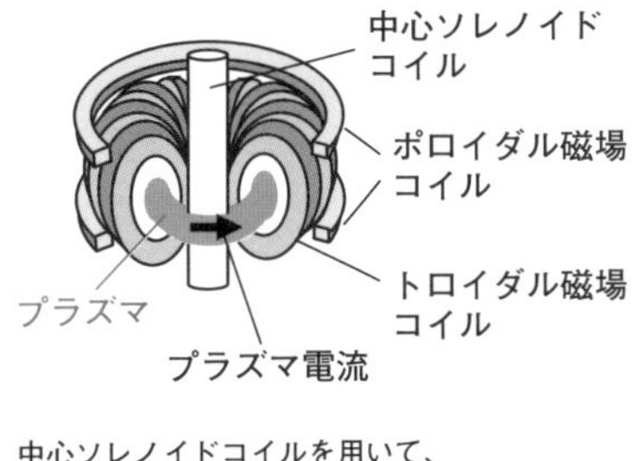

中心ソレノイドコイルを用いて、
トランスの原理でプラズマ電流を流します

トカマクの特徴

<長所>

○ 装置の構造が比較的単純で
　理論解析が容易（ヘリカルとの比較）

○ 閉じ込め性能が最大

○ 実験データ豊富

○ 電流分布制御による閉じ込め改善が可能

<短所>

× ディスラプションの危険性

× 電流駆動パワー必要

× 装置がやや大型

トカマク型核融合の炉心部分

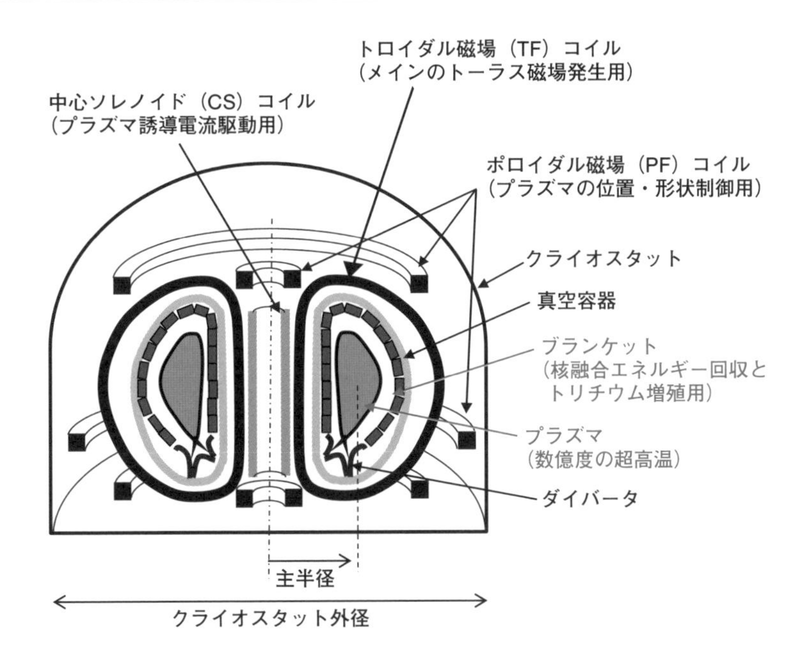

ITERの主半径は6.2メートル、クライオスタット外径は～30メートルです

3-7 ＜炉心編＞

先進トカマク配位とは？

ITERは標準的なトカマクとして炉心プラズマと炉工機器のバランスの良い設計がなされていますが、経済性を考慮してコンパクト化をめざした先進トカマク設計も提案されてきています。

高ベータをめざしての球状トカマク

トカマクの欠点は、装置がやや大型で複雑な点です。それを克服する方法として、高ベータ化と強磁場化が提案・実験されてきています。

トカマク装置のアスペクト比を小さくする（ドーナツを太くする）ことで、ベータ値（磁場圧力に対してプラズマ圧力の比）を高くして効率の良い閉じ込めが可能となります。プラズマの安定性を向上させるためには、ドーナツの外側での磁力線の巻きつく距離を短くして内側での距離を増やすことで、磁場にまつわりつくプラズマを、磁場の井戸（平均的に磁場の強さが外部よりも内部で弱くなっている構造）の中に閉じ込めることです。課題は、中心柱でのコイルやブランケットのスペースが厳しいこと、CSコイルによる電流立ち上げが困難なこと、などがあげられます。高温超伝導コイルの採用や、中心側での中性子反射壁の設置、高効率の電流立ち上げ・維持法の開発などが試みられてきています。球状トカマクは、英国のカラム研究所で推進されてきていますが、その技術を基盤として民間企業**トカマク・エナジー**が、核融合原型炉の早期完成をめざしています。

高温超伝導コイル利用の強磁場トカマク

先進コンパクト化の第2の方法は強磁場化です。強磁場装置であってもプラズマベータ値が低い場合には、結果的に閉じ込められるプラズマの性能を上げることができないので、プラズマ断面変形や圧力分布制御などにより規格化ベータ値を3.5以上にする必要があります。壁での中性子負荷が大きくなることも課題です。

強磁場トカマク路線は、歴史的には米国MIT（マサチューセッツ工科大学）プラズマ科学および核融合センターで研究開発が進められてきていました。高温超伝導コイルを開発・利用することで、コンパクトで安価な原型炉をめざしています。スタートアップ企業としてはMITのスピンオフとして設立された**コモンウェルス・フュージョン・システムズ**が世界初の核融合実証炉の実現に取り組んでいます。

高ベータ・球状トカマク

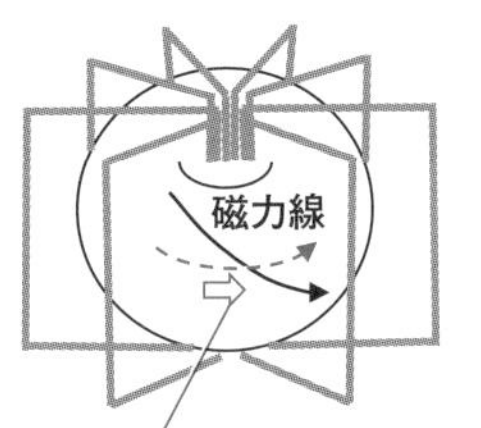

アスペクト比Aを2以下とし
楕円度を2以上として、
球状・コンパクト化をはかります。

プラズマベータ値β_T～（1＋κ^2)/qA^2
ST炉では標準炉（ITER型）に比べて
5～10倍ベータ値を高くできます。

ITER　A～3　κ～1.8
ST炉　A～1.7　κ～2.5

球状トカマク核融合の特徴
<長所>
○ コンパクト化
○ 高ベータ化可能
○ 自発電流が比較的大きい

<短所>
× 中心ソレノイド設計
　特に中性子遮蔽設計が困難
× 超伝導化が困難
　常伝導コイルの場合には頻繁に交換必要
× IED（Internal Reconnection Event）などの
　標準トカマクにない不安定性がある

アカデミアでは
　英国カラム研究所（MAST装置）
　米国PPPL（NSTX装置）
　日本九大、東大など

スタートアップでは
　英国トカマクエナジー（STEP計画）

強磁場トカマク

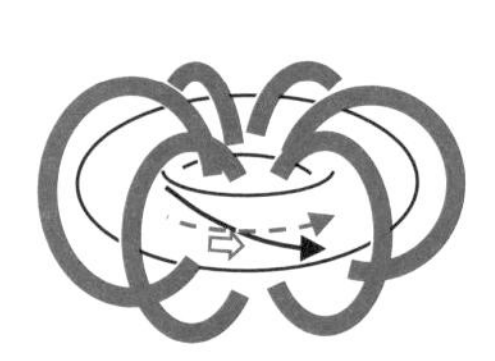

強力な磁場コイルを利用
　液体窒素冷却のビッターコイル（現在までの装置）
　高温超伝導コイル（炉設計）

強磁場トカマク核融合の特徴
<長所>
○ 小型コンパクト化で建設費小
○ 高出力密度化可能
○ BS電流が比較的大きい設計が可能

<短所>
× 壁負荷が厳しい
× ダイバータ空間が狭い
× プラズマ中への不純物混入問題

アカデミアでは
　米国MIT（Alcator C-Mod装置（13テスラ））
　イタリアFrascati（FTU装置（8テスラ））

スタートアップでは
　米国コモンウェルス・フュージョン・
　システムズ（SPARC計画（12.2テスラ））

3-8 <炉心編>

ヘリカル核融合とは？

トカマク型の欠点であるプラズマ電流駆動パワーの必要性とディスラプションの危険性とを回避するための方式がヘリカル型核融合炉です。外部コイルだけで磁気面を作る「外部導体系」として、ヘリカルコイルが設置されます。

連続コイルとモジュラーコイル

トロイダルドリフトを抑制するための原理は**2－8節**に述べましたが、8の字ステラレータが、1951年米国プリンストン大学の天文学者L.スピッツアー教授により提案されました。この磁場配位がヘリカル型装置の始まりです。恒星のエネルギー源である核融合の意味で「ステラレータ（星のトーラス）」と命名されました。

ヘリカル装置のコイル形状は、連続巻きのヘリカルコイルとして、トロイダル磁場コイルに加えて正負の対のヘリカルコイルを付加する**ステラレータ**型と、同じ方向のヘリカルコイルによる**ヘリオトロン・トルサトロン**型とがあり、トロイダルコイルとヘリカルコイルとを一体化し最適化した**モジュラーコイル**型もあります。

2大ヘリカル装置

世界で2つの大型ヘリカル装置が運転されています（**下図**）。日本の核融合科学研究所（NIFS）での大型ヘリカル装置**LHD**と、ドイツ・マックスプランク・プラズマ物理研究所のウェンデルシュタイン7X（**W7-X**）装置です。LHDは2本の連続巻きのヘリカルコイルの超伝導装置であり、粒子軌道、安定性、輸送と工学的な半径方向寸法設計（ラジアルビルド）との最適化により装置形が決定されました。一方、W7-Xではプラズマ境界からコイル形状を定める斬新な最適化を行い、ヘリアス配位と呼ばれる磁気配位が決定され装置が作成されました。この手法により、トカマク装置を含めての先進的な磁場配位を模索することが可能となります（**次節参照**）。

トカマク型の欠点は、ディスラプションの発生の危険性と、効率的な定常運転が困難な点が挙げられます。ヘリカル型では、これらの欠点を克服し、定常運転が可能となります（**下図下**）。一方、ヘリカル型の欠点は、主半径が大きくなり、ヘリカル磁場リップルによりアルファ粒子の閉じ込めが悪化すること、また、構造が複雑で、ブランケットの交換などが比較的困難であるとの指摘もあります。

ヘリカル型装置

＜コイル形状＞
- 連続ヘリカルコイル型
  - ステラレータ型
  - ヘリオトロン・トルサトロン型
- モジュラーコイル型

＜磁気軸配位＞
- 平面磁気軸型
- 立体磁気軸型

8の字ステラレータ（1952年）とスピッツアー博士

写真提供：米国プリンストンプラズマ物理研究所

ステラレータ型コイル

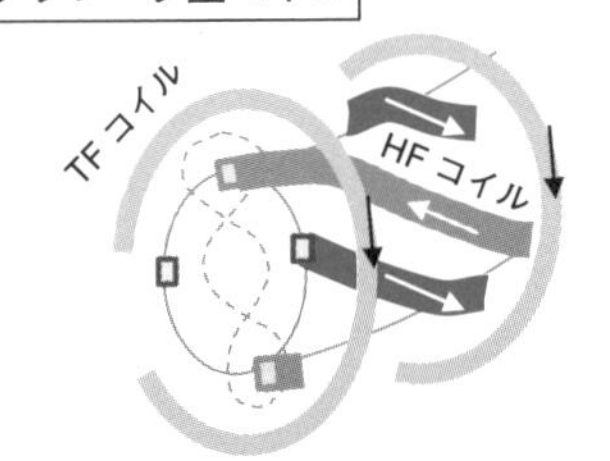

ヘリオトロン・トルサトロン型コイル

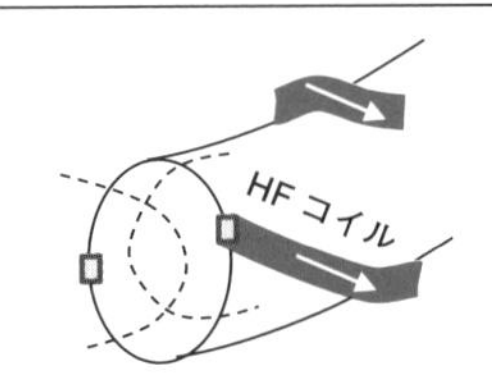

連続コイルとモジュラーコイル

連続コイル型（LHD、日本）

https://www.lhd.nifs.ac.jp/pub/LHD_Project.html

モジュラーコイル型（W7 -X、ドイツ）

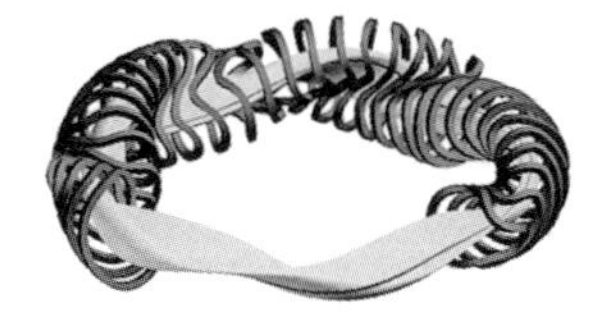

https://www.ipp.mpg.de/w7x

ヘリカル核融合の特徴

＜長所＞
- ○ 電流駆動パワー必要なしで効率的
- ○ 電流ディスラプションの危険性なし
- ○ 定常運転が容易
- ○ 外部磁場による制御が容易で、ダイバータが自然に備わっている

＜短所＞
- × 装置やコイルが複雑で大型
- × 磁気島を避けるために高い磁場精度が必要
- × 非軸対称で理論予測が比較的困難
- × 閉じ込めが悪い、特に高エネルギーアルファ粒子の閉じ込めが課題

3-9 <炉心編>

先進ヘリカル配位とは？

電流ディスラプションの危険性がなく、電流駆動パワーも必要のない理想の核融合炉の設計は可能でしょうか？ドイツで開発されてきた最適化手法により、新しいヘリカル磁場配位が提案されてきています。

磁気面と磁場対称性

目で見て明らかにトカマクとヘリカルとのプラズマ形状が異なりますが、磁力線に乗っての座標系（磁気座標）からみて、違いを評価することが可能です。磁場の対称性として、トカマクはトロイダル対称（軸対称）であり、直線のヘリカル装置ではヘリカル対称、ミラー装置を組み合わせた多段ミラーではポロイダル対称があります。磁場の成分から、準対称性のあるヘリカル配位を構想できます。従来のトロイダル磁場配位を系統的にとらえ直す学術研究も着実に進展してきています。

コンパクトな先進ヘリカル配位

数本の連続ヘリカルコイルでは磁場成分を調節するのは困難ですが、トロイダルコイルとヘリカルコイルとを組み合わせて多数のモジュラーコイルを用いることでプラズマ電流の必要のないさまざまな配位を作ることができます。プラズマ形状を仮定し、真空磁気面とコイル面でのコイル電流密度を解析し、プラズマ圧力をも入れた反復計算により磁場配位を選択できます。理想の磁場配位の留意点として、磁場の対称性を確保しての粒子閉じ込め向上、新古典輸送の低減、磁気面と粒子軌道とのずれの最小化、電流ディスラプション抑制のためのBS電流の低減、コンパクト化・低アスペクト比化、ダイバータ配位の形成、などが考えられます。トロイダル周期数Nを定めてさまざまな先進ヘリカル配位が構想されてきました（**図**）。プラズマ電流なしでの磁場の対称性に着目して、トカマクと等価な**準軸対称性**（QA）、ミラーをトロイダル方向に理想的につなげた**準ポロイダル対称性**（QP）、直線ヘリカル的な**準ヘリカル対称性**（QH）があります。また、磁気面と粒子軌道面とを一致させる**準等磁場概念**（QI、Quasi-Isodynamic　concept）もあります。ドイツのW7-XではQIをベースとして、高ベータ時の磁気面変化やBS電流の変化、ダイバータ（アイランドダイバータ）設置などにより配位が決定されてきました。これらの配位の低アスペクト比も検討されました（**下図**）。

先進ステラレータ配位

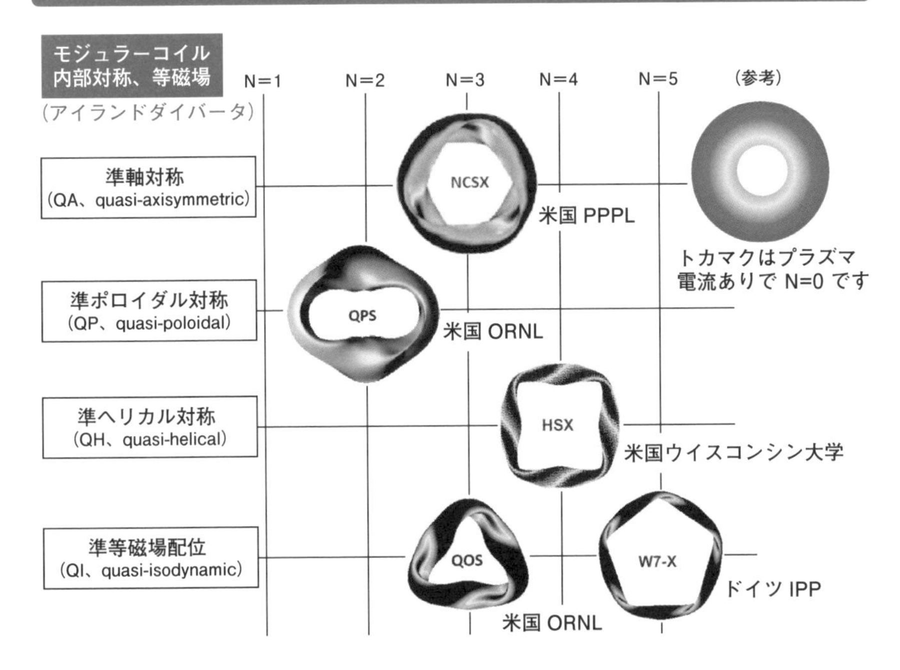

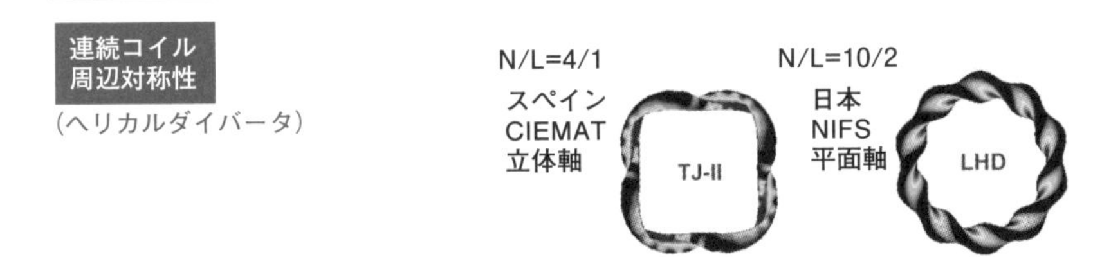

QPのアスペクト比Aの低減と、平均ベータ値<β>の限界

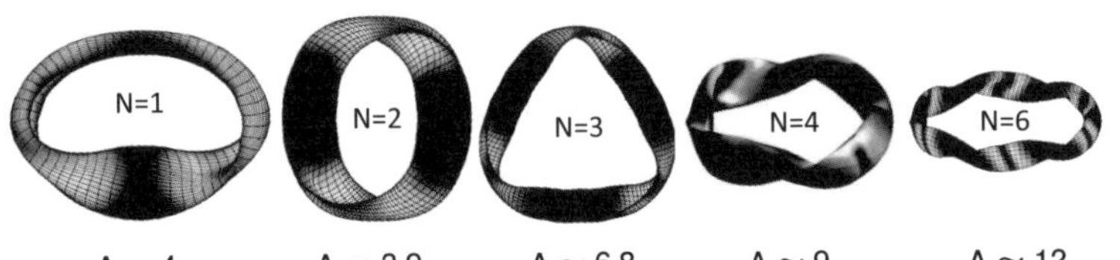

A ～ 4	A ～ 3.9	A ～ 6.8	A ～ 9	A ～ 12
<β>=1.5%	<β>=2.4%	<β>=3.9%	<β>=5%	<β>=5 ～ 8.8%

プラズマ電流のあるトカマクと異なり、低アスペクト比が高ベータ化につながりません

出典：M.I.Mikhailov & K.Yamazaki

3-10 ＜炉心編＞

その他の磁場閉じ込めは？

1950年代から今日まで、さまざまな磁場閉じ込め配位が提案・実験されてきています。従来の成果に技術革新を導入して、現在、第２世代や第３世代燃料の核融合をめざしての代替方式の開発も続けられています。

プラズマ大電流を流す逆磁場ピンチ（RFP）

トカマクと同様な磁場コイル配位ですが、安全係数qが１よりも小さくなるような大電流をプラズマ中に流す方式が、**逆磁場ピンチ**（RFP、Reversed Field Pinch）です。電流が磁場方向に流される**無力電流配位**（force-free current configuration）であり、中心と外側ではトロイダル磁場が反転しています（**上図**）。歴史的には英国のZETA装置で安定なRFP状態が発見され、高ベータ（平均ベータ値が10～20%）でオーミック加熱だけでの自己点火の可能性が示唆されていましたが、閉じ込め性能の限界から追加熱が必要あると考えられています。

トロイダルコイル不要のコンパクトトーラス（CT）

トロイダル電流を流しますが、トロイダル磁場コイルが不要であれば、装置がかなりコンパクトになります。これは**コンパクトトーラス**（CT、Compact Torus）と呼ばれています。プラズマの中心ではトロイダル磁場がありますが外側でゼロとなる球状プラズマ配位は、**スフェロマック**と呼ばれています。一方、中心も含めてトロイダル磁場がゼロでポロイダル磁場だけで閉じ込められる縦長の円筒状トーラス配位は**磁場反転配位**（FRC、Field Reversed Configuration）と呼ばれています。いずれも磁場構造が変化する球形や楕円球の磁気セパラトリックス（区分線の意味）が形成されます。パルス的に高ベータが達成されますが、その定常的な維持が課題です。

これらCTの２個を衝突させて高温化や磁場配位維持をめざした合体実験はこれまで行われてきています。最近は、さらにビーム入射加熱を組合せた計画が、民間スタートアップとして米国ＴＡＥ（トライ・アルファ・エナジー）で進められています。トカマクでのDT炉を超えて、CTを用いてのp-^{11}B核融合をめざしての計画です。しかし、これらCTの高温領域での閉じ込め性能や不純物制御が課題であり、核融合三重積（温度、密度、閉じ込め時間の積）の向上は容易ではありません。

逆磁場ピンチ（RFP）

中心と周辺で
トロイダル磁場（B_t）の向きが逆転します

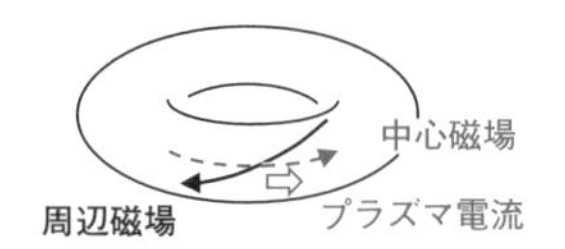

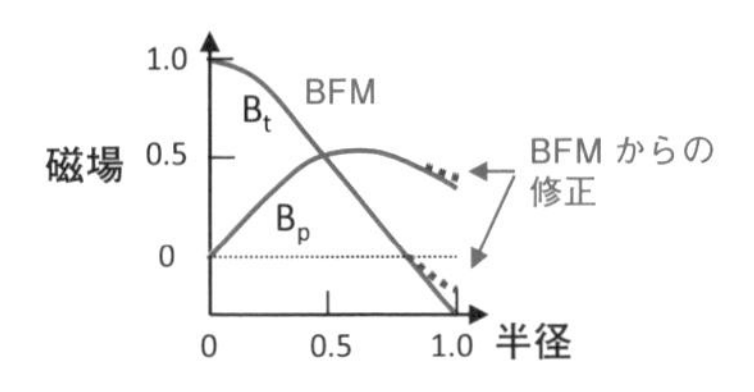

RFP：Reversed Field Pinch

RFP 核融合の特徴

＜長所＞
- ○ 高ベータで比較的コンパクト
- ○ 大電流での自己点火の可能性
- ○ 外部トロイダル磁場強度が低くてよい

＜短所＞
- × 定常化が困難
- × 磁場揺動、磁気面の破壊で閉じ込めが悪い
- × 信頼できるデータベースが不足

参考メモ　無力配位のベッセル関数モデル

無力電流配位：電流密度 $j = kB = (1/\mu_0)\nabla \times B$ から、磁場中の電流に力がかからない場合の磁場 B のベッセル関数モデル（BFM）が導出されます。

コンパクトトーラス（CT）

スフェロマック　球状プラズマ

外は B_t=0、内は B_t≠0

Spheromak

磁場反転配位（FRC）　楕円球プラズマ

内外ともに B_t=0

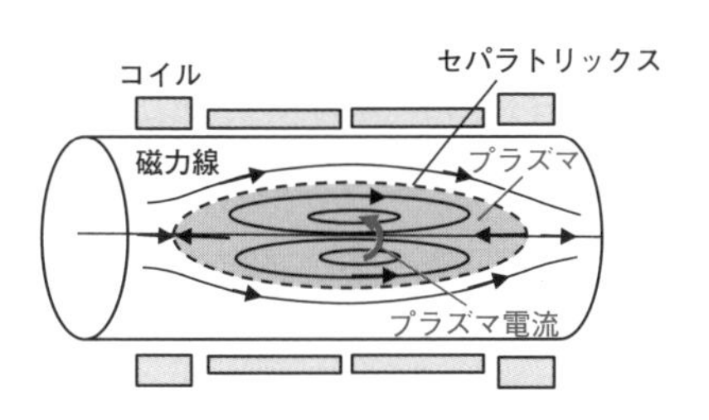

FRC：Field Reversal Configuration

CT 核融合の特徴

＜長所＞
- ○ 装置が単純でコンパクト
- ○ 中心部分のコイル導体が不要で、生成領域と燃焼領域を分離可能
- ○ 高ベータ
- ○ ダイバータ構造が自然に備わっている

＜短所＞
- × 原理検証段階で閉じ込めが比較的悪い
- × 配位の定常維持が困難で、ティルティングモードなどの安定性が課題

3-11 <炉心編>

慣性核融合とは？

核融合プラズマを磁場で閉じ込めるのと全く異なる方式として、ビームを照射して圧縮し、慣性で閉じ込める方式があります。短い時間の反応なので、一様に圧縮し、高密度にする必要があります。

アブレーションによる中心点火と高速点火

1960年前半に旧ソ連のバソフ博士により考案されました。慣性核融合を誘起するためのドライバーとしては強力なレーザーや荷電粒子ビームとしてのREB（相対論的電子ビーム）、HIB（重イオンビーム）を用い、核融合燃料の小さな球（ペレット）に照射します。ペレットは重水素と三重水素の混合であり低温で生成された固体で、ミリメートルサイズです。

圧縮のメカニズムとしては、まずはレーザー光によりペレットの表面が急激に加熱されプラズマを生成します。外方向にプラズマ粒子が噴出（アブレーション）し、その反作用で燃料ペレットが球対称に圧縮（爆縮）されます。爆縮された燃料は固体密度の数百～千倍以上の超高密度状態になり、温度も1億度に達します。これが芯となって核融合反応が始まります。核融合反応は燃料全体に燃え広がり、莫大なエネルギーが解放されます。これを**中心点火法**と呼びます。この外への噴出と内への反作用としての圧縮（爆縮）のメカニズムは、宇宙での超新星爆発と同じ原理です。プラズマが不安定にならないように効率よく高温・高密度状態を作るには均一な爆縮が必要となります。エネルギー結合効率の高い**直接照射方式**では、レーリー・テーラー不安定性を避けるために、ビームの数を増やして一様性を高める必要があります。一方、**ホーラム**（空洞の意味）と呼ばれる容器を用いる**間接照射方式**では、ホーラムの内面にレーザーを照射してX線に変換して、一様に燃料ペレットを圧縮します。照射は一様ですが、エネルギー結合効率が低いので高い核融合利得を得るのが困難です。

高密度圧縮とは別に千兆ワット（1テラワット）にも及ぶ超高強度レーザーで外部から瞬間的（1000億分の1秒以下）に超高密度プラズマを加熱し、点火・燃焼させることもできます。これは**高速点火法**と呼ばれ、中心点火法に比べて高い核融合利得が期待されています。この高速点火法はスパークを使うガソリンエンジンに対応し、従来の中心点火法は圧縮点火を行うディーゼルエンジンに相当します。

ペレットの爆縮の原理

爆縮前

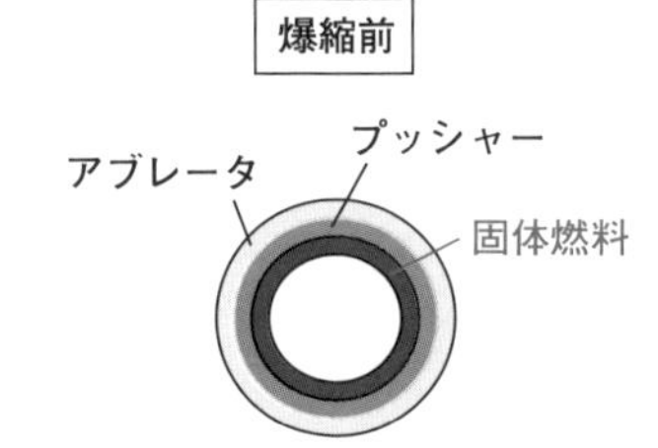

爆縮時

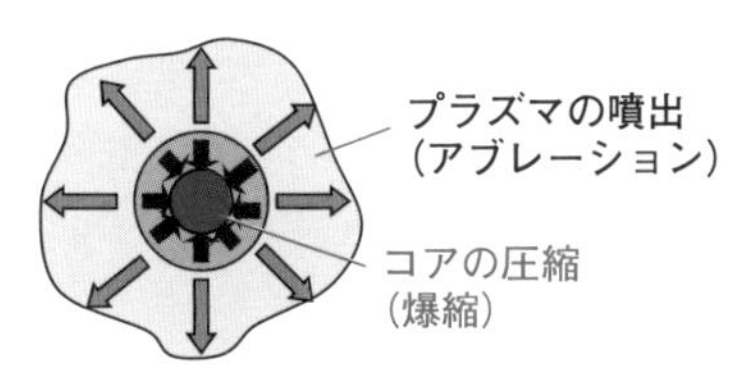

プラズマの噴出の反作用として
プッシャーが燃料を圧縮します

中心点火法と高速点火法

＜ドライバー＞
レーザー
REB（相対論電子ビーム）
HIB（重イオンビーム）

＜照射法＞
直接照射（圧縮が不均一）
間接照射（エネルギー結合効率が悪い）

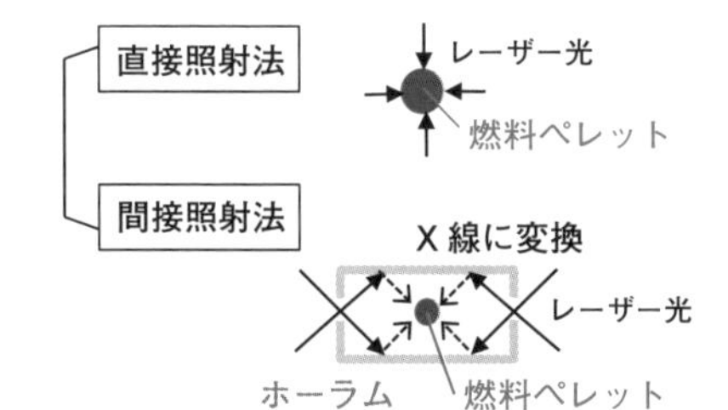

＜点火法＞
中心点火法
（直接照射、
間接照射）
高速点火法
（直接照射）

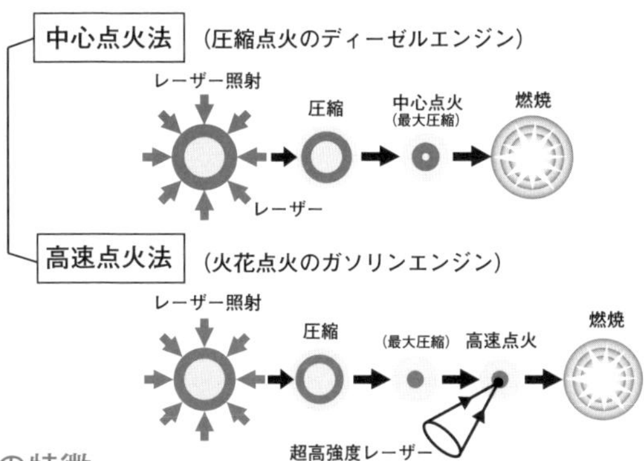

レーザー核融合の特徴

＜長所＞
- ○ 炉形状の単純化可能
- ○ 燃焼回数で出力制御が可能
- ○ 点火（Q=１）を実証ずみ（2022 年末に米国の NIF（国立点火施設）で）

＜短所＞
- × エネルギー変換効率が高く（10%）、高繰り返し（数 Hz）のドライバーが必要
- × 光学系の耐放射線対策や材料開発必要
- × パルス的な壁負荷や応力に耐える設計必要

3-12 <炉心編>

その他の核融合方式は？

核融合には、磁場閉じ込めと慣性閉じ込めのほかに、さまざまな方式があります。静電閉じ込めや、これらの混成型があります。低温・常温核融合のほかに、核分裂反応を組み入れたハイブリッド型も検討されてきています。

静電閉じ込め型と、磁場・慣性混成型

磁場の代わりに電極のカゴを作りプラズマを閉じ込める**静電核融合**も実験されてきています。静電閉じ込めは、ソ連核融合の父と呼ばれた**ラブレンチェフ博士**（**コラム3**）の提案が最初であり、その着想から磁場閉じ込め方式がサハロフ博士により構想された経緯があります。静電核融合は数十cm程度の真空容器で中性子発生が可能であり、地雷探知装置としての活用もなされています。

磁気閉じ込めと慣性閉じ込めの中間方式として、金属筒を爆縮しての磁気とプラズマを圧縮する**磁気爆縮**（**磁化標的核融合**）が実験されてきています。爆弾により金属壁を圧縮して磁化した（磁場を伴った）プラズマを爆縮し、核融合を起こします。核融合スタートアップとしてのカナダの**ジェネラル・フュージョン**社では、液体金属とピストンを用いた高繰り返し圧縮・膨張の核融合の計画が進められています。

触媒型と、核分裂・核融合混成型

原子核の衝突の電場の壁を低くして、**ミュオン触媒核融合**や**反陽子触媒核融合**の低温での核融合も検討されてきています。1989年発表のフライシュマン・ポンズの試験管核融合はエネルギー利用としては明確に科学的に否定されたものの、**凝縮系核融合**反応として基礎研究が続けられています。白色矮星や中性子星の超高密度の内部では、中性子過剰核が作られ格子振動（ゼロ点振動）による**ピクノ核融合**が起こっていると考えられています。

核分裂・核融合ハイブリッド炉では、核融合炉からの豊富な中性子を利用します。核融合炉ではエネルギー増倍率（出力エネルギー/入力エネルギー）を上げるのは容易ではありません。そのためハイブリッド炉が検討されてきましたが、クリーンな核融合炉のイメージと相入れません。**地下水爆**のエネルギー利用も歴史的に提案されてきましたが、クリーンな純粋水爆が不可能なこともあり、実施されていません。

静電核融合と磁場爆縮核融合

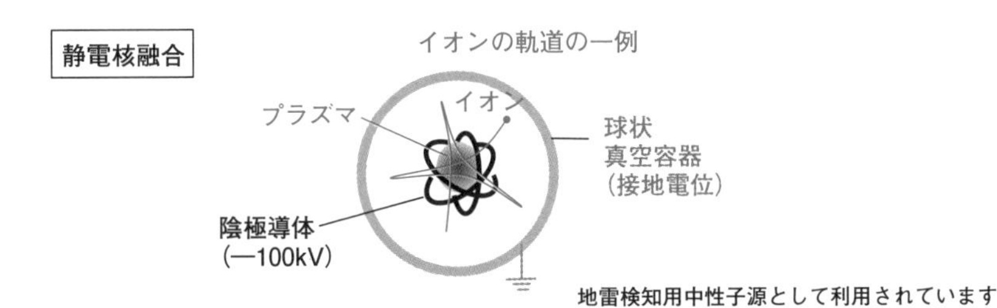

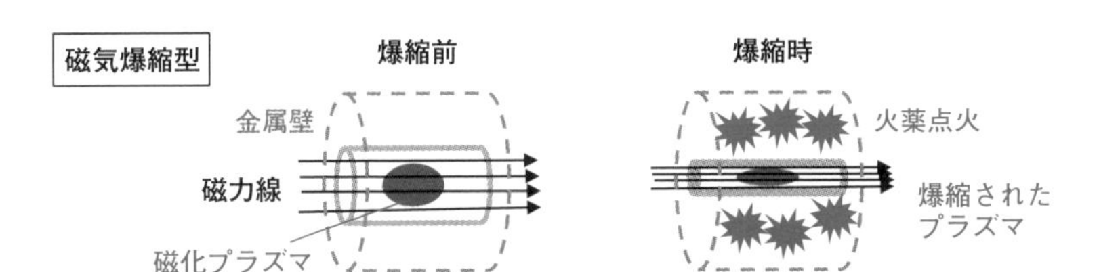

触媒核融合と混成核融合

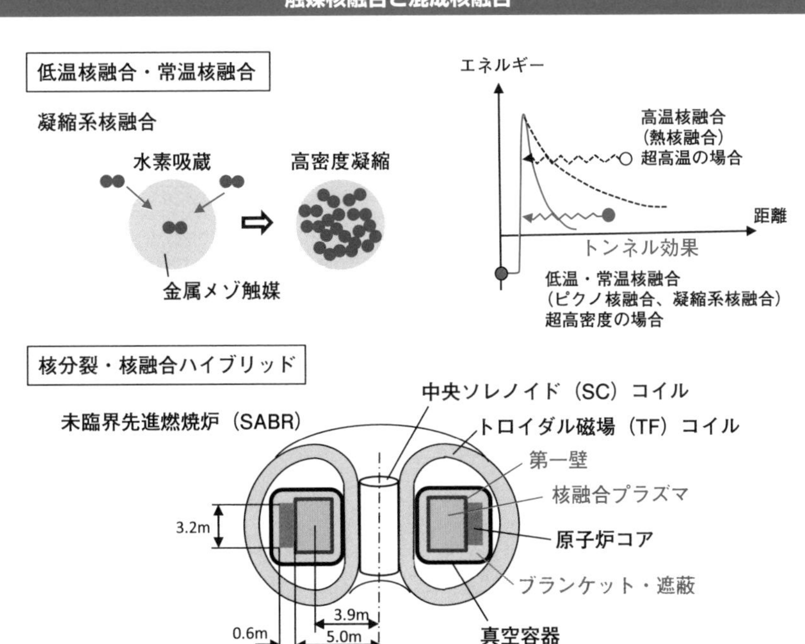

SABR：Subcritical Advanced Burner Reactor

3-13 <炉心編>

プラズマ閉じ込めの現状は？

1グラムの核融合燃料から8トンの石油のエネルギーが得られます。重水素は天然の水1リットルに0.034グラム含まれていますので、「1リットルの水＝300リットルの石油」であり、そのための研究開発が進められてきました。

ローソンパラメータと核融合3重積の進展

核融合の自己点火条件（Q＝∞）をめざしてのプラズマ研究の進展は、イオン温度と**ローソンパラメータ**（密度と閉じ込め時間の積）の図（**ローソンダイアグラム**）で表されます（**上図**）。密度、温度、閉じ込め時間の**核融合3重積**はQ値にほぼ比例するので（**3-2節参照**）、その進展も**下図**に示します。

1950年代から今日まで、さまざまな提案と実験が行われてきました。環状装置としては、英国のピンチ、米国のステラレータ、旧ソ連のトカマク装置がありましたが、T-3トカマクでの優れた高温プラズマ閉じ込め性能が明らかとなり、1970年代には世界各国で本格的なトカマク実験が開始されました。1980年頃には、原理検証（POP）実験として中型・大型装置が建設され、プラズマ加熱入力と核融合生成パワーとが等しくなる臨界プラズマ条件（Q＝1）をめざして、1990年代に科学実証（SFX）実験としてのJT-60（日本）、TFTR（米国）、JET（欧州）の3大トカマク装置が稼働しました。核融合3重積は、半導体の集積回路でのムーアの法則のように、2年間で2倍の速度で進展してきました。現在建設中の国際熱核融合実験炉（ITER）のプラズマの性能評価には、これまでの多くのトカマクの実験結果を基にした実験的な比例則で予測されてきています。ITERではエネルギー利得Q＝10が目標であり、α加熱が外部加熱の2倍のパワーの核燃焼に相当します。Q>50での実質的に自己点火条件に相当する原型炉計画も検討されてきています。トカマク以外の多くの磁場核融合装置での研究開発も進められてきています。

慣性核融合装置では、パルス運転「圧縮→点火→燃焼」のプロセスでの**イグニッション**（点火）で、ペレット利得G＝1が達成されることが磁場核融合炉の臨界条件Q＝1に相当しており、磁場核融合のセルフ・イグニッション（自己点火）条件とは異なります。DT燃料での実際の科学的臨界条件Q≧1はNIF（米国）で初めて実証されていますが、レーザーの電力効率を含めると工学的にはQ_E～0.01でしかありません。

核融合開発の進展（ローソンダイアグラム）

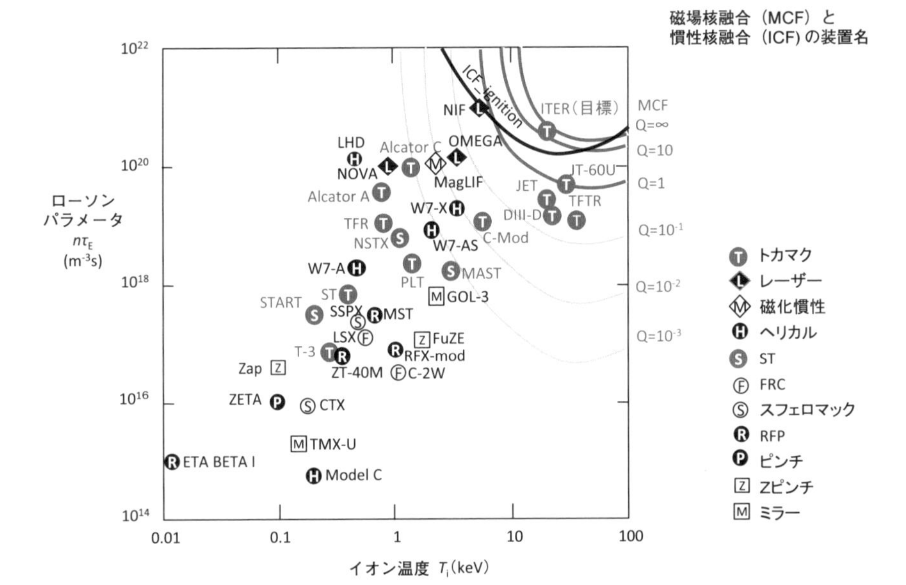

核融合三重積の進展

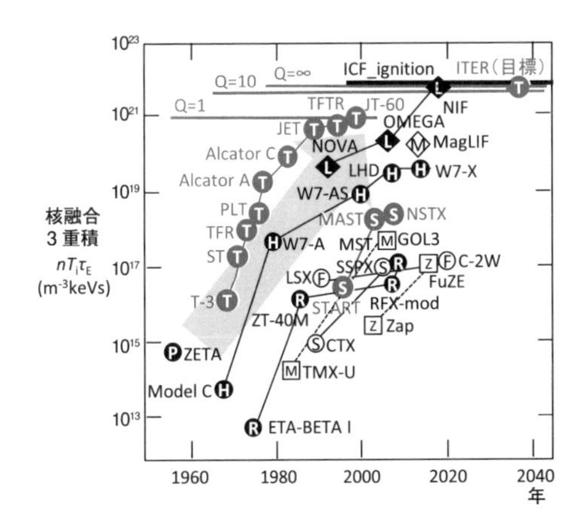

データの出所：S.E.Wurzel, S.C.Hsu, Physics of Plasmas 29, 062103（2022）

核融合三重積

n　プラズマ密度 (m^{-3})

T_i　プラズマイオン温度 (keV)

τ_E　エネルギー閉じ込め時間 (s)

進展は、2年で2倍（20年で1000倍です）
※図中の影の矢印

参考メモ　技術進展の経験則

同様の進展の例として

■半導体の集積率
ムーアの法則：
半導体（トランジスタ素子の集積回路）の集積率が2年で2倍になるという経験則

■加速器エネルギー
リビングストンチャートでの加速器エネルギーの進展では、3年ごとに2倍

3-14 ＜炉心編＞

核燃焼プラズマの現状は？

重水素（D）と三重水素（T）を用いたプラズマでの核反応パワーの確認は、Tが放射性物質なので取り扱いが容易ではありません。また現在までに、科学的臨界条件としての核融合利得Q＝1の達成は、慣性核融合でなされています。

磁場閉じ込め核燃焼実験

Dのみを用いたプラズマ実験は日本をはじめ、世界の多くのトカマクで行われ、DD熱核融合反応による中性子の発生を確認してきています。T（トリチウム）を使った実験は、1991年に欧州のJETトカマクで初めて行われ、DTプラズマの生成に成功しました。その後、米国プリンストン・プラズマ物理研究所のTFTRトカマク装置により10メガワット以上の出力が得られており、1997年には、JETにより、世界最高の16メガワットの核融合出力が確認されています。しかし、**核融合利得Q**（核融合反応パワーと外部加熱入パワーの比）のピーク値は0.65で1.0以下です（**上図**）。国際熱核融合実験炉（ITER）では、Q＝10で500メガワット出力をめざしています。準定常では2021年に0.33達成していますが、依然として臨界条件Q＝1を達成できていません。トリチウムを使わないDD実験では、日本のJT-60トカマクにより、等価的にQ＝1.25を達成しています。

慣性閉じ込め核燃焼実験

米国のローレンスリバモア国立研究所（LLNL）の**国立点火施設（NIF）**において、間接照射方式で2022年12月、史上初めて制御核融合実験において科学的臨界条件Q＝1を達成することに成功しました（**下図**）。2021年8月に、レーザー照射による入力エネルギーの72％に相当する1.3MJ（メガジュール）のエネルギー発生に成功していましたが、今回は投入エネルギー2.05MJに対して核融合エネルギー出力として3.15MJを得て、史上初めて入力エネルギーの100％を超えた核融合エネルギー出力を実証しています。ただし、実際に2メガジュールのレーザーエネルギーを照射するためには、送電網から300メガジュールのエネルギーが用いられているため、システム全体としての正味のエネルギー利得（**工学的Q値**）は1％ほどでしかありません。また、実用炉とするためには、レーザーの駆動サイクルを高める課題なども存在します。

トカマクの核燃焼実験

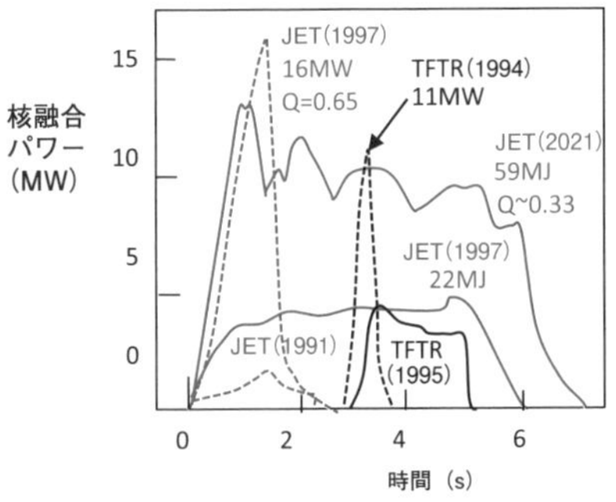

米国 TFTR 運転：1982 年～ 1997 年
欧州 JET 運転：1983 年～現在

パルス運転

1991 年　最初の DT 実験　JET
1994 年　11MW　TFTR
　Hot Ion Mode（Limiter）
1997 年　16MW（Q=0.65）　JET
　Hot Ion Mode（Divertor）

準定常運転

1995 年　6MJ（2 秒）　TFTR
　Hot Ion Mo（Limiter）
1997 年　22MJ（5 秒）　Q=0.2　JET
　Elmy H-Mode（Divertor）
2021 年　59MJ（5 秒間）　Q ～ 0.33　JET

DT 実験では Q=0.65（パルス運転、JET）
　Q=0.33（準定常運転、JET）
DD 実験では DT 相当で Q=1.25 が最高（JT-60）

レーザー核融合の点火

NIF（National Ignition Facility、国立点火施設）

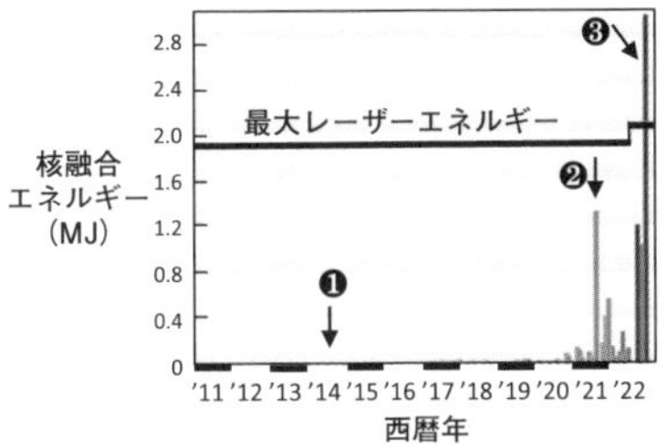

❶ 2014 年
　燃料利得 1.2～1.9 を達成
❷ 2021 年 8 月
　核融合エネルギー 1.3MJ
　レーザーパワー 1.9MJ で Q ～ 0.7
❸ 2022 年 12 月
　核融合エネルギー 3.15MJ
　レーザーパワー 2.05MJ で Q ～ 1.5
　（送電網から～ 300MJ 使用で工学的に <0.01）

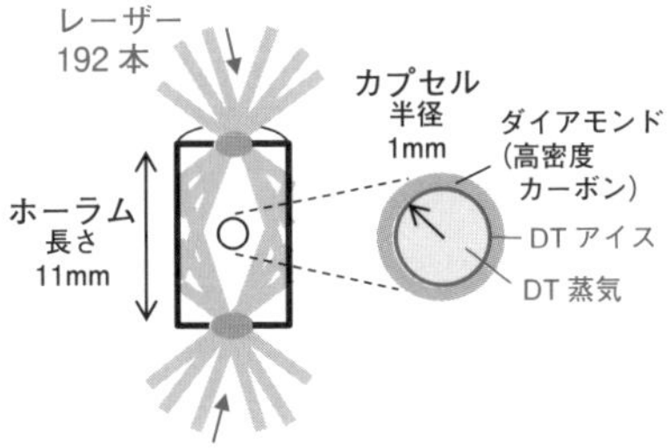

燃料利得＝
　核融合エネルギー / 燃料への機械的エネルギー
エネルギー利得 Q（ペレット利得 G）＝
　核融合エネルギー / レーザーエネルギー

参考メモ　点火の定義の違い

トカマクとレーザーでは点火の使い方が異なります

トカマク（定常）：	レーザー（パルス）
加熱→核反応（Q=１）→燃焼→自己点火	圧縮→点火（Q=1）→燃焼
密度：固体の 10 億分の 1 寸法：10m	密度：固体の 1000 倍 寸法：1mm

COLUMN 3

ソ連核融合開発の父との出会い！（故ラヴレンチェフ博士）

2000年9月、ウクライナのクリミア半島には、今と異なり静かで幸せな時が流れていました。保養地アルシュタで開かれた核融合に関するウクライナ国際会議で、かつてIAEAに勤務していたトム・ドーラン博士からオレグ・A・ラヴレンチェフ博士（1926年～2011年）を紹介されました（**写真**）。核物理学者で「ソ連水爆の父」と呼ばれたアンドレイ・サハロフ博士（1921年～1989年、1975年ノーベル平和賞受賞）により旧ソ連の核融合研究は始められたと、著者は思い込んでいましたが、実はサハリンの軍人であったラヴレンチェフ氏が「ソビエト核融合開発の父」だと知らされたのです。

戦後の1950年7月にサハリン（旧樺太）に赴任した24歳になった若き軍曹ラヴレンチェフ氏は、水爆の製造法を発見し、モスクワのソ連共産党中央委員会へ建議書を送っています。高等教育を受けていなかったラヴレンチェフ氏は独学で物理を修得し、水爆と同時に、制御核融合の方法を提案していました。それを査読したのがサハロフ博士でした。電場によるプラズマ閉じ込めのラヴレンチェフ氏の提案からヒントを得て考案されたのが、サハロフとタムのトロイダル磁場閉じ込めの核融合でした（Physics-Uspekhi 44 (8) 835-865 (2001)）。ラヴレンチェフ氏はモスクワ大学に入学する機会を得ますが、政権の交代で、最終的にハリコフ（現ハルキウ）研究所に勤め、低予算での静電および電磁場によるプラズマ閉じ込めの基礎的研究を長年進めることとなり、2011年2月、ウクライナで84歳の生涯を閉じています。

ロシア核融合開発の父
Dr. Oleg A. Lavrent'ev

1926年7月生まれ
2011年2月死去
（享年86歳）
写真当時76歳

クリミア半島でのウクライナ国際会議にて
2000年9月
（当時ラブレンチェフ博士76歳、著者51歳）

第4章

<炉心編>

トカマク炉心を制御する（トカマクプラズマの物理）

最も進んでいるトカマク型の核融合プラズマの特徴を明らかにして、磁気面形状、閉じ込め改善、高ベータ安定性、先進トカマク、定常化にための自発電流、ディスラプション、ヘリウム灰などの物理についてまとめます。これらの挙動を予測するための統合コードについても触れます。

4-1 ＜炉心編＞

トカマク型の特徴は？

トカマクは軸対称で、構造が比較的単純で閉じ込め性能が最も良好であり、世界各国で多数の実験装置が研究・開発されてきました。ただし、運転領域はMHD不安定性やディスラプションなどで限定されてしまいます。

▶▶ トカマク磁場閉じ込めの原理と運転領域

トカマクの長所、短所は**3-6節**にまとめましたが、現状で閉じ込め性能が最良であり、世界での研究実績や閉じ込めデータベースが最多であることが最大の利点です。初期の頃の円形断面トカマク装置の概念図を**上図上段**に示します。トカマクの軸対称なヘリカル磁場構造は、トロイダル磁場（大円周方向磁場）と、トランスの原理で流されるプラズマ電流で作られるポロイダル磁場（小円周方向磁場）との組み合わせで作られますが、1本の磁力線が閉じた面（**磁気面**）を作ります。トロイダル磁場とプラズマ電流だけでは、プラズマ電流の作るポロイダル磁場が内側で強く外側で弱いので、電磁力でプラズマ柱が外に押されてしまいます。これを抑えるために、垂直磁場を印加して、力のバランス（平衡）を保つ必要があります（**上図下段**）。

プラズマ電流値には流せる上限があります。トロイダル磁場とポロイダル磁場との比B_t/B_pと、逆アスペクト比$\varepsilon = r/R$とを掛けた値が磁力線のらせん度を示す**安全係数**$q(r)$であり、半径rの位置で磁力線が小円周方向に一回転する間に大円周方向に回転する回数を示しています。

トカマクの運転領域は、プラズマ境界での安全係数$q(a)$が2以下ではキンク不安定性によるディスラプションが起こり、中心の安全係数$q(0)$が1以下では**鋸歯状振動**（内部ディスラプション）が起こります（**下図左側**）。プラズマ抵抗は電子温度の3/2乗に反比例しますので、電流密度がピークすると加熱パワーが増加して温度が上がり、抵抗が下がってさら電流密度がピーキングして、中心の安全係数が1より小さくなります。ピーキング（$m=0$変形）が限度を越えると$m=1/n=1$の磁気リコネクションによるディスラプションが起こり、この振動が繰り返されることになります（**下図右側**）。MHD安定な高ベータ磁場配位を実現するには、内部インダクタンスℓ_iの低い平坦化された電流密度分布が適していますが、この場合外部キンクモードが発生してしまいます。これを安定化するには、導体壁をプラズマ半径の20%以下まで近づける必要があります。

トカマクの特性

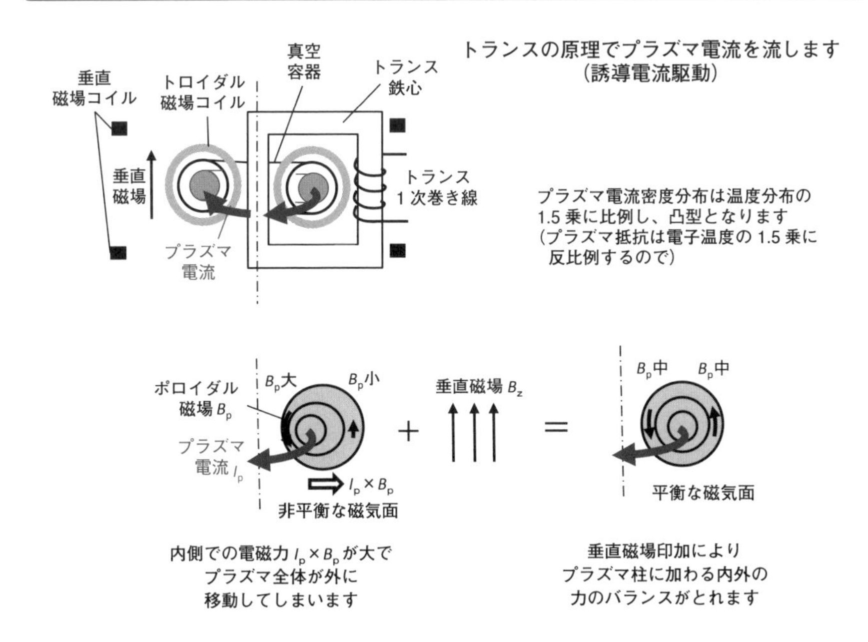

トカマクの運転領域とディスラプション

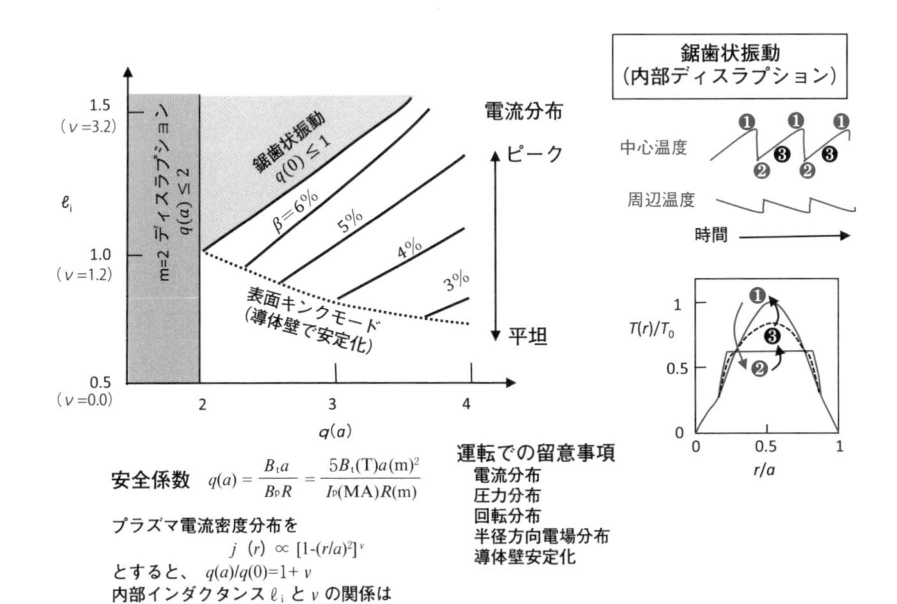

安全係数　$q(a) = \dfrac{B_t a}{B_p R} = \dfrac{5B_t(\mathrm{T})a(\mathrm{m})^2}{I_p(\mathrm{MA})R(\mathrm{m})}$

プラズマ電流密度分布を

$$j\ (r) \propto [1-(r/a)^2]^{\nu}$$

とすると、 $q(a)/q(0)=1+\nu$

内部インダクタンス ℓ_i と ν の関係は

$\ell_i = 0.5\text{-}1.5$ で　$\nu = 0.0\text{-}3.2$

運転での留意事項
- 電流分布
- 圧力分布
- 回転分布
- 半径方向電場分布
- 導体壁安定化

4-2 ＜炉心編＞

断面形状と分布の制御は？

トカマクの性能を向上させるには、プラズマの位置や断面形状を制御して電流分布を最適化することが重要です。これはどのようにプラズマを壁から離してダイバータ配位を維持するのかにも関連します。

プラズマ断面の形状制御

円形断面トカマクでは、大半径をR、小半径をaとして、$A=R/a$を**アスペクト比**と呼びます。通常のトカマクは3程度ですが、コンパクトで高ベータをめざした球状トカマクでは～1.5以下です。断面形状として、**楕円度**$\kappa=b/a$、**三角度**$\delta=d/a$が定義されます（**上図**）。Aを小さくする（太ったドーナツにする）、κを大きくする（縦長断面にする）、δを大きくする（D型にする）ことで、プラズマ性能を向上することができます。しかし、Aを小さくすると内側のブランケットの空間がとれません。κを1以上にするには外部から印加する垂直磁場の曲がりを規定する**nインデックス**と呼ばれる$n=(R/B_z)(dB_z/dR)$の値を負にする必要があり、上下位置不安定性が起こります。この不安定性は、導体壁による安定化かフィードバック制御コイルによる形状維持が必要になります。δはダイバータの磁場設計に関連して大きくすることはできません。ITERでは$A=3.1$、$\kappa=1.7$、$\delta=0.33$の設計となっています。

プラズマ電流の分布制御

トカマクではトロイダル磁場はトロイダル磁場（TF）コイルにより時間的に一定に作られ、ポロイダル磁場はプラズマ電流と外部のポロイダル磁場（PF）コイルとにより作られます。特に、重要なのは、プラズマ電流の大きさとその半径方向分布です。磁場をB_t、プラズマ大半径をRとし、小半径rの位置までのプラズマ電流値を$I_p(r)$、その場所でのポロイダル磁場$B_p(r)$とすると、**安全係数**$q(r)$（回転変換の逆数）の分布は$q=(B_t/B_p(r))(r/R)\propto(B_t/I_p(r))(r^2/R)$です。電流密度が一様な場合には$I_p(r)\propto r^2$なので、$q$は一定であり、**磁気シア**$s=(r/q)(\mathrm{d}q/\mathrm{d}r)$はゼロとなります。一方、電流が中心に集中している場合には、$q\propto r^2$で磁気シアsは正です。他方、電流分布がホロー（凹み型）の場合には**負磁気シア**となり、閉じ込めの良い高ベータ閉じ込め（**先進トカマク配位**）として利用されます。ほかのトロイダル配位でも安全係数分布は重要であり、トカマクとの比較を**下図下段**にまとめました。

トカマクの断面形状

円形断面トーラス（アスペクト比 3 の例）

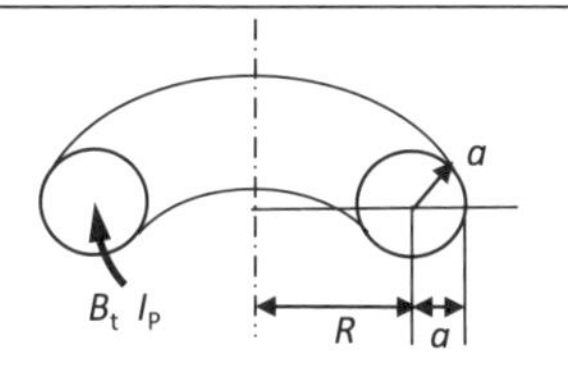

大半径　R
小半径　a
アスペクト比　$A = R/a$

トロイダル磁場　B_t
プラズマ電流　I_P

プラズマ断面形状（D 形）

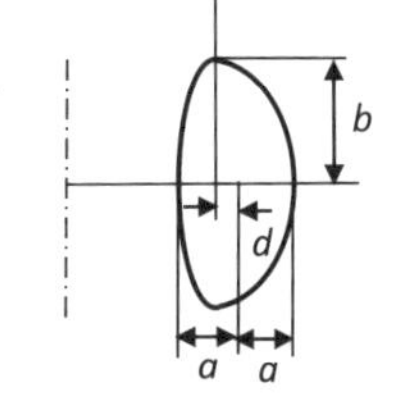

楕円度　$\kappa = b/a$
三角度　$\delta = d/a$

縦長断面変形では
$n<0$ の垂直磁場が
必要で垂直不安定

外部平衡磁場の
減衰指数 $n = (R/B_z)(dB_z/dR)$

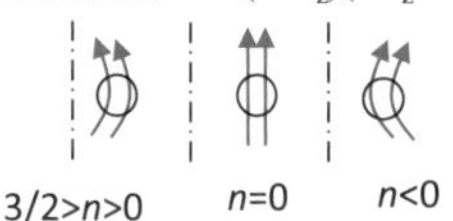

$3/2>n>0$ 安定（水平と垂直）
$n=0$ 中立
$n<0$ 位置不安定

電流分布と安全係数

トカマク

電流密度 $j(r)$
凸分布
平坦分布
凹分布
半径 r

安全係数 $q(r)$
負磁気シア
正磁気シア
全電流が同じ場合は $q(a)$ 一致
半径 r

参考メモ　安全係数の分布

$\nabla \times \boldsymbol{B} = \mu_0 \boldsymbol{j}$ より ガウスの法則を用いて

ポロイダル磁場 $B_p(r)$ は

$$2\pi r B_p(r) = \mu_0 I(r) \equiv 2\pi\mu_0 \int_0^r j(r) r\mathrm{d}r$$

したがって、安全係数 $q(r) \equiv \frac{rB_t}{RB_p} = \frac{2\pi r^2 B_t}{\mu_0 I(r) R}$

$$\frac{q(a)}{q(0)} = \frac{j_0}{\langle j \rangle_a} \qquad j_0 = j(0) \quad \langle j \rangle_a = I(a)/\pi a^2 \quad q(0) = \frac{2B_t}{\mu_0 j_0 R}$$

$j_0(r) = j_0(1 - \frac{r^2}{a^2})^\nu$ の場合は $\frac{q(a)}{q(0)} = 1 + \nu$

磁気シア　$s = \frac{r}{q}\frac{\mathrm{d}q}{\mathrm{d}r}$

ほかのトーラス配位との比較

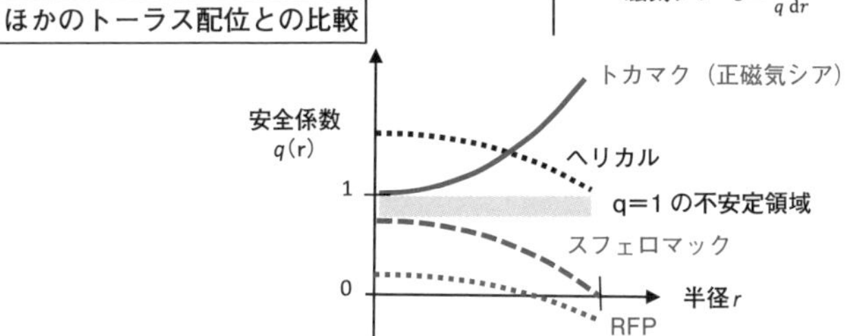

4-3 ＜炉心編＞

閉じ込めが改善される？

核融合炉の高性能化のために、高温・高密度のプラズマのより良い閉じ込めをめざした研究開発が世界各国でなされてきました。内外の磁場構造を変えることでプラズマの特性を大きく変化させ、閉じ込めが改善されます。

周辺輸送障壁ETBと内部輸送障壁ITB

1982年にドイツのトカマク実験装置で閉じ込めの良い状態が発見され、「Hモード」（High confinement mode の意味）と呼ばれ、従来の閉じ込め状態としての「L（Low）モード」と区別されました。周辺プラズマの制御が重要であり、電極によるバイアス実験でもHモードが見つかりました。この**周辺輸送障壁ETB**に加えて、後日、弱磁気シアや負磁気シア配位で**内部輸送障壁ITB**も見つかり、半径方向の電場（径電場）の重要性が明らかとなりました。トカマクではITBとHモードとを組み合わせて高性能のプラズマ閉じ込めが達成されます（**上図**）。電流分布を通常の凸型から凹型分布に変えることで局所的に磁気シアがゼロとなる領域が作られ、その近傍で強い電場が形成されてExBの回転により回転速度のねじれ（速度シア）が作られます。これが揺らぎと対流を抑えることになります。

周辺のHモードが達成されると閉じ込めがどんどん良くなり、その近傍での温度・密度の勾配が大きくなり、**周辺局所モード（ELM、Edge Localized Mode）**の不安定性が起こり最終的に保持できなくなります。小さな不安定性を周期的に起こすことで定常運転（ELMy H モード）が可能となります。

半径方向電場による閉じ込め改善

輸送障壁では、特に半径方向の電場が大きな役割を果たしています。第一に古典的な粒子軌道損失に関連する効果であり、周辺領域でイオンを直接閉じ込めることができます。第二は、異常乱流輸送に関連する効果であり、通常ではプラズマ中に大きな渦が作られていますが、電場により誘起されたプラズマの流れによりプラズマ中の揺らぎと対流が抑制され渦が小さくなり、閉じ込めの改善が得られます。このような半径方向電場は、プラズマ断面形状やプラズマ電流分布を制御することで形成されます。

周辺輸送障壁（ETB）と内部輸送障壁（ITB）

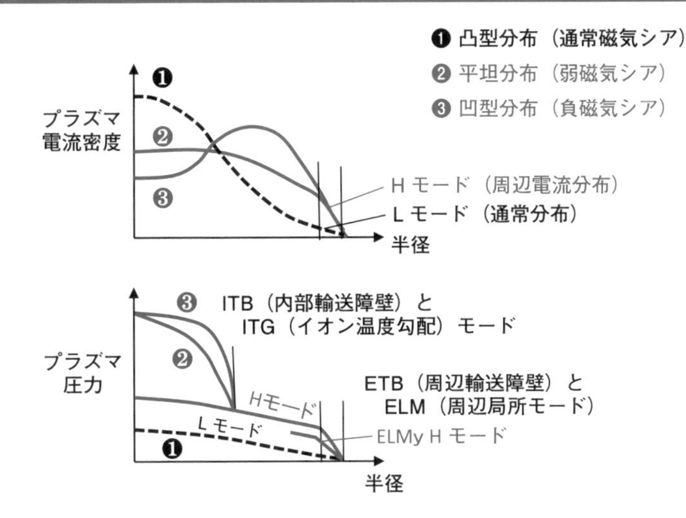

ETBは成長して急激に消滅する場合が多いので、
小さな振動（ELM）を許容して定常運転を行います
（ELMｙ H モードと呼ばれます）

半径方向電場による閉じ込め改善

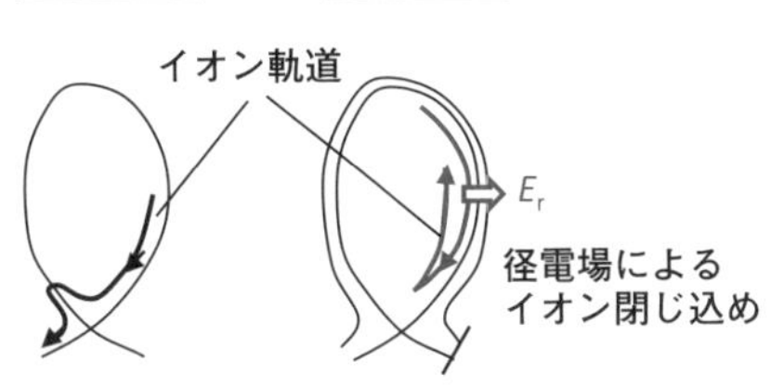

ダイバータ設置
あるいは
電極による電圧印加で
周辺プラズマの制御

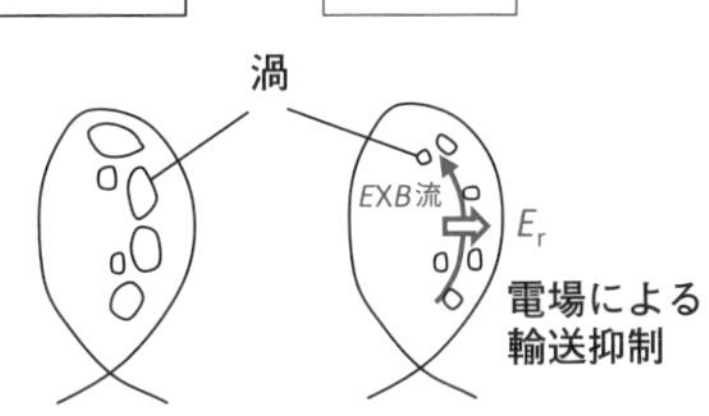

渦により
輸送増大

電場と磁場との
EXBドリフト流により
輸送を抑制します

輸送改善の条件は
ITG成長率　<　EXB回転周波数

4-4 <炉心編>

磁気面が割れる？

1本の磁力線がドーナツ状のカゴを作りますが、共鳴面では数回トロイダル方向に回って閉じてしまいます。この共鳴面に半径方向に磁場の乱れがある場合に、磁気面に島状の構造（磁気島）ができ、磁気面が壊れてしまいます。

磁気島とTM（ティアリングモード）

非常に高温で導電性の良いプラズマでは、磁力線がほかの磁力線と結合することはありませんが、抵抗があるプラズマでは共鳴面では少しの磁場変動で磁気面に磁気島と呼ばれる領域が作られます。トロイダル方向（大円周方向）にm回、ポロイダル方向（小円周方向）にn回だけ回転して元の位置に戻る場合には、m/nの共鳴面が作られますが、通常のトカマクではq値（回転変換）が1.5、2.0、3.0の位置に磁気島が作られます（**上図**）。プラズマ電流分布の勾配によっては、電流駆動型の不安定性が誘起され、磁気島が無視できなくなります。磁気島が大きくなると、その場所での温度の勾配が平らになり、全体の温度が低下してしまいます。磁気面が引き裂かれるイメージから、古典的にティアリングモード（TM、Tearing Mode）と呼ばれています。高温領域ではプラズマの抵抗が小さくなるので、この古典的なTMは安定化されます。

NTM（新古典ティアリングモード）

一方、高温領域でもトロイダル効果（新古典効果）により磁気島が大きくなる場合があります。プラズマの圧力が上昇してブートストラップ電流により磁気島が成長する場合であり、新古典ティアリングモード（NTM、Neoclassical Tearing Mode）と呼ばれています。磁気島のO点近傍ではプラズマ圧力が平坦になり、ブートストラップ電流が流れません。磁気シアが正の場合（安全係数が外に向かって増加）には磁気島の幅を広げます（**下図**）が、負磁気シアの場合にはNTMが安定化されます。また、電子サイクロトロン電流駆動（ECCD）をO点近傍に加えることで電流が回復して安定化が実現されています。高ベータトカマクではNTMを安定化することが重要課題の1つであり、m=2/n=1のNTM励起は、m=1/n=1の鋸歯状振動により、また、プラズマ回転が遅くなることで起こることが確認されていますので、そのような運転を避ける必要があります。

磁気面と磁気島の構造

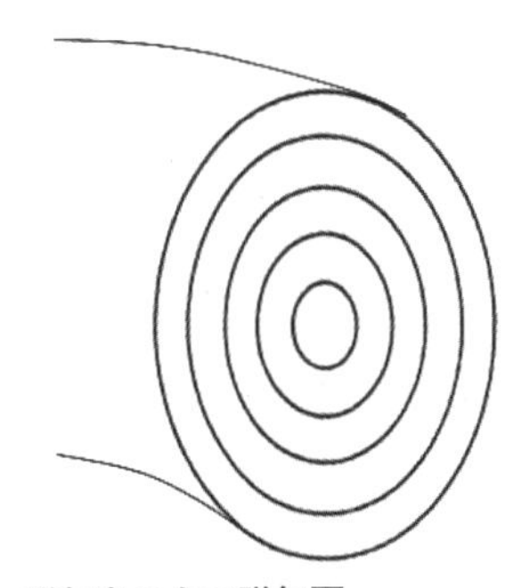

磁気島のない磁気面
（入れ子構造の綺麗な磁気面）

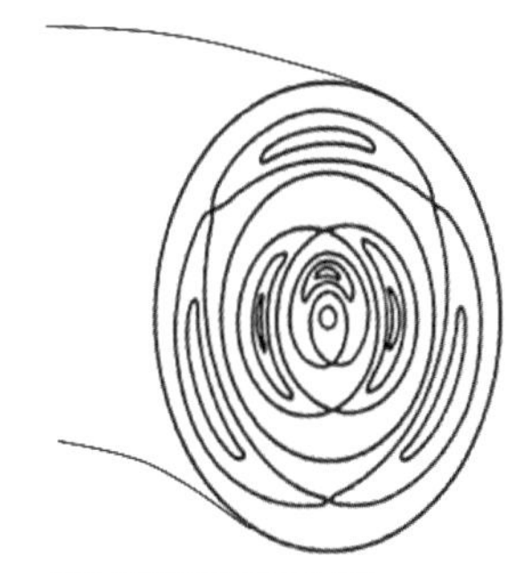

磁気島構造の磁気面
（m＝1，m＝2，m＝3の磁気島）

NTMの磁気島の安定・不安定

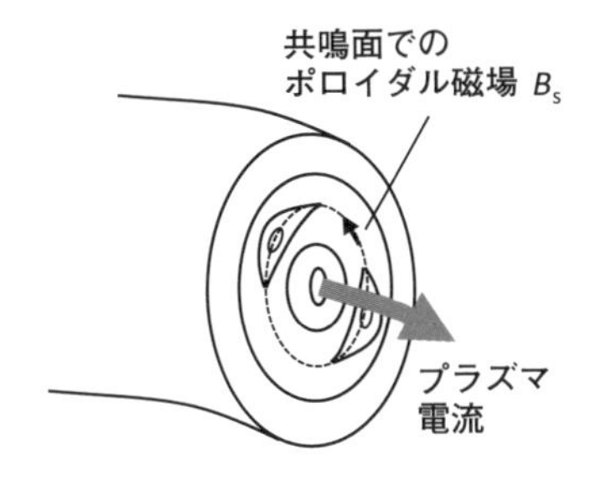

有理面 $q=q_s$ での B_s を基準としたポロイダル磁場を B^*（アステリスク）として

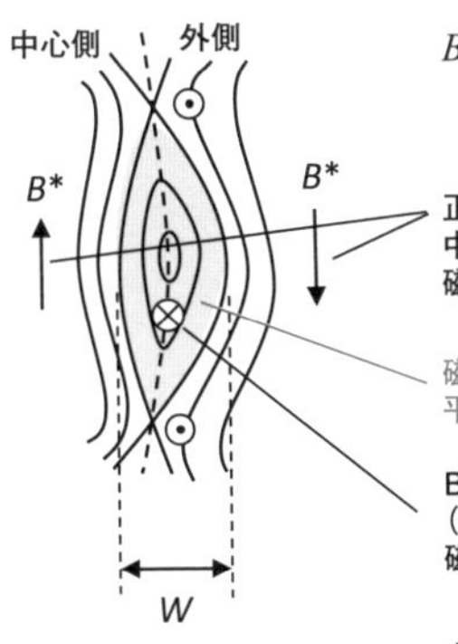

$$B^*=B(r)-B_s \sim -(r-r_s)B_s(\mathrm{d}q/\mathrm{d}r)/q$$

正磁気シアの場合
中心側のポロイダル
磁場が外側よりも大きい

磁気島内は温度分布は
平坦となります
↓
BS電流が流れません。
（逆方向のBS電流ありに相当）
磁気面を広げる方向です

負磁気シアでは安定化されます

参考メモ　修正ラザフォード方程式

有利面 $q=m/n$ での半径 r_s にできる磁気島の幅 W は、半径方向の摂動磁場を δB_r として

$$W = 4r_s\sqrt{\frac{\delta B_r}{mB_\theta}\left|\frac{q}{rq'}\right|}$$

磁気島の時間発展は、古典的不安定項、BS電流の不安定項、磁気井戸安定項、ECCD安定項などを組み合わせて、統合コードで解析されます（修正ラザフォード方程式）

4-5 ＜炉心編＞

ダイバータの形状とプラズマは？

ダイバータ配位により、周辺プラズマでの粒子リサイクリングや周辺の温度を高く保つことができます。ダイバータとは、周辺の磁力線を脇へ導いて（ダイバートして）排気ポンプに導くシステムです。

ダイバータの形状と分類

プラズマと壁との境界を定めるために、材料リミターが用いられます。プラズマ立ち上げ時やディスラプションを含めた電流消滅時に重要です。一方、磁気セパラトリックスを利用するリミターが**磁気リミター**です。ダイバータは磁気リミターの役割のほかに、燃焼灰の排気のための役割もあります。

ダイバータの構造から分類して（**上図**）、第一に**ポロイダル・ダイバータ**があります。ポロイダル磁場を作る軸対称コイルを組み合わせることで、磁気面上でX点を形成する軸対称な線または面（**セパラトリックス**）を作ることができます。X点は**ヌルポイント**と呼ばれ、安定性の良いD型のプラズマ断面となるように、上下内側寄りに設置されます。安定性からは上下対称のDN（ダブル・ヌル）が良好ですが、システムの簡素化などから、下方のみのSN（**シングル・ヌル**）ダイバータが標準的となっています。そのほか、**トロイダル・ダイバータ**があります。軸対称性を壊してしまうのと、内側領域でX点を作るスペースの問題から、アスペクト比が大きなシステムでしか設置できません。外側だけに限定された**バンドル・ダイバータ**もあります。設置が容易ですが、軸対称性を壊してしまう点と、X点からダイバータ板までの磁力線の長さが短すぎて、ダイバータプラズマの制御が困難です。ヘリカル装置では、ヘリカルダイバータ（連続コイル配位）やアイランドダイバータ（モジュラーコイル配位）などが採用されてきています。

ダイバータ板へのプラズマの流れ

ダイバータには、プラズマ領域から流れてくる粒子束やエネルギー束を**ダイバータ板**で受け止めて粒子排気と熱排気が必要となります。熱負荷をなるべく減らすためにダイバータ板の近くではプラズマ密度を高くして放射損失でエネルギーを散らす工夫がなされます。X点とダイバータ板とをつなげる磁力線を長くする設計が必要です。

いろいろなダイバータ

ポロイダルダイバータ

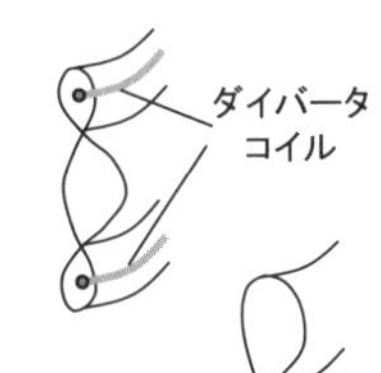

ダブルヌル（DN）
上下対称

シングルヌル（SN）
上下非対称

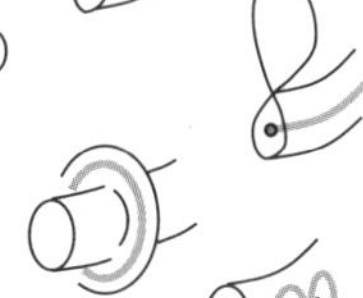

トロイダルダイバータ

バンドルダイバータ

参考メモ　ヘリカルダイバータ

ヘリカル炉のダイバータとして、
ヘリカルダイバータ
アイランドダイバータ
エルゴディックダイバータ
があります。

【参考】リミター

磁気リミター（ダイバータ）
材料リミター

リミター

●形状

トロイダルリミター

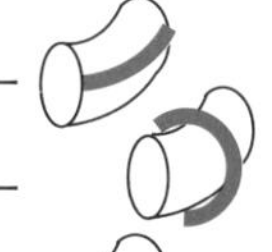

ポロイダルリミター

レイルリミター

ボールリミター

トロイダルリミターがポロイダル
ダイバータ（ポロイダル磁気リミター）
に相当します

●機能

ポンプリミター
エルゴディックリミター
ガスブランケット

ダイバータプラズマモデル

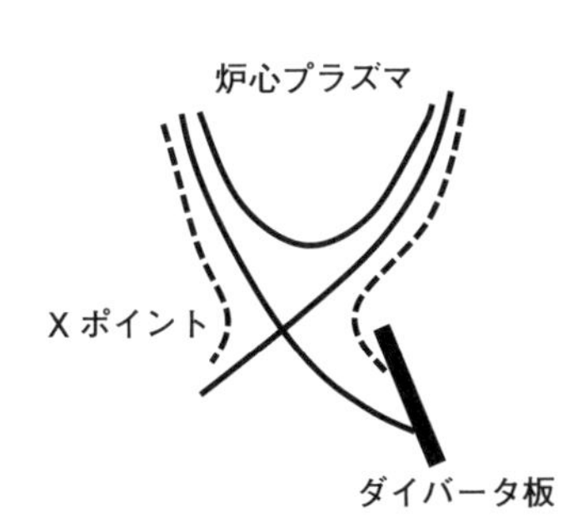

板への入射角を小さくして
熱負荷の面密度を低くします

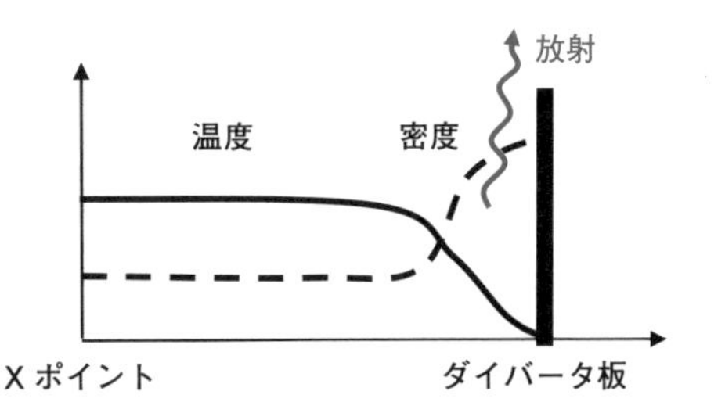

磁力線に沿っての距離

ダイバータ近くでは、密度を上げて
放射によるエネルギー損失を大きくして
プラズマの温度を下げます

ダイバータ板付近にガスを注入して、
能動的に温度を下げることも行われます

高圧ガスを封入してのガスブランケットも
試みられています

4-6 ＜炉心編＞

高圧力のプラズマを閉じ込める？

磁場でプラズマを閉じ込めるには、磁場の網目をずらして（磁気シアをつけて）、井戸型となるように外の磁場の強さを内側よりも強くすることが重要です。プラズマ圧力があがると磁場構造が変化して、安定性が向上する場合もあります。

▶▶ バルーニングモードと断面変形効果

トーラス磁場での**磁気井戸**は、磁気面上での平均的な磁場強度により計算されます。高アスペクト比のヘリカル系では対称性から粒子閉じ込めは良好ですが、磁気丘となり不安定です。一方、球状の低アスペクト比のプラズマでは磁気井戸が形成され、高ベータでも安定性が確保されます。

一般に、圧力が高くなると、磁場の弱い大半径外側部分で**バルーニング（風船型）不安定性**が起こります。これを抑えるためには、外側部分で局所的に磁気シアを強め、磁場の強い大半径内側で弱めることで安定化が可能です。磁力線はトロイダル方向に安全係数q回分だけ回転するとポロイダル方向に1周してプラズマを囲む磁気面を形成しますが、プラズマ中の磁力線が大半径内側に局在化することで、平均的な磁気井戸が作られます。D型や三日月型断面形状では、磁気井戸が深くなり、磁場の弱い領域と強い領域との連結距離も短くなり、さらに、磁場の弱い外側部分で高ベータ時に局所磁気シア零の面を避けることができます（**上図**）。

▶▶ 第２安定化領域

プラズマの圧力が上昇するに従い、平均的な磁気井戸が深くなる現象があり、ベータ値（正確には、ポロイダル磁場の磁気圧とプラズマ圧の比としてのポロイダルベータ値β_p）が高くなるほど磁気軸の外側へのシフトが起こり、安定となります。ポロイダルベータ値を上げていくと１を境として、磁気丘から磁気井戸に変化します（**下図上側**）。特に、そら豆型や三日月形プラズマ断面や負磁気シア配位では「**第２安定化領域**」と呼ばれる安定性の良い配位が出現します。ポロイダルベータ値がアスペクト比ほどの高ベータの近似式を用いて、n＝∞のバルーニングモードに対する解析から、磁気シアと圧力パラメータとの図として第２安定化領域が示されています（**下図下側**）。負磁気シアの先進トカマクでは高ベータの第２安定化が示唆されますが、低n、中間nのキンク不安定性によりベータ値が定まります。

断面変形効果と安定化

円形断面

磁気井戸浅い
U(表面)≲U(中心)

連結距離
長い

局所磁気シア零点
高ベータで出現

D型断面

以下の安定化効果は、
そら豆型や三日月型断面で顕著です

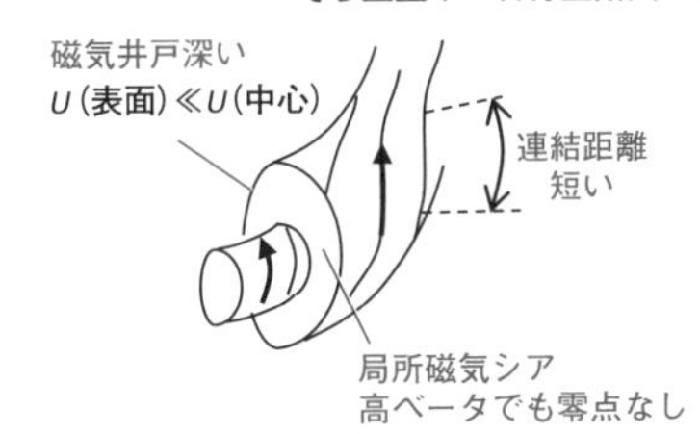

参考メモ　磁気井戸の定義

磁気井戸は $U=\oint\frac{\mathrm{d}l}{B}$（$\mathrm{d}l$ は磁力線方向の線素）として、(U(中心)− U(表面))／U(中心) で評価されます

プラズマ圧力増加による構造変化　第２安定化領域

低ベータ βp＜1

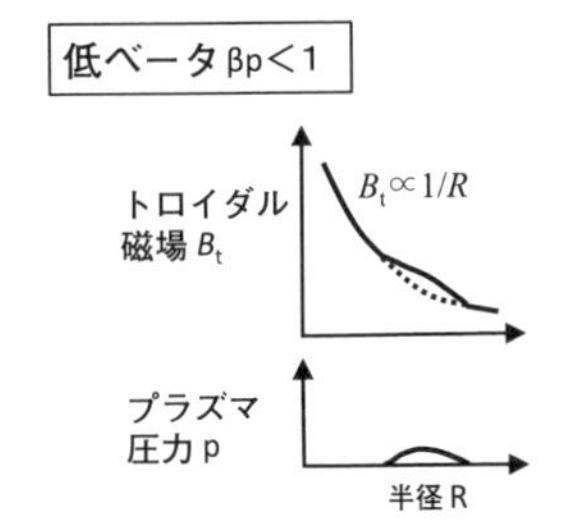

高ベータ βp＞1

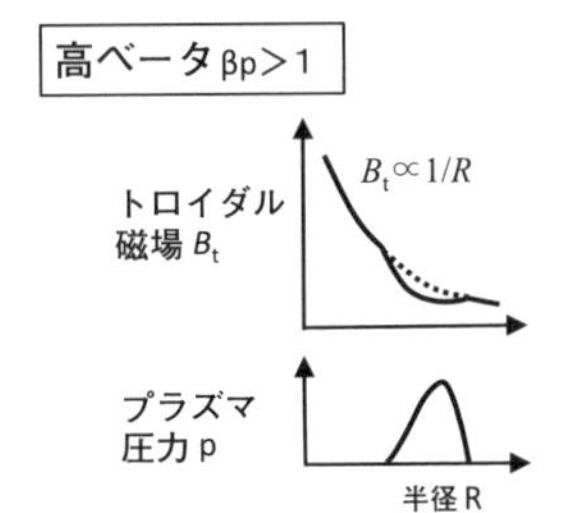

高ベータポロイダルでは
プラズマの圧力により
磁気井戸が形成されます

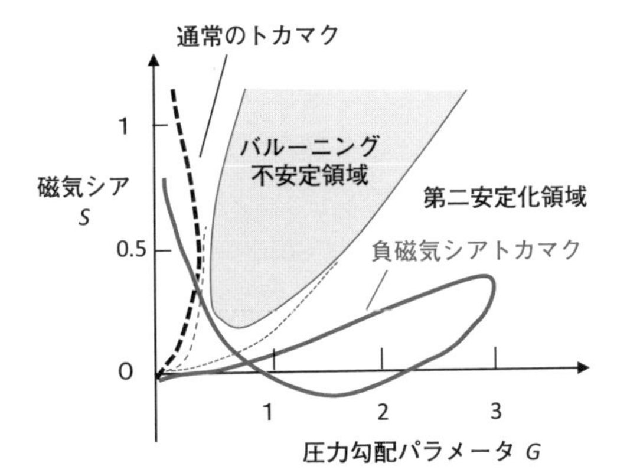

$$G=-\left(\frac{2Rq^2}{B^2}\right)\frac{\mathrm{d}p}{\mathrm{d}r}$$

$$S=\frac{\mathrm{d}(\ln q)}{\mathrm{d}(\ln r)}$$

出典：
K. Yamazaki, C. K. Chu :
JJAP 20(1981)665.

4-7 ＜炉心編＞

球状のプラズマはコンパクト？

トカマクの小型化のために、磁場コイルを改良して強磁場化を達成する方法と、形状を球形として高ベータ化（磁場の圧力に対してプラズマ圧力の比を高める）を試みる方法があります。ここでは、後者の可能性について考えます。

先進トカマク、球状トカマクと定常・高ベータ化

球状トカマク（ST、Spherical Tokamak）はトカマクの小型化、低価格化をめざして、研究開発が進められてきています。**先進トカマク**（AT、Advanced Tokamak）と呼ばれる負磁気シアのD型断面の構造と、球状トカマク（ST）の構造を比較してみます（**図上段**）。前者は表面の安全係数q=4の磁気面を、後者はq=12の磁気面の磁力線が描かれています。一般に、アスペクト比を小さく（太ったドーナツに）していくと、磁場の強い安定領域に磁力線の滞在時間が長くなり、平均的な磁気井戸を大きくすることができます。ともに平坦な圧力分布であり、凹型の電流密度分布の高ベータ設計です。プラズマ中心部分には**シード電流**（自発電流の種となる電流）として外部からの電流駆動が必要ですが、周辺部分ではブートストラップ電流によりほぼ100%の電流が定常的に維持されます（**図中段**）。

トカマクプラズマのベータ値の上限はプラズマ電流I_pに比例し、トロイダル磁場強度B_tとプラズマ小半径aに反比例します。その比例係数β_Nは**規格化ベータ値**（normalized beta value）と呼ばれ、通常は～3.5（**トロヨン係数**）ですが、負磁気シアのATでは～6が、低アスペクト比のSTでは～8が期待されています（**図下段**）。この値が高いほど、核融合出力の高い炉心プラズマが得られます。アスペクト比Aの関数として、MHD安定性からの規格化ベータ値の限界は～12/Aであり、これまでのST実験ではβ_Nは～6ですが、トロイダルベータ値β_tが40%、中心ベータ値β_0で～100%（ビーム粒子成分が50%）が達成されています。

DT発電炉ではブランケットが不可欠であり、球状トカマクでの狭い中心柱部分での中性子や熱除去が課題です。ブランケットの代わりに中性子の反射体を挿入する必要があり、ブランケット領域を減らすと、トリチウム増殖率を1.3以上に上げることが困難になってしまいます。ただし、中性子がほとんど発生せず、高温・高ベータ領域のヘリウム3炉を目標として、球状トカマクの開発に期待が集まっています。

先進トカマクと球状トカマクの比較

形状

先進トカマク（AT, Advanced Tokamak）　　**球状トカマク**（ST, Spherical Tokamak）

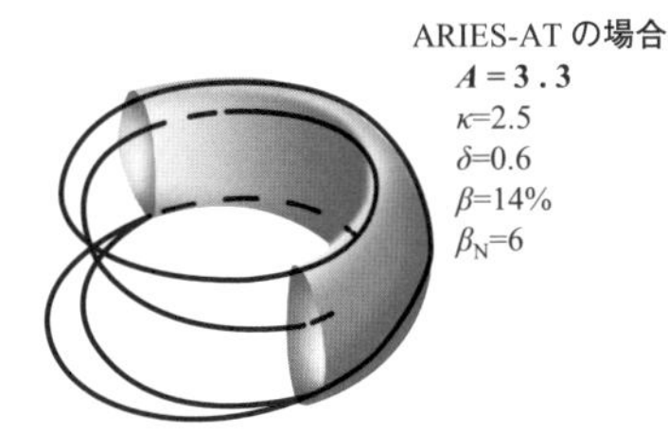

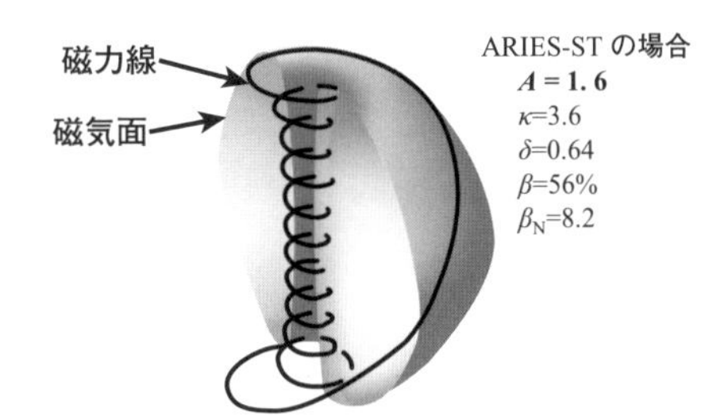

q、p、j の分布

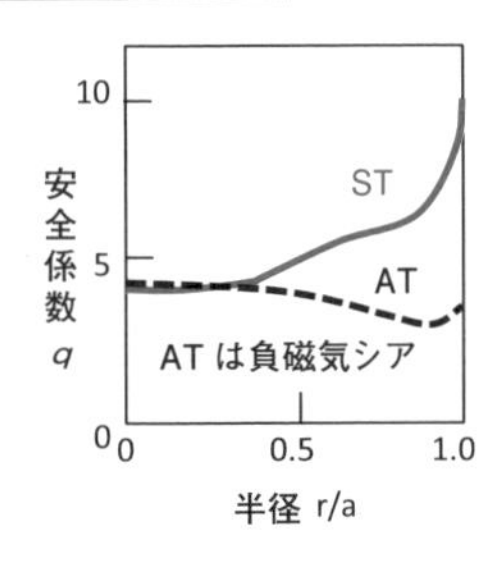

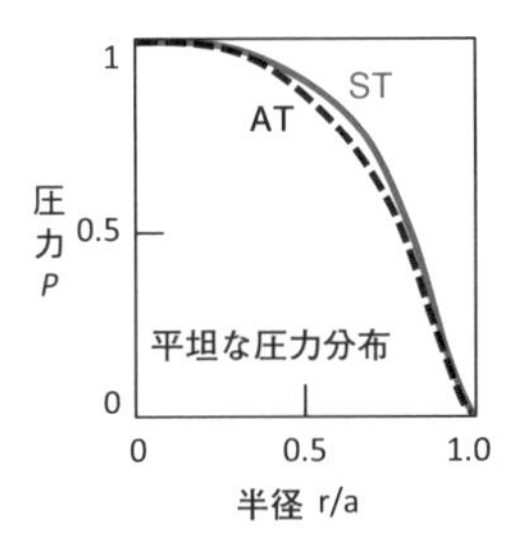

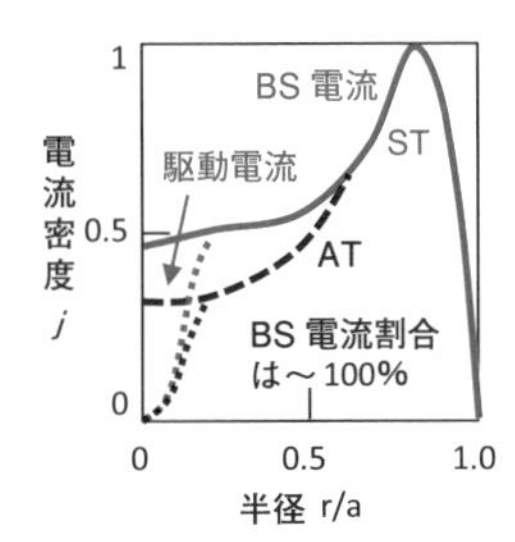

安定ベータ限界値

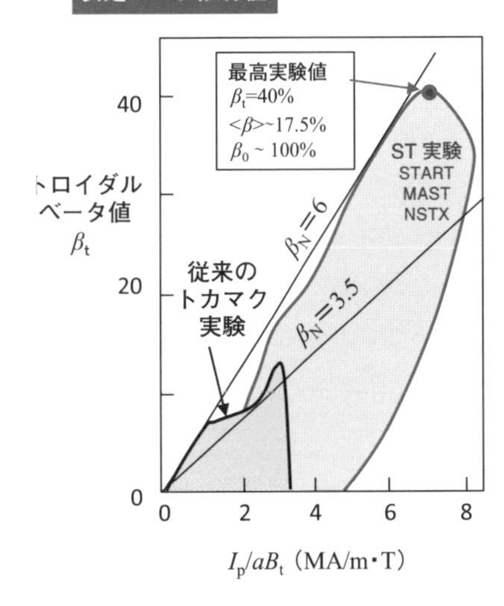

規格化 β 値　$\beta_N = \beta/(I_p/aB_T)$

アスペクト比　$A=R/a$

核融合出力　$P_f \propto (\kappa\beta_N B_t)^4/A$

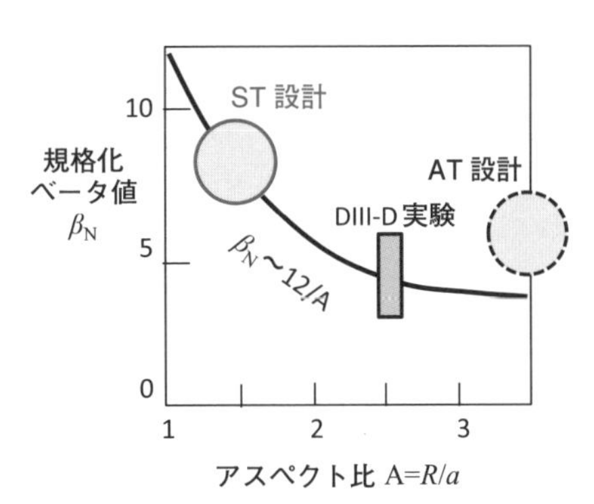

4-8 ＜炉心編＞

電流を安定に流す？

トカマクではプラズマ中に電流を流すことで、磁力線で編まれた軸対称なトーラス磁気面が形成されます。プラズマ電流分布を変化させることで、閉じ込めの良い磁力線構造が可能です。

▶▶ 電流駆動の方法

プラズマ加熱ではプラズマ粒子へのランダムな加速が必要ですが、電流駆動では、一方向の粒子の加速（特に、電子の加速）が重要になります（**上図**）。

トカマク型プラズマでは、外部導体系のヘリカル型プラズマと異なり、プラズマ電流により、磁場のねじれとしての回転変換と、回転変換の空間変化としての磁気シアとを形成しています。全プラズマ電流値と同時に、内部の電流密度分布の制御が必要です。プラズマ電流の駆動方法はいろいろあります（**下図**）が、電流値が一定となるようなフィードバック制御が行われます。

低出力の初期実験では、オーミック電流コイル（OHコイル）による電磁誘導の原理により、①**誘導（OH）電流駆動**として周回電圧を印加してプラズマ電流の立ち上げを行います。利用可能な磁束は限られているので、長時間運転は困難です。しかも、導電率は電子温度の3/2乗に比例するので準定常では電流密度分布が放物型となり、先進運転としての負磁気シアの生成・維持が困難です。

②**高周波電磁波（RF）入射による電流駆動**では、波による粒子の加速を行います。波乗りの原理を利用して、進行波のエネルギーを粒子の運動エネルギーに変換します。電子サイクロトロン波や低域混成波を利用します。

外部電流駆動としてのもう1つの方法は③**中性粒子ビーム（NBI）入射による電流駆動**です。GA（ジェネラル・アトミックス）社の副社長であった大河千弘博士にちなんで**大河電流**とも呼ばれます。中性粒子がプラズマ中で電離してイオン電流が作られますが、電荷保存で逆方向に電子の流れを誘起し、それがプラズマ電流を維持します。

外部電流駆動を用いる場合、そのパワーは無視できません。プラズマ圧力を上げていくと自動的に電流が誘起される④**ブートストラップ（BS）電流**（**次項**）がありますが、経済的な核融合炉を作るためには、エネルギー収支からこの自発電流を全電流の８割以上にする必要があります。

プラズマ加熱と電流駆動の違い

プラズマ加熱（多方向への加速）

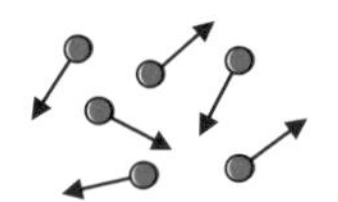

電流駆動（一方向への加速）

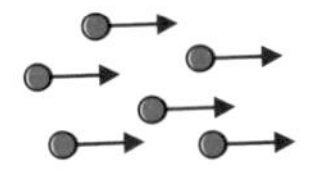

さまざまな電流駆動

誘導（OH）電流駆動　パルス運転しかできません　OH：Ohmic Heating

（誘導方式）

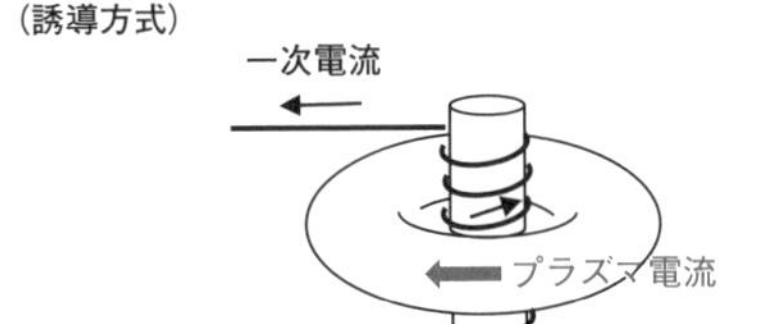

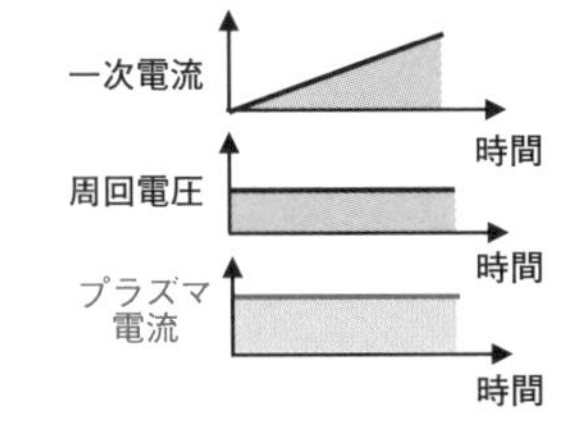

高周波（RF）電流駆動　RF：Radio Frequency

（非誘導方式 1）

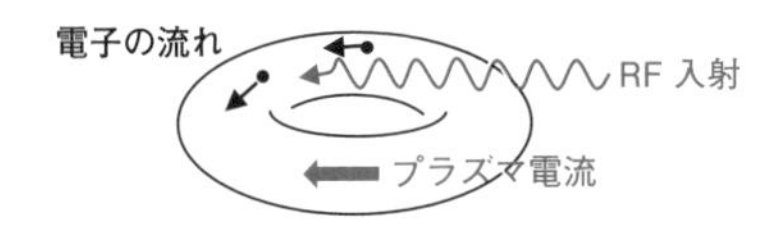

電子サイクロトロン波の場合は、
波により電子の加速が起こります
（電子の波乗りの原理）

中性粒子ビーム入射（NBI）電流駆動　NBI：Neutral Beam Injection

（非誘導方式 2）

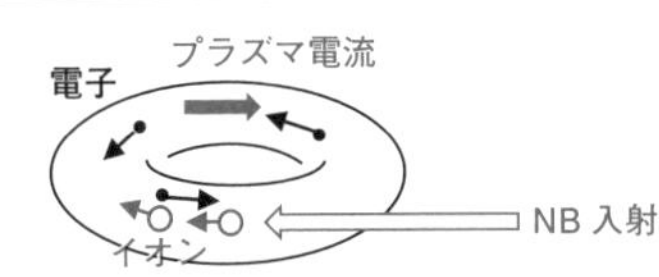

中性粒子ビームと荷電交換した
プラズマイオンが電子電流を維持します

自発（BS）電流駆動　圧力勾配のない領域では種電流が必要です　BS：Bootstrap

（自発方式）

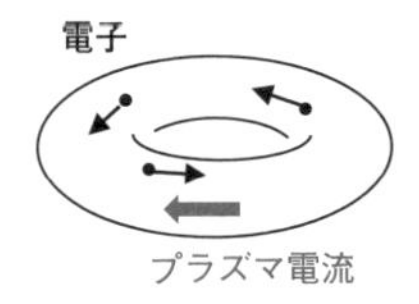

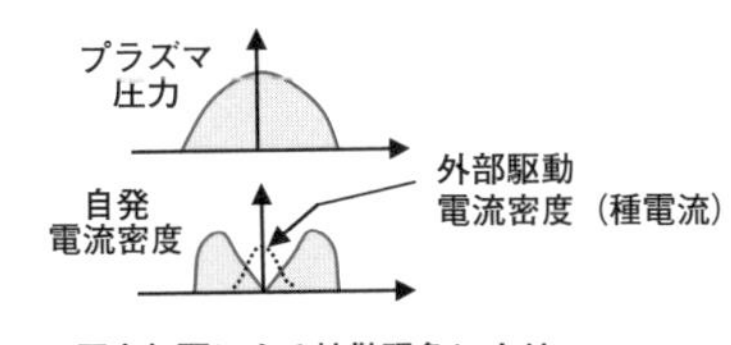

圧力勾配による拡散現象により
自発的に電流が駆動されます

自発的に電流が流れる？

トカマクプラズマでは、プラズマの圧力が上がれば勝手にプラズマ電流が流れる現象があり、トカマクの定常化が可能となります。磁場の弱い外側に捕捉されてバナナ型の運動をする電子に関連しています。

ブートストラップ電流（自発電流）

プラズマ圧力が高い場合には、**ブートストラップ電流（BS電流）**と呼ばれる自発電流が生まれることが理論的・実験的に検証されてきました。「ブートストラップ」とは、ほら吹き男爵ことミュンヒハウゼン男爵が自分の靴のつまみ皮（bootstrap）を交互に持ち上げて沼を渡ったとの逸話から来ています。コンピュータの起動を「ブート」と呼ぶのもこの逸話が基になっています。

BS電流はプラズマ拡散が電流駆動として作用したものであり、その物理描像は、**上図**で説明できます。高温のトロイダルプラズマでは、磁場の強い内側と磁場の弱い外側との磁気ミラーに捕捉されます。この捕捉粒子はいわゆる**バナナ軌道**を描きます。図に示したように、中心側バナナと外側バナナとでは密度差があり、捕捉粒子の割合は、トロイダル磁場でのロスコーンを考慮して、アスペクト比Aの逆数の平方根であり、バナナ幅を考慮して衝突なしでの電子電流が得られます。非捕捉電子は、非捕捉イオンとの衝突と捕捉電子との衝突により運動量が交換され、この2つの力の釣り合いから自発電流が求まります。

トカマクでの経済的な定常運転

BS電流は**シード電流（種電流）**がなければ流れることはできません。プラズマ中心に非誘導の外部駆動電流をプラズマ中心に流す必要があります（**下図**）。トカマク型核融合炉の電流値は、外から駆動される電流とブートストラップ電流値との和で表されますが、外部駆動電流のための電力が大きくなるので、経済的な核融合炉としては、8割以上のBS電流の割合f_{BS}が望ましいと考えられており、 $f_{BS} \sim (1/3) \beta_p/A^{1/2}$で近似できます。BS電流を有効利用するには、一般的には高アスペクト比で高ポロイダルベータ値（$\beta_p \sim A$、高磁場で低プラズマ電流）の設計が有効であり、先進トカマクの1つの考え方となっています。

ブートストラップ電流

電子のバナナ軌道の
内外の差

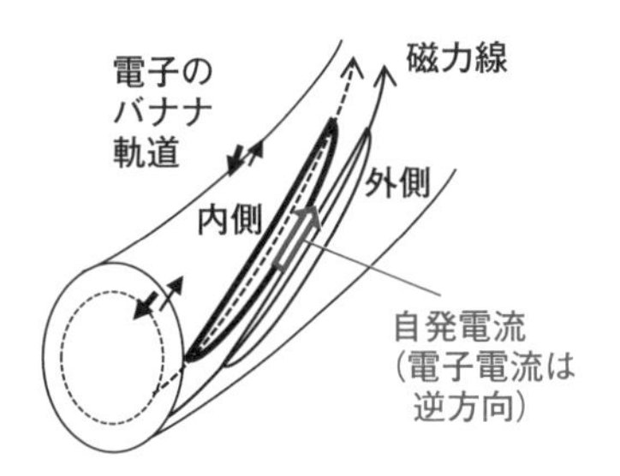

内側（高圧力側）の電子と
外側（低圧力側）の電子との
数の違いから、
自発電流が生まれます

電子の速度分布関数

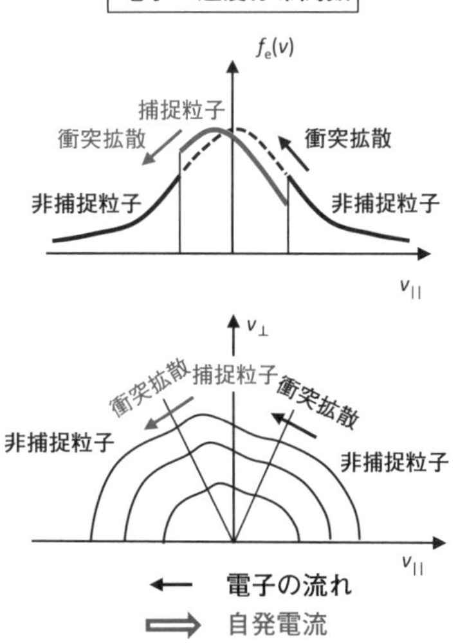

駆動電流と自発電流

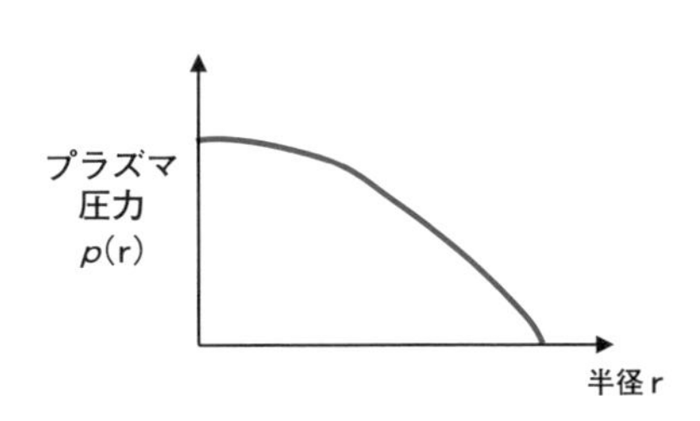

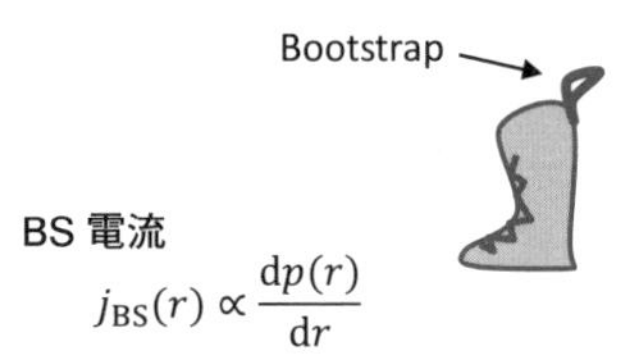

BS 電流

$$j_{\mathrm{BS}}(r) \propto \frac{\mathrm{d}p(r)}{\mathrm{d}r}$$

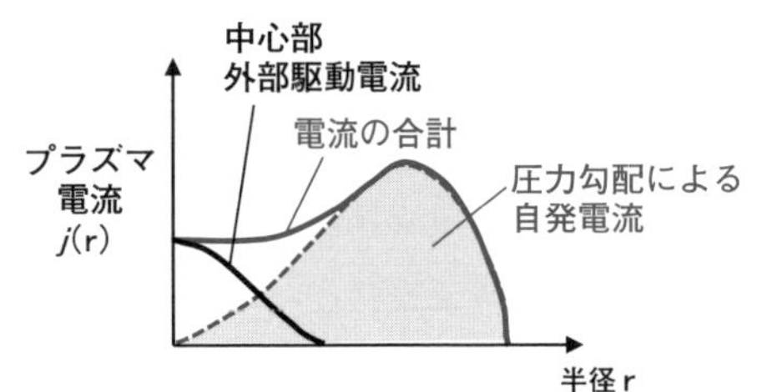

自発電流励起には、境界条件として
中心部分で種電流が必要です。
（プラズマ中心では圧力勾配がなく
自発電流はゼロなので、種電流が
必要です）

経済的な核融合炉では
BS 電流が 80％以上必要です
（外部駆動電流は 20％以下）

BS 電流の全電流に対する割合

$$f_{\mathrm{BS}} \sim \frac{1}{3}\beta_{\mathrm{p}}/\sqrt{A}$$

4-10 ＜炉心編＞

ディスラプションとは？

電流を伴うトカマクプラズマで危惧されている課題の1つは、ディスラプションにより運転が停止してしまう現象です。ディスラプションを避ける運転領域の明確化とフィードバック制御を含めた安定化の方法が模索されてきています。

プラズマディスラプションの発生と制御

ディスラプション（**破壊的不安定性**）とは突然プラズマのエネルギー（温度と密度の積に比例）が急激に減少し、プラズマ電流が減少して運転が停止する現象です。安全係数で定まる電流限界や経験則としての密度限界（グリーンワルド限界）領域内での安定な運転が必要ですが、追加熱パワーの増力で不純物放射損失を上回る領域での運転が可能となります（**上図**）。

通常はプラズマ中の共鳴面に回転する磁気島ができていますが、回転が止まる（**モードロック**）ことでm/n=2/1とm/n=3/2との磁気島が成長して重なり合いが起こり、内部エネルギーの消失につながります。ディスラプションの直前にこの磁気島の回転運動の変化としてのプリカーサー（前駆振動）が発生します。この変化をとらえてディスラプションの予測・制御が試みられています。プリカーサーなしのディスラプションも観測されており、複雑な現象です。

内部エネルギーの激減は**熱クエンチ（熱消滅）**と呼ばれ、それによりプラズマの抵抗Rが増大し、L/Rの時定数が急減して電流が停止する**電流クエンチ（電流消滅）**が起こります（**下図**）。熱クエンチにはさまざまな原因がありますが、不純物がプラズマ内に混入して不純物イオンによる放射損失が増えて、プラズマの温度が急激に減る場合があります。典型的な例は、安全係数が1.5の場所にできるm=3/n=2の**磁気島**（閉じ込めの磁気面が割れて作られる島のような構造）と、2.0の場所に作られる大きなm=2/n=1磁気島とがオーバーラップして、磁気島領域のプラズマのエネルギーが瞬時に平坦化して冷えてしまう現象です。熱クエンチにより、壁への膨大な熱負荷が問題となります。電流クエンチの段階では、電流の位置制御が不可能となり、**垂直変位事象**（VDE、垂直移動現象）が引き起こされる可能性があります（**次節**）。実際のトカマク炉では、ニューラルネットワークや人工知能（ＡＩ）などによる制御技術を用いて、ディスラプションが起こらない運転が期待されています。

ディスラプションのメカニズム

運転限界

電流限界ディスラプション

$1/q_a\ (\propto I_P) \lesssim 1/2$

密度限界ディスラプション

$n \lesssim n_{GW} = I_P/\pi a^2 \propto B_t/Rq_a$

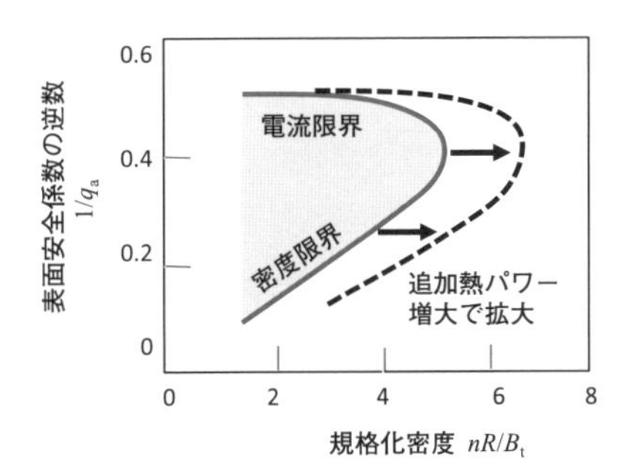

成長メカニズム

ティアリングモード成長

モードロック

ディスラプションメカニズム（典型例）

共鳴面の成長と重複

（m/n=2/1 と m/n=3/2 の重なり合い）

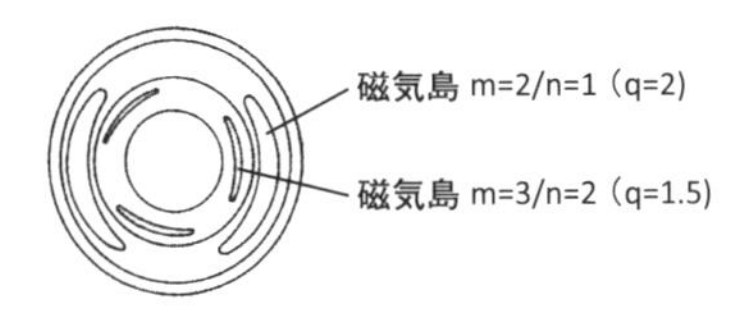

参考メモ　密度限界則

グリーンワルド密度限界は、米国 MIT の M.Greenwald 博士により提案されたスケーリング則であり、トカマクや RFP に適用されています。

典型的なディスラプション現象

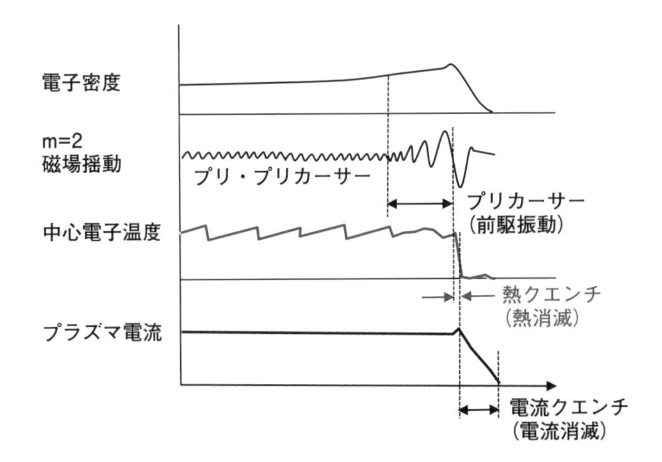

ディスラプションが起きる前にプリカーサー（前駆振動）が観測されています。それ以前（プリ・プリカーサーの段階）では、m=2 の磁気島が通常の回転をしており、プラズマ中心では m=1 の鋸歯状振動が観測されています。

この例では、プラズマ密度が緩やかに上昇し、m=2 の磁気島の回転が止まり、磁気島の幅が拡大して、中心温度が瞬時に急激に降下します（熱クエンチ段階）。プラズマ圧力の変化に伴い、VDE などの不安定性が起こり、プラズマ電流が消滅します（電流クエンチ段階）

4-11 <炉心編>

電流クエンチとVDEとは？

トカマク型核融合炉では、トロイダル磁場とプラズマ電流によるポロイダル磁場とで基本磁場が構成されます。ディスラプションにより電流消滅が起こると、核融合炉の工学機器へのさまざまな影響も問題となります。

垂直不安定性、ハロー電流と真空容器の破損の危険性

抵抗性MHDモード的な時定数で急峻な熱クエンチが起こると、位置制御のフィードバックが応答できずにプラズマインダクタンスとプラズマ抵抗とで定まる時定数で電流クエンチが起きてしまいます。熱クエンチでは、プラズマの熱エネルギーがダイバータ部に流れ、ダイバータ板への熱負荷の制御が課題です。一方、電流クエンチではプラズマ電流がもっていた大量の磁場エネルギーが放出され、プラズマからの放射エネルギー損失、コイル系への磁気結合でのエネルギー回収、真空容器内構造物への電流誘起などが行われます。特に、縦長断面プラズマの場合には、上下方向に変位してしまい、プラズマが壁に接触し、真空容器を通して電流（**ハロー電流**）が流れ、電磁力で炉内機器を損傷してしまう可能性があります。一連の不安定性は**VDE（垂直変位事象）**と呼ばれています（**上図**）。垂直変位が小さい場合には、プラズマ電流によるポロイダル磁束の保存から大きな周回電圧がかかり、高エネルギー（数十MeV）の逃走電子が発生する可能性があります。逃走電子の粒子軌道面は磁気面から大きくずれるので、局所的に第一壁を損傷してしまう可能性もあります（**参考メモ参照**）。

プラズマの安全な急停止を行うために不純物ペレットの注入（**キラーペレット**と呼ばれる）が行われており、① 垂直位置移動現象（VDE）の回避、② ダイバータ板への熱負荷の低減、そして ③ 逃走電子の発生回避、の3つを同時に達成することが重要になってきています。事前にディスラプションを抑えるフィードバック制御も重要です。回転している磁気島は導体壁で安定化されますが、第一壁は完全導体ではないので、回転が止まって磁気島が増大し、ディスラプションが誘起されてしまいます。この**抵抗性壁モード（RWM）**を安定化するためのフィードバック制御も行われています。弱いヘリカル磁場成分を印加してディスラプションを抑制することも実証されています。プラズマ中にプラズマ回転を維持することも、ディスラプション抑制に有効です（**下図**）。

VDE（垂直変位事象）のメカニズム

VDE：Vertical Displacement Event
　　　ディスラプション時のプラズマの垂直移動現象

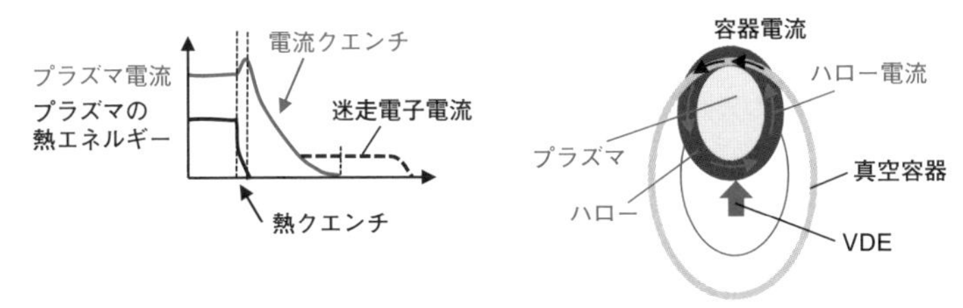

急激な電流クエンチ（電流消滅）の段階で、
位置のフィードバック制御が働かず、
VDE が起きてしまいます

トロイダル磁束の保存によりプラズマ周辺に
電流（ハロー電流）が流れ、真空容器上に電流が流れて
電磁力で容器の損傷が起こる可能性があります

ディスラプションの影響と制御方法

ディスラプション現象の遷移

熱クエンチ　→　電流クエンチを誘起　→　VDE 発生
→　電流減少時のポロイダル磁束保存で高いトロイダル周回電圧がかかり、
　　低いプラズマ密度なので、逃走電子が発生（壁面損傷の危険性あり）

制御方法

RWM のフィードバック制御
　抵抗性壁モードの不安定性の帰還制御で、ディスラプションの種を除去します

ヘリカル磁場
　共鳴または非共鳴のヘリカル磁場を印加して、磁気島の成長を抑えます

プラズマ回転を印加
　振動磁場やビーム駆動、径電場生成で回転を誘起します

キラーペレット
　デイスラプション時にペレットを入射して、熱負荷低減と逃走電子の抑制

NN（ニューラルネットワーク）や AI（人工知能）などの活用
　ディスラプションの予測や回避運転の遂行

参考メモ　ハロー電流と逃走電子

トロイダル磁束保存　→　ハロー電流誘起
ポロイダル磁束保存　→　逃走電子電流誘起

スクレープオフ層に流れるハロー電流は Hello ではなく　Halo（後光、光輪の意味）です。

電子の電場加速はイオンとの衝突により抑制されますが、低密度ではどこまでも加速されるので、逃走（runaway）電子と呼ばれます。磁気面と極端にずれた軌道面を描くので、真空容器に衝突して損傷を引き起こす可能性があります

4-12 ＜炉心編＞

アルファ粒子の灰の排出は？

DT核融合燃焼で発生する高速アルファ粒子はプラズマを加熱しますが、低速となった粒子（ヘリウム灰）は、不純物として放射エネルギーを放出し、プラズマを冷やしてしまいます。薪ストーブのように、灰を取り除く必要があります。

ヘリウム灰蓄積と核融合点火条件

ヘリウム灰（燃焼灰）がプラズマ中に残留すると、燃料を希釈してしまうと同時に、制動放射によりエネルギーを損失してしまいます。不純物イオンに対しては、注入する燃料の純度をあげ、同時に、壁からの不純物混入を避ける処置をとりますが、ヘリウム灰は避けることができません。リサイクリングを考慮してのヘリウム灰の閉じ込め時間とプラズマの閉じ込め時間との比を関数として、自己点火条件をローソンダイアグラムの上に描かれています（**上図**）。ヘリウム灰の閉じ込めが良くなりすぎると、**自己点火条件**の曲線が閉じて、点火可能領域が狭くなってしまいます。不純物粒子の除去と同様、ヘリウム灰の除去は必須です。そのための第一の機器がダイバータです。ダイバータでは、周辺のプラズマを外に導いて板（ダイバータ板）にぶつけて電離気体（プラズマ）の粒子を通常の中性の原子・分子の気体（中性粒子）に変えることで、ポンプで排気することができます。排気されたガスを燃料とヘリウム灰とに分離して、燃料は炉心に戻すことでヘリウム灰の蓄積を防ぐことができます。

アルファ灰の排出制御方法

灰としてのアルファ粒子の蓄積を防ぐ方法として、高速のヘリウム粒子の軌道閉じ込めには影響せずに、低速のヘリウム粒子だけを選択的に排出する必要があります。ヘリウム灰の閉じ込め性能を制限することと同時に、ダイバータ部でのヘリウム灰の濃縮度を高めて粒子排気を行うことが必要です。そのためのダイバータ部の効率的な排気設計が重要となります。

プラズマ中からの選択的ヘリウム排気としては、**鋸歯状振動**（**4-1節**）の励起による中心部分のヘリウム灰の排出、イオンサイクロトロン波加熱による周辺部でのヘリウム灰の選択的加速による排出などの提案や検証実験も進められてきています（**下図**）。

DT炉自己点火条件でのアルファ粒子灰の影響

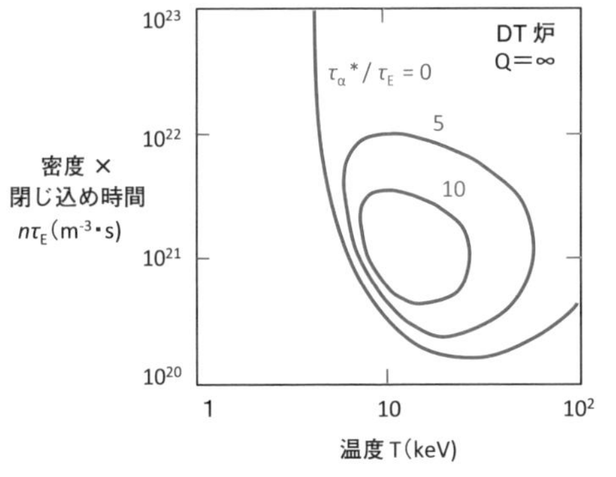

$\tau_\alpha^*/\tau_E = 0$　：ヘリウム灰なし
=5~10：ヘリウム灰の影響あり

アルファ灰（ヘリウム灰）がプラズマ中に残ると、燃料イオンの純度を低下させてしまい、同時に、放射エネルギー損失を増大させてしまいます

目標は、
❶ 高速アルファ粒子は閉じ込めを良くしてプラズマの加熱に利用し、
❷ 減速されたヘリウムイオンは閉じ込めずに排出することです

τ_E：プラズマの閉じ込め時間
τ_α^*：リサイクリングを考慮してのヘリウム灰の閉じ込め時間

長時間燃焼では $\tau_\alpha^*/\tau_E \leqq 5$ で、ヘリウム濃度5%以下が目標です

ヘリウム灰の排出方法

高エネルギーヘリウム粒子の閉じ込めを劣化させず、
低エネルギーヘリウム灰の排出を促進します

ダイバータによるヘリウム排気

燃料とヘリウム灰を含めた不純物粒子を排気します。
プラズマとしてのイオンをダイバータ板に衝突させて、
中性粒子（原子、分子）として排気します。
排気ガスでのヘリウム濃度を上げることと、
粒子排気の効率を上げることが重要です

鋸歯状振動の利用

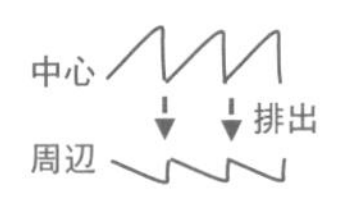

内部ディスラプションの利用は1990年代にウクライナの
理論家が提案し、実験的にも検証されています。
高エネルギーのアルファ粒子には影響が少なく、
低エネルギーのヘリウムイオンの排出が可能です。
ただし、主プラズマへの影響にも留意が必要です

高周波によるヘリウムイオンの選択的排出

ヘリウムイオンのラーモア周波数に同期させて、
周辺のヘリウム灰を選択的に加速して、排出します。
ただし、加速（加熱）パワーが必要となります

4-13 ＜炉心編＞

プラズマ統合コードは？

炉心プラズマでのさまざまな物理現象を理解して、核融合炉での核燃焼の予測をすることが必要です。そのためのツールとして統合シミュレーションコードが利用されています。

プラズマ輸送解析の統合コード

核融合炉の解析では、時間の長短や空間の大小でのさまざまな評価が必要です。粒子軌道、平衡、安定性、輸送に関する計算機シミュレーションを行って、多様な現象を理解する必要があります。微細で短時間のシミュレーションには粒子コードが利用され、速度分布関数の変化や波の励起・減衰を基礎方程式から解析します。平衡の時間変化は磁束保存トーラス（FCT）平衡をベースとして、プラズマの密度や温度の長時間の時間発展には粒子やエネルギー保存の流体コードが利用できます。**プラズマ輸送コード**を中心として、これらを統合して解析されます（**図**）。具体的には、トカマクやヘリカル装置のコイル磁場電流変化による磁場配位変化に関する自由境界MHD平衡コード、MHD不安定性解析と輸送変動のコード、加熱パワーの吸収や電流駆動・自発電流の生成に関する加熱・電流駆動コード、アルファ粒子の発生と減速・内部加熱、燃料注入と密度・温度の変動、核融合パワーの発展などコア炉心プラズマの時間発展が計算されます。さらに、不純物や周辺プラズマを含めたダイバータコードなどを組み合わせます。

米国ではプリンストン・プラズマ物理研究所（PPPL）で開発されてきたTRANSPコードをはじめとして、幅広い解析がなされてきています。国内では、量子科学技術研究開発機構（QST）が中心に開発しているTOPICSコードや、著者自身が開発してきたトカマク炉とヘリカル炉に適用できるTOTALコードがあります。国際協力としてのITER機構では、既存の解析モジュールを組み合わせて統合コードのパッケージを作るIMASの利用が進められています。現在は主にプラズマの挙動の理解と予測に利用されていますが、将来的には、AI（人工知能）技術をも組み入れての核融合炉の運転・制御のための統合コードとして確立されていくことが期待されます。物理コードと工学コードとの連携も大切です。インターロック保護システム（緊急停止などは多重保護のハードワイヤー連結が必要）ともリンクした実時間制御用の運転解析コードも必要とされてきています。

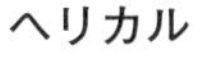

トカマク
1.5 次元輸送解析
(2 次元 FCT 平衡 +1 次元輸送)

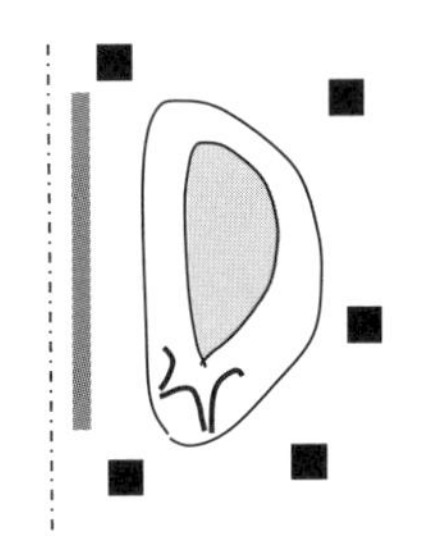

ヘリカル
2.0 次元輸送解析
(3 次元 FCT 平衡 +1 次元輸送)

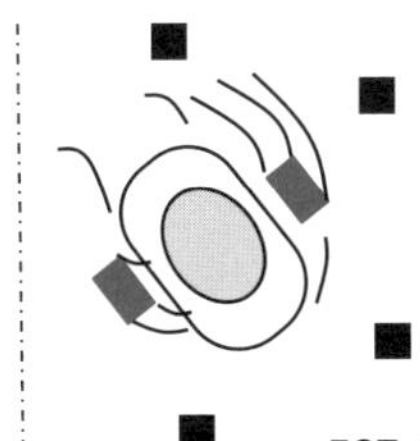

FCT: Flux-Conserving Torus
磁束保存トーラス

物理コード

磁場解析コード（コイル電流）
粒子軌道コード（位置・速度空間）
2 次元平衡コード（FCT 自由境界）
- バルーニング安定性コード
- グローバル MHD 不安定性
- 抵抗性不安定性解析

1 次元輸送コード（時間発展）
- 粒子密度の発展
  - ガスパフ
  - ペレット入射（アブレーション）
- エネルギー密度の発展
  - 新古典輸送と BS 電流
  - 乱流輸送
- 加熱コード
  - 中性粒子ビーム（蓄積、減速）
  - 高周波加熱（波の吸収）
- 不純物コード
- 周辺・ダイバータコード
- フィードバック運転シナリオ（電流、密度、核融合パワーなど）

工学コード

- 外部コイル電流 / 電圧
- 電磁力・熱負荷
- 計測モデリング
- モデルに基づいた実時間制御
- 統合制御システム
  （プラズマ位置・形状、
  温度・密度などの分布、
  MHD 不安定などの同時制御）
- 放射線遮蔽
- 安全解析

国際 ITER	IMAS（Integrated Modelling and Analysis Suite）
米国 PPPL	TRANSP コード（Web 上でさまざまなコードを公開中　https://transp.pppl.gov/）
日本 QST	TOPICS（TOkamak Prediction and Interpretation Code System）コード
日本京大	TASK（Transport Analyzing System for tokamaK）コード
日本名大	TOTAL（TOroidal Transport Analysis Linkage）コード

COLUMN 4

核融合研究の黒歴史！（ペロン大統領、ZETA実験、常温核融合）

ニューヨークのブロードウェイでかつて開演され、マドンナ主演による映画化もなされたミュージカル『エヴィータ』は、アルゼンチンの貧しい村で私生児として生まれ育ったエバの生涯を描いています。エバは上京しグラビア女優や愛人として生計を立てていき、大統領のファーストレディとなります。貧富の差が激しかったアルゼンチンで「エヴィータ」と親しみを込めて呼ばれていましたが、1952年34歳の若さで逝去します。

核融合開発の黒歴史（過去の汚点）として、このアルゼンチン大統領ファン・ペロンが登場します。秘密裏に進められていた研究に対して、1951年に「人類初の制御核融合実現」の宣言を行い、世界中に驚愕のニュースが広がりました。これは元ナチスの物理学者ロナルド・リヒターによる誤った宣伝でしたが、欧米やソ連での核融合研究に強烈な刺激を与えました。

もう1つの黒歴史は、1957年英国のトロイダルピンチZETA装置での大量の中性子の発生による核融合成功のニュースです。しかし、熱核融合ではなく、プラズマの不安定性での加速による中性子発生であることが判明し、単純なトロダルピンチ計画は終了しますが、静かで安定な放電が確認された逆磁場ピンチ（RFP）へと研究成果が受け継がれていきました。

3番目は常温核融合騒動です。1989年3月に米ユタ大学のホンズ教授と英サウサンプトン大学のフライシュマン教授のグループにより簡単な「試験管」装置で常温核融合に成功したと発表し、常温核融合フィーバーが巻き起こりました。発表の2年前の高温超伝導の大発見の再来であるとの期待から注目を浴びましたが、この常温核融合利用の可能性は否定されてきました。

1951年、ペロン大統領の核融合成功宣言

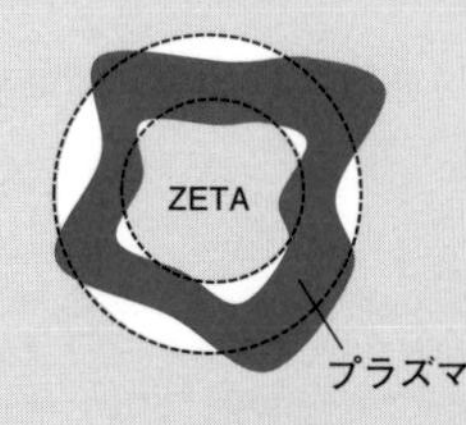

1958年、英国ZETAでの熱核融合発表

1989年、試験管核融合

第5章

<炉工編>

核融合炉機器の多様な技術（核融合炉工学）

ITERでの開発課題の1つは「核燃焼プラズマの物理」です。プラズマ研究開発と同時に、炉工学研究開発も重要です。ダイバータ、ブランケット、超伝導コイル、核融合炉材料、トリチウムのほか、放射線遮蔽、遠隔保守などの技術開発の進展が期待されています。

5-1 <炉工編>

核融合炉の構成は？

核融合炉設備は、核融合特有の炉心プラズマ機器・炉工学機器の設備と、原子力に共通の発電設備とに分類できます。トリチウム増殖・回収を含めた燃料サイクル設備も必要です。

核融合炉の機器構成

DT燃料磁場閉じ込め核融合発電炉の設備は、核融合炉の中心部分である核融合機器FI（Fusion Island）と、炉周辺装置BOP（Balance of Plant）、さらに燃料サイクル設備とに大別され、FI機器は核融合反応の起こる炉心プラズマ機器と、それを支える炉工学機器とに分けられます（**上図**）。核融合反応で生成される中性子をブランケットで受け止め、その熱を1次冷媒で熱交換器に伝えます。熱交換器（蒸気発生器）では、水を沸騰させて蒸気を作り、その蒸気でタービンを回して発電します。2次冷媒としての蒸気は復水器で水に戻して循環させます。2次冷媒としてより高温のガスを用いてのガスタービンによる高効率な発電も想定されています。

核融合炉心工学と炉工学

核融合炉には、さまざまな領域の技術が必要です（**下図**）。炉心プラズマ機器として**燃料注入機器**（5-2節）、**プラズマ制御機器**（5-3節）、そして、**プラズマ加熱機器**（中性粒子入射装置、高周波加熱装置）（5-4節）と**プラズマ計測機器**（5-5節）があります。炉心プラズマと炉工機器との境界領域としては、プラズマに対向する**第一壁**（5-6節）と**ダイバータ機器**（5-7節）とがあります。

炉工学の主要機器としては、核融合エネルギーの熱回収と中性子によるトリチウム燃料増殖のための**ブランケット**（5-8節）、ブランケットや真空容器を構成するための**構造材料**（5-9節）、トロイダル閉じ込め磁場やポロイダル平衡磁場を発生させるための極低温の**超伝導マグネット**（5-10節）があります。また、プラズマを高温にする加熱機器（5-4節）、重水素、三重水素（トリチウム）燃料の注入とトリチウム回収の**燃料サイクル機器**（5-2節、6-5節）、定期点検・保守時の**遠隔操作機器**（5-13節）、そして、火力発電や原子力発電と同様な熱交換器やタービン発電機などを含む**発電・送電設備**（5-12節）があります。これらの機器を支える工学の一覧を**下図**にまとめました。

核融合発電炉の構成

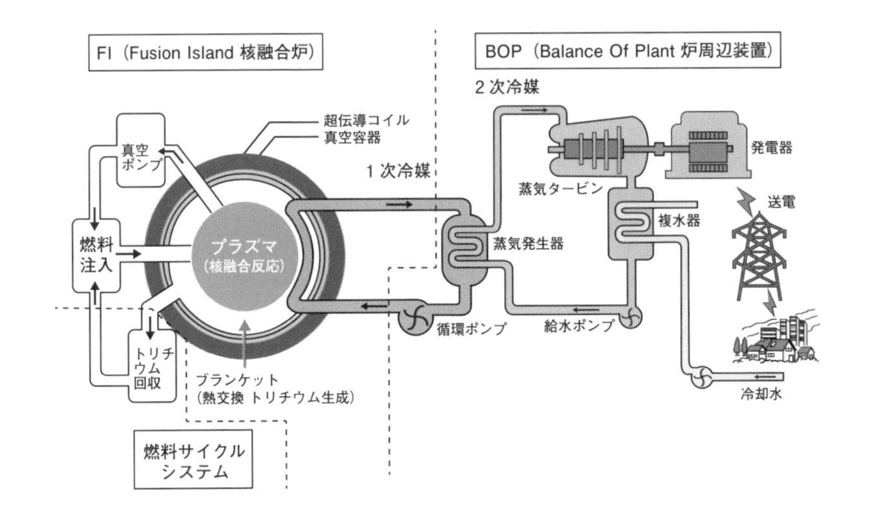

核融合炉心工学と炉工学

炉心工学

プラズマ制御工学　(5-2 ～ 5-3 節)
プラズマ加熱工学　(5-4 節)
プラズマ計測工学　(5-5 節)

境界領域
(プラズマ・壁相互作用)

真空・第一壁　(5-6 節)
ダイバータ　(5-7 節)

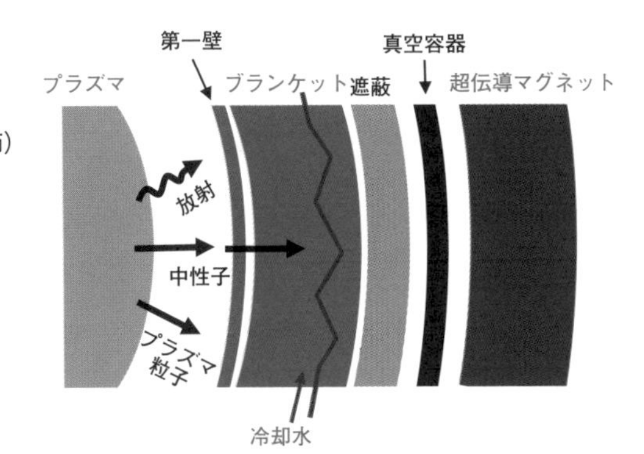

炉工学

トリチウム・燃料工学	(5-2 節、6-5 節)
ブランケット・伝熱工学	(5-8 節)
中性子・構造材料工学	(5-9 節)
超伝導コイル工学	(5-10 節)
放射線遮蔽工学	(5-11 節)
遠隔操作・ロボット工学	(5-13 節)
発電・送電工学	(5-12 節)
安全工学	(6-6 節)
資源工学	(6-5 節)
システム設計工学	(6-1 ～ 6-4 節)

5-2 <炉工編>

燃料注入方法は？

核燃焼プラズマでは生成α粒子による内部加熱によりプラズマエネルギーが維持されるので、高密度プラズマを維持するためには、密度制御としての効率的な燃料注入が最も重要な燃焼制御手段です。

ガスパフ

現在のプラズマ実験では、水素ガスをプラズマへ吹きかけて粒子を供給する**ガスパフ**（気体吹き）法が用いられてきました。この方法では供給した大部分の粒子が周辺プラズマ部で電離されるため、プラズマ中心領域への効率的な粒子供給は期待できません。特に、大型で高温のプラズマでは、小型プラズマ実験と異なり、ガスパフによる粒子供給の効率は一層低下してしまいます。

ペレット入射

燃料ガスの代わりに、液体や固体燃料をプラズマ中心に効率的に注入する方法があります。ステンレス鋼製のパイプの一部を10K（ケルビン）以下の極低温に冷やし、水素ガスを導入することで固化水素が生成され、これを切り刻んで作られる固体ペレット（小球）を高圧ガスや遠心力を用いて入射します。特に、強磁場側からの**ペレット入射**により、ペレットのアブレーション（溶発）時の**プラズモイド**（磁化プラズマの塊）の挙動から効率よく中心への密度供給ができて、閉じ込めが改善されることが確かめられています。

CTヘリシティ入射

気体や固体燃料を注入する場合には、電離のためのエネルギーが必要であり、一時的ですが局所的にプラズマ温度が低下してしまいます。それを避けるには、**CT（コンパクトトーラス）**配位のプラズマを入射する方法があります。CTの外側ではトロイダル磁場がゼロで垂直磁場のみなので、ガイド磁場に沿って加速し、磁力線のリコネクション（再結合）現象を利用してプラズマ内に注入します。内部にはトロイダル磁場を含んでいるので、磁場のヘリシティの保存（**参考メモ参照**）を利用してトカマクやRFP（逆磁場ピンチ）核融合の磁場配位を定常維持するための電流駆動にも利用されます。

いろいろな燃料注入方法

ガスパフ

供給効率～ 10%

最も簡便な方法
　ガスの連続注入
　ガスのパルス注入（ガスパフ）

周辺プラズマ温度を高くできない
　→ L モード（低閉じ込めモード）

ペレット入射

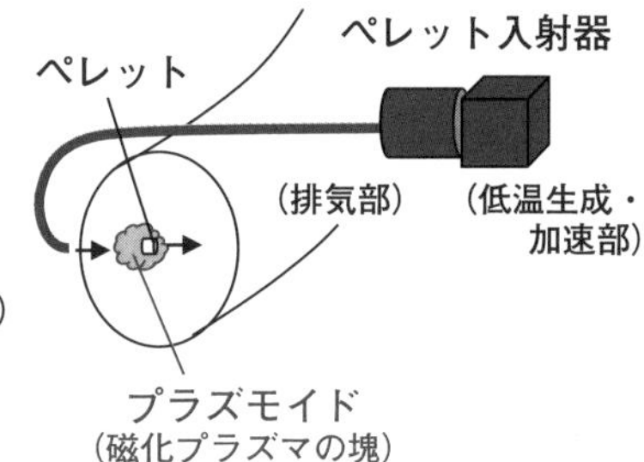

供給効率～ 90%

強磁場側からの入射で、
中心への燃料入射が可能
　→ ペレットモード（高閉じ込めモード）

CT（コンパクトトーラス）入射

磁化プラズマ

中心への燃料供給が容易

ヘリシティ入射として、
トカマクや RFP 核融合炉の
　電流駆動に利用可能
FRC 核融合の合体にも利用

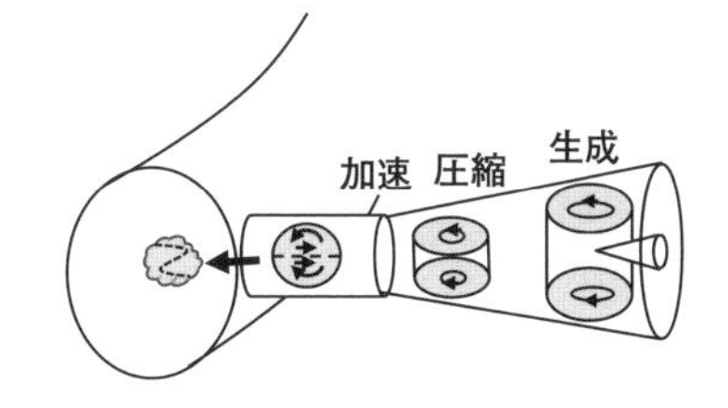

参考メモ　磁気ヘリシティ

磁場を B=∇×A（A はベクトルポテンシャル）として、磁気ヘリシティとは磁場 B とベクトルポテンシャル A の内積の空間積分 ∫A・BdV で定義される保存量であり、時間的に磁気エネルギーが最小の状態 B・（∇× B）～0 へと変化（緩和）します。これは磁場と電流とが平行であるフォースフリー（無力）磁場配位ですが、それに近づくように電流が駆動されます。

5-3 <炉工編>

安定な燃焼運転を行うには？

核融合炉の定常運転では、内部加熱によりエネルギー（温度と密度の積に比例）が維持されるので、密度制御が需要になります。炉の立ち上げ時には、密度と温度の領域図での最適な制御ルートが存在します。

熱的安定性と燃焼制御

磁場配位やプラズマ電流が一定とすると、温度と密度の関数で閉じ込め時間も定まり、それを維持するために必要な加熱パワーの等高線が定まります。これを**POPCON（ポップコン）プロット**と呼びます（**上図**）。高密度領域と高温度領域へは必要な加熱パワーが大きすぎて到達できません。加熱パワーのサドルポイント（峠の点）を通りすぎれば、**熱的不安定性**を利用して自己点火まで到達が容易ですが、実際にはベータ限界による閉じ込め劣化で運転領域が定まります。密度と加熱パワーを一定とすると、温度の変動が自動的に緩和される熱的安定な領域と、逆に温度の変動を助長する不安定な領域があります。安定な燃焼運転を行うには、熱的安定な領域での運転が有効です。図では、ジュール加熱から密度を一定で加熱して最適運転パスを通って、1つは安定な運転、もう1つは熱的フィードバック制御による運転のポイントが示されています。実際には、プラズマの分布変化やMHD不安定性による閉じ込めの変化が起こるので、複雑な解析が必要となります。

さまざまな帰還制御

核燃焼制御には、核融合パワー（中性子発生量）を**センサ**で観測し、その他のさまざまな信号を入手して、**アクチュエータ**としての燃料注入制御や加熱パワー制御が必要となります。**コントローラ**のアルゴリズム（算出法）には、古典的なPID制御（**参考メモ参照**）やマトリックスで制御する現代制御理論が用いられます。ニューラルネットやAI（人工知能）も組み入れることができます。熱的安定な領域では制御は容易ですが、熱的に不安定な領域では燃焼制御としての位置の制御や磁場リップル（磁場の強弱の空間変化）の利用などが有効になります。以上の出力（密度・温度）制御の前提として、トカマクのさまざまなフィードバック制御が必要です。磁場配位としての位置・断面制御や電流値制御が重要であり、ディスラプション制御や不純物制御も必要となります。

プラズマ運転曲線プロット

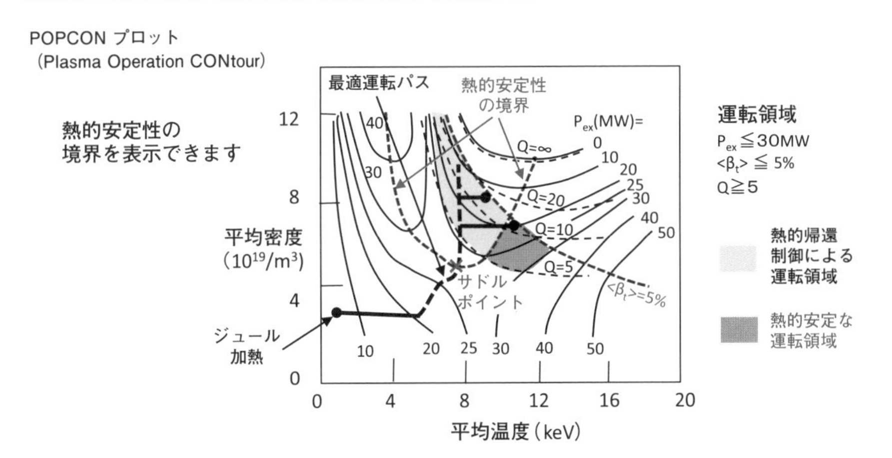

実際には、温度密度の分布に依存して閉じ込め特性が変化し、POPCON 図も変化します

燃焼制御方法

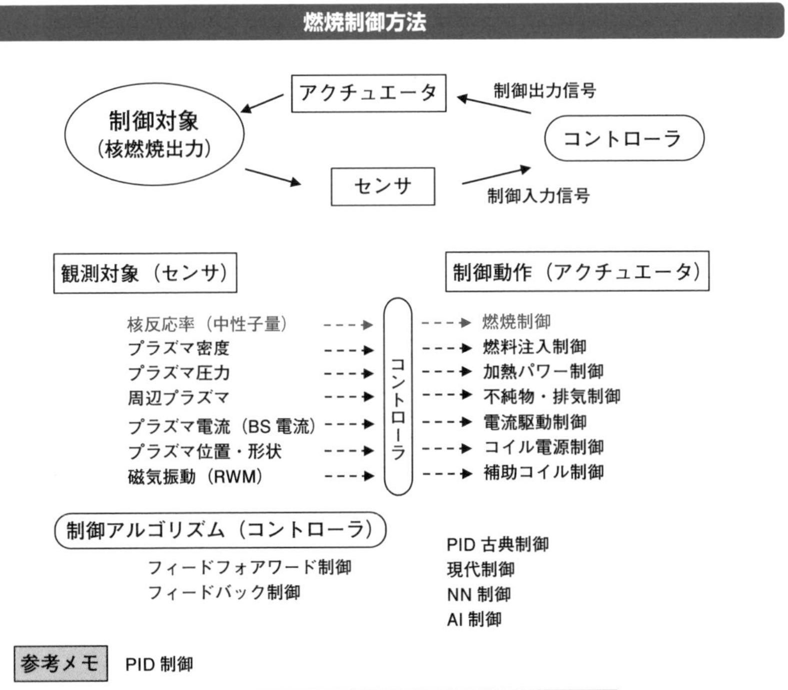

参考メモ　PID 制御

古典的な PID 制御法では、制御信号を P（比例制御）、I（積分制御）、D（微分制御）の3要素を組み合わせてフィードバック信号を作ります

5-4 ＜炉工編＞

プラズマを加熱する装置は？

さまざまなプラズマ加熱法の物理原理は2-14節にまとめましたが、この節では負イオン—中性粒子ビーム入射（N-NBI）加熱と電子サイクロトロン波帯（ECRF）の高周波加熱の工学機器についてまとめます。

中性粒子ビーム入射（NBI）装置

プラズマ閉じ込めに磁場を用いている場合には、荷電粒子ビームを外部から入射しても磁場に巻きつく（サイクロトロン軌道を描く）ので、ビームをプラズマ中心まで注入することは困難です。そこで、荷電粒子に代わり**中性粒子ビーム**を用います。入射された中性粒子はプラズマ中で電離して、プラズマ粒子と衝突して加熱が行われます。中性粒子ビームは荷電粒子ビームを加速し中性化して作られます。正イオンでは高エネルギー領域で中性化効率が低いので（**2-14節**）、負イオンが用いられます。負イオンの ① 生成、② 加速を行い、③ 中性化セルを通して中性ビームを作り、④ 中性化されない残留イオンを捨てて、⑤ 中性粒子ビームを入射します（**上図**）。NBIはプラズマ加熱のほかに、入射方向により電流駆動にも用いられます。

高周波加熱装置

高周波によるプラズマ加熱では、イオンサイクロトロン波帯（ICRF）、低域混成波帯（LHRF）、電子サイクロトロン波帯（ECRF）が用いられます。前者2つでは、アンテナやランチャー（発射装置）をプラズマに接近させる必要があるのに対して、ECRFでは十分離すことができ、小さな入射ポートで加熱可能という利点があります。ECRFの共鳴加熱には、ジャイロトロンが用いられます。① 電子銃から入射された電子は超伝導磁石による磁場中で回転（ジャイロ）し、② 電子サイクロトロン共鳴メーザ（CRM）の原理により空洞共振器で電子の運動エネルギーがマイクロ波のエネルギーに変換されます。③ マイクロ波は利用しやすいモードに変換し、④ 電子ビームはコレクターに吸収されます。⑤ マイクロ波は内部の鏡で反射されて、人工ダイヤモンドの窓を通して出力されます（**下図**）。特に、プラズマ中では磁場強度に対応する共鳴面に加熱パワーが吸収されるので、局所的な加熱や電流駆動、不安定性制御に活用されます。ITERでは、水平ランチャーは加熱と電流駆動に、上ランチャーからは電流分布制御に用いられます。

N-NBI装置

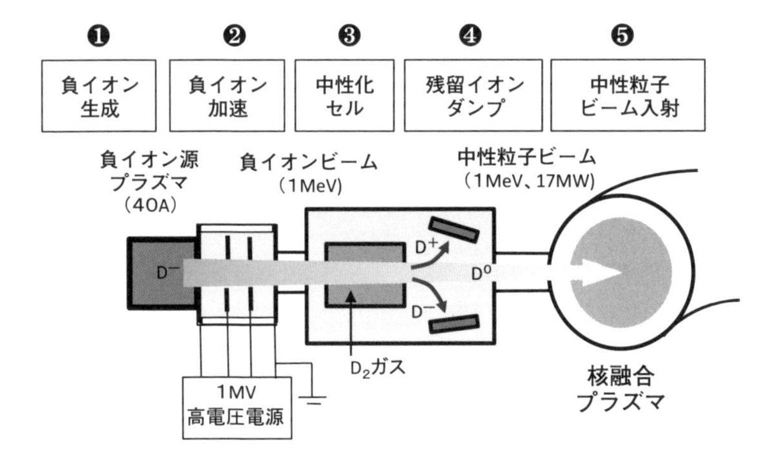

ジャイロトロン装置

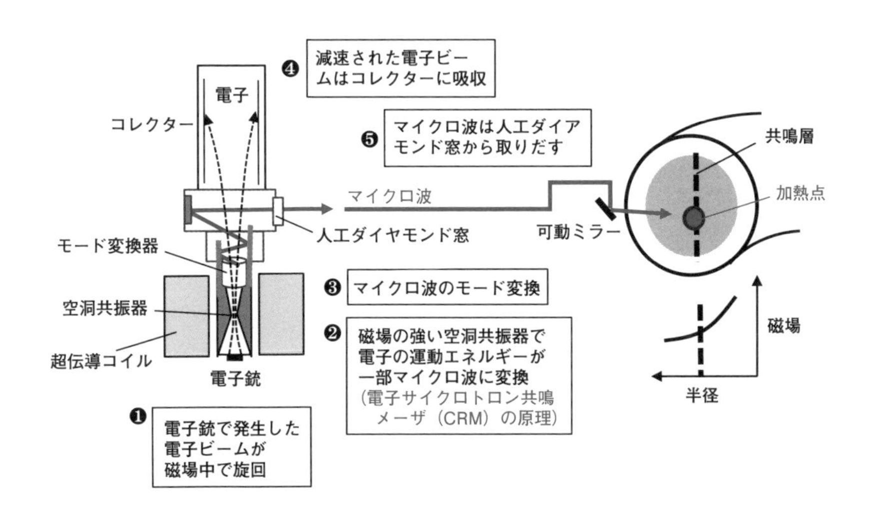

参考メモ　発振器と周波数

家庭用電子レンジでは、2.45GHz で 0.5kW 出力のマグネトロン。
ITER 用 EC 加熱では、170GHz で 1MW 出力のジャイロトロン。出力は家庭用の 2000 倍です

5-5 ＜炉工編＞

プラズマを計測・制御する？

核融合炉の出力制御にはプラズマの制御が必要であり、プラズマの温度、密度の分布をはじめ、さまざまな計測が開発されてきました。ただし、核融合炉での強放射線下で利用できない計測もあります。

いろいろな計測機器

核融合炉の制御のためには、プラズマ信号と同時に、機器の電流・電圧、流量、温度、応力などのプラント信号や超伝導コイルのクエンチ信号、地震計信号などの信頼できる工学機器信号の計測が必須です。

プラズマ計測（プラズマ診断）としては、信号の種類で分類しての測定方式と測定対象に対応しての測定機器で分類できます（**上図**）。また、プラズマの外部から探針やレーザーなどを入射する能動的な計測と、プラズマに擾乱を与えないような受動的な計測と、に分類できます。**下図**では、左に能動的計測を、右に受動的計測のイメージ図を示しました。空間的・時間的に全体を把握するには多チャンネル化や測定時間間隔の制御も必要になり、コンピュータ・トモグラフィー（3次元構造の計算機による再構成）を用いた測定結果の映像化も重要です。また、信頼性を高めるために、さまざまな異なる測定システムによる多重測定も必要となってきます。

原型炉での計測・制御機器

原型炉では中性子などの放射線下でも長期にわたり運転可能な測定機器が必要とされます。また、長時間運転での信頼性の高い計測が必要となり、積分量が必要な場合には信号のドリフトによる積分器の誤差の問題もあります。

多くの測定器の中で、核融合炉の運転制御のために必須な実時間計測と、付加的な計測や物理現象解明のための詳細な計測など、との分類分けもなされてきています。たとえば、制御に必須な情報としては、電磁計測によるプラズマ電流、周回電圧、プラズマ位置・形状、マイクロ波計測による線平均密度、中性子計測による核反応パワーなどがあります。Hα線やDα線（プラズマ周辺からの発光）の分光計測によるELM不安定性の計測、磁気プローブ（磁気探針）などによるディスラプションのプリカーサー（前駆）振動信号の観測なども必須です。全体を計測するシステムのほかに、周辺プラズマやダイバータ部に特化した計測も不可欠です。

いろいろなプラズマ計測

測定方式	測定機器（測定対象）
磁気計測	ロゴスキーコイル（プラズマ電流） ワンターンコイル（周回電圧） セクターコイル（磁束） 磁気プローブ（プラズマ電流位置、形状、揺動） 反磁性ループ（プラズマ圧力）
静電計測	静電プローブ（周辺プラズマの密度、温度）
電磁波計測	干渉、反射（電子密度） トムソン散乱（電子密度、電子温度） 電子サイクロトロン放射 ECE（電子温度） ボロメータ（放射パワー）
分光計測	ドップラー分光（イオン温度） 不純物分光（不純物）
粒子計測	荷電交換中性粒子（イオン温度） 中性子（核反応パワー）

受動計測
能動計測

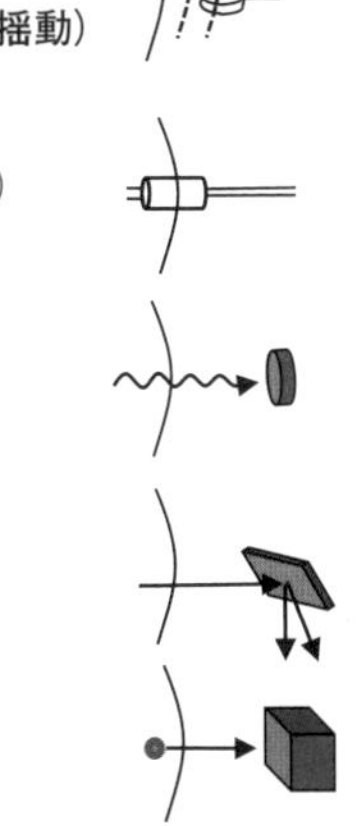

典型的なプラズマ計測

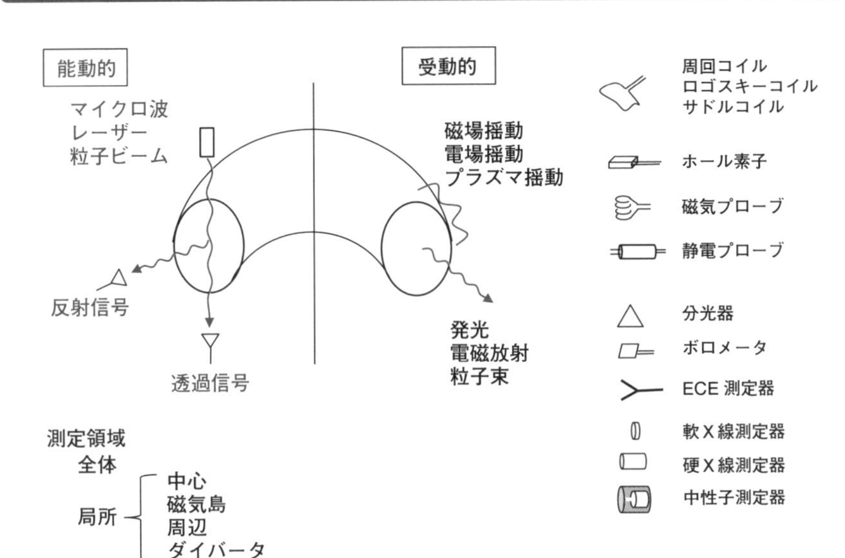

5-6 <炉工編>

第一壁は消耗する？

プラズマと壁との相互作用は、炉心プラズマと炉工学との境界領域のテーマであり、第一壁やダイバータのプラズマ対向材料の選択には、① プラズマへの影響、② 運転期間中の損傷、③ 放射化やトリチウム吸蔵、に留意する必要があります。

プラズマ対向機器の材料選択

第一壁の ① プラズマ閉じ込めへの影響については、損傷した材料の原子・分子が不純物としてプラズマ中に混入したときの、不純物放射によるエネルギー損失と燃料が希釈される効果を考慮する必要があります。ベリリウム（Be）や炭素（C）などの低原子番号（低Z）材料では高温のプラズマ中では完全に電離されてしまい、燃料希釈効果で許容量が決まります。一方、タングステン（W）などは高温領域でも電離・再結合の放射パワー損失があります（**上図**）。許容不純物の割合は、炭素（C）では～10^{-2}に対して、タングステン（W）では10^{-4}～10^{-5}です。現在までは低Z材料（主に炭素材）が用いられてきており、実験炉ITERでは第一壁にBe、ダイバータ部にWが採用されています。しかし、原型炉の場合、② 損傷と ③ トリチウム吸蔵の条件をも考慮して、高融点材料で損耗速度も遅く、トリチウム吸蔵も比較的少ないWが、第一壁でも想定されています。

スパッタリング、スウェリングとブリスタリング

プラズマに面している対向材料には、プラズマからの放射熱や粒子が入射することで材料の損耗（エロージョン）が起きます。熱的には、融点に達した材料からは、材料原子が外へと飛びだしてしまいます。一方、粒子的には、燃料イオンが材料に入射した場合、表面の原子は、物理的に玉突きのように、または、化学的に反応により弾きだされてしまいます（スパッタリング現象）。壁に入射されるα粒子や中性子が材料中に吸蔵され、そこでの反応で泡（ボイド）が作られて膨らむ（ボイド・スウェリング現象）や表層が剥離する（ブリスタリング現象）もあります。プラズマ対向材料として、スパッタリング率（**下図**）の低い材料が選ばれます。ITERでは、JETトカマクなどでの実績を踏まえて第一壁材料としてベリリウム（Be）が採用されていますが、Beは毒性があるので取り扱いに留意する必要があります。また、熱負荷の高いダイバータ部にはタングステンが用いられます。

不純物の放射パラメータ

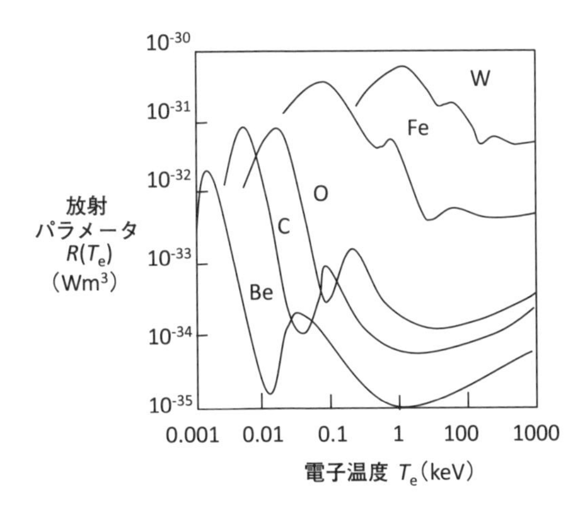

Be：ベリリウム（Z=4）
C：炭素（Z=6）
O：酸素（Z=8）
Fe：鉄（Z=26）
W：タングステン（Z=74）

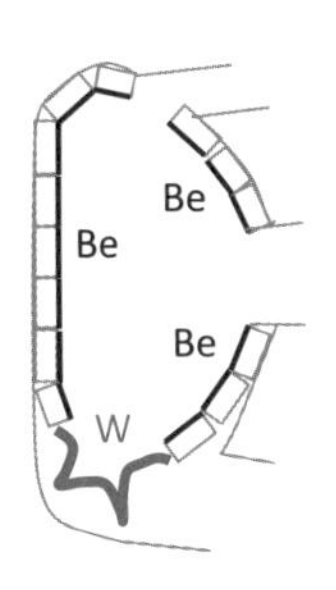

放射パワー密度
$P_{rad}=n_e n_Z R(T_e)$

ITER の第一壁（Be）と
ダイバータ（W）

材料の損耗（エロージョン）

材料の損耗（エロージョン）

熱的損耗
粒子的損耗
- スパッタリング
- スウェリング
- ブリスタリング

スパッタリング

入射粒子　反射粒子

$$\text{スパッタリング率} = \frac{\text{反射粒子}}{\text{入射粒子}}$$

重水素イオン D+ 入射

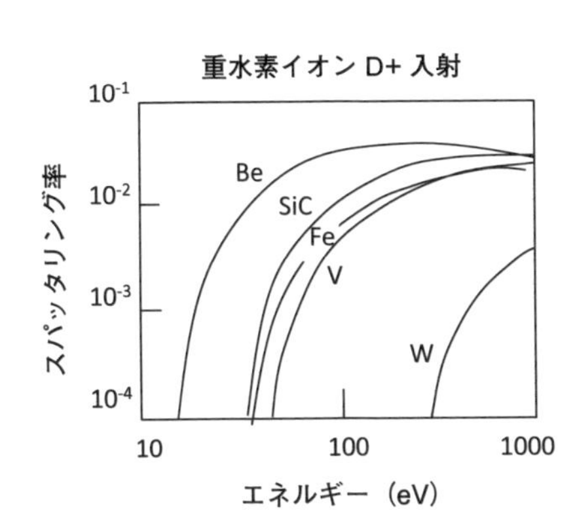

スウェリングとブリスタリング

中性子や He 照射

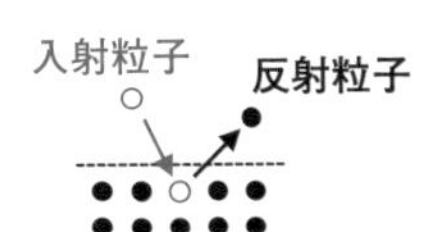

スウェリング　ブリスタリング

5-7 ＜炉工編＞

ダイバータの機器は？

核反応で生成されたアルファ粒子の灰や壁からの不純物を除去するためや、プラズマの境界を定めるリミターの役目のために、ダイバータが用いられます。周辺の磁力線を脇へ導いて（ダイバートして）排気ポンプに導くシステムです。

ダイバータの構造

ダイバータの役割は**4-5節**にまとめて述べましたが、プラズマ閉じ込めの観点からは軸対称性を壊さないこと、不純物除去と熱除去の観点からはセパラトリックスとダイバータ板をつなぐ磁力線の距離を長くすること、そして、ダイバータ領域を大きくできることが望まれています。工学設計としては、熱や中性子の負荷量、保守・交換の頻度と方法が検討されてきています。ITERなどの標準トカマク設計では、軸対称で上下非対称なシングルヌル・ポロイダルダイバータであり、定期交換のために、垂直ターゲット、バッフル、ドームなど全てを含むカセット構造が採用されています（**上図**）。ドームや反射板を用いて、排気効率を高め、排気装置（クライオポンプ、ターボ分子ポンプ）に導く構造になっています。受熱板には低スパッタリング材としてのタングステンが用いられ、冷却管にはねじりテープ鋼を挿入して冷却水を旋回させて除熱効率を向上させたスワール冷却管が用いられています。

ダイバータ板の熱負荷

ITERの場合、熱負荷は第一壁で最大0.5MW/m^2であり、ダイバータ部では垂直ターゲットの下部が最も高くて最大10MW/m^2です。ただし、ディスラプション（**4-10節**）の際の熱負荷は桁違いに高く、ITERの場合には1msで10GW/m^2で、10msで1GW/m^2の高熱負荷です。ディスラプションに伴うVDE（垂直変位事象、**4-11節**）時の熱負荷も時間が1秒以下とはいえ、宇宙船の大気圏再突入の熱負荷と同等と考えられています（**下図**）。プラズマ周辺でのディスラプションに相当するELM（周辺局所モード）による熱負荷も高い値ですが、運転方法によりELMを抑止することは容易です。核融合原型炉でも実験炉ITERとほぼ同等の熱負荷であり、第一壁の熱負荷は現在の軽水炉に比べて高く、ダイバータ部でも高速炉よりも高い熱負荷です。原型炉ではITERと異なり、ディスラプションを許容することはできません。

ダイバータカセットの構造（ITER）

物理設計
- 磁場設計
  - レッグ長を長くする
  - 磁力線と板との角度を低く
- 不純物注入による放射損失利用
- 非接触ダイバータプラズマの生成

工学設計
- ダイバータ板の熱設計
- ダイバータの冷却設計
- ダイバータの中性子設計
- ダイバータの定期交換
  （カセット方式）

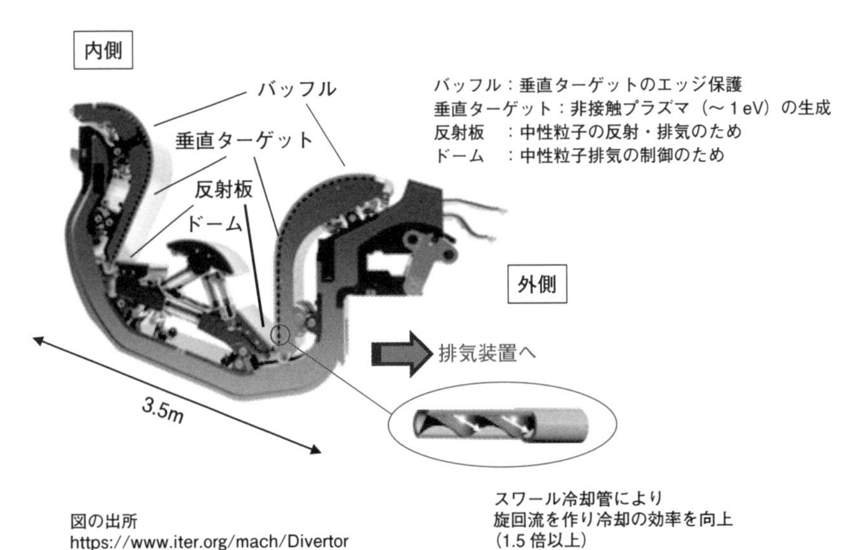

ダイバータ・第一壁での熱負荷

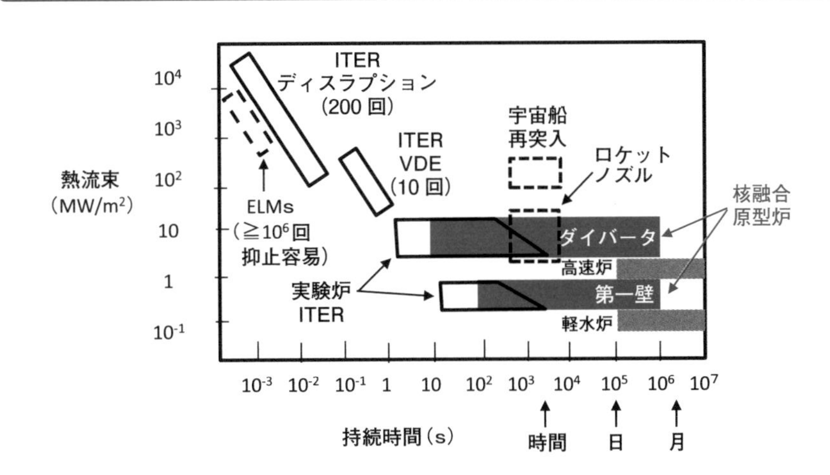

5-8 ＜炉工編＞

ブランケットの役割は？

高速増殖炉では、遮蔽と燃料増殖のために通常の燃料棒の外側にブランケット燃料を設置します。構造は異なりますが、核融合炉のブランケットでは、① エネルギーの回収、② 燃料増殖、そして、③ 中性子遮蔽の役割を果たします。

▶▶ エネルギー回収、トリチウム増殖と中性子遮蔽

DT燃料の核融合炉では、生成エネルギーの20%が荷電粒子により、80%が中性子により放出されます。荷電粒子のエネルギーは磁力線に巻きついてプラズマの加熱に使われますが、中性子のエネルギーは直接プラズマの外に放出されます。この中性子を1m近くの厚みの**ブランケット**（一面を覆うもの、毛布などの意味）で捕獲し、熱に変換してエネルギーを回収します。ブランケットが薄いと中性子を捕獲できなくて漏れてしまい、極低温の超伝導マグネットを損傷してしまいます。

トリチウム（T）は地球にはほとんど存在しないので、発生した中性子を利用してリチウム（Li）から増殖します。天然リチウムの7.5%にあたる^{6}Liでは1個の中性子から1個のリチウムが生成できますが、装置の加熱ポートなどの空間的制限からブランケットを設置できない部分があり、全ての中性子をトリチウムに変換することはできません。DT核融合炉では**トリチウム増殖比（TBR）**が全体として1.1以上、局所的には1.3から1.4以上が必要です。天然に97.5%ある^{7}Liでは高速中性子による反応に限定されています。そこで、中性子をベリリウム（Be）や鉛（Pb）などに捕獲させて1個を2個以上に増倍します（**上図**）。

ブランケットには増殖材の形態から固体ブランケットと液体ブランケットがあります（**下図**）。固体ブランケットでは、リチウム化合物（酸化リチウムLi_2O，チタン酸リチウムLi_2TiO_3など）を焼結した小球体を用い、生成したトリチウムはヘリウムガスでパージして回収します。一方、液体ブランケットでは、金属Li、LiPb、溶融塩FLiBeなどが増殖材として用いられ、液体を循環させてブランケット外でトリチウムを回収します。ブランケット構造を簡略化でき、運転中にLi含有量の調整できます。ブランケットの役割は、冒頭に記した3項目のほかに、④ 第一壁を設置してプラズマからの熱的負荷を受け止める、⑤ 導電性壁によるプラズマの安定性を確保する、⑥ 磁性体を設置して磁場の不均一を補正する、などがあります。

ブランケット内での燃料増殖

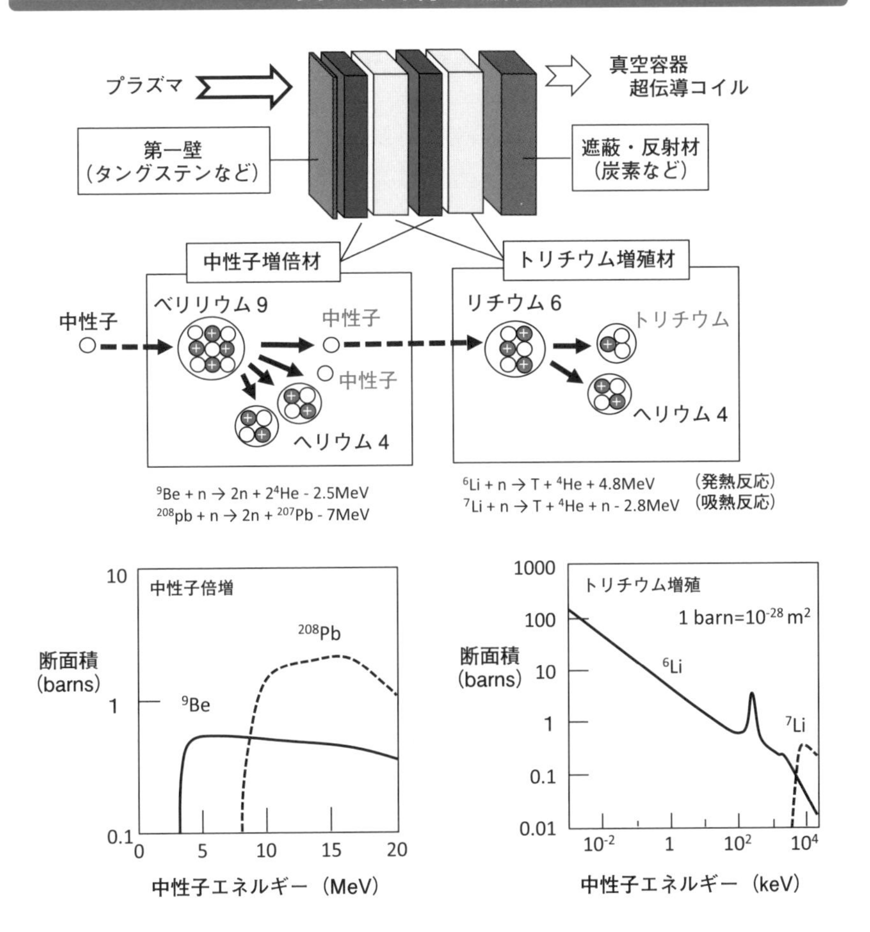

ブランケットの形態

固体ブランケット

リチウム化合物（酸化リチウム Li_2O、チタン酸リチウム Li_2TiO_3 など）を焼結した小球体を敷き詰める（ペブルベッド）
中性子増倍材層と Li 増殖材層を交互に設置
増殖材内にヘリウムガスを循環させてトリチウムを回収
熱除去には冷却媒体（ヘリウム、加圧水）必要

液体ブランケット

金属 Li、LiPb（共融点合金）、溶融塩 FLiBe など
冷却媒体としても利用可能
運転中にも Li 量の調節可能
強磁場下での液体金属循環と材料腐食が課題

5-9 <炉工編>

構造材が放射化される？

DT核融合炉では原子炉のような長寿命の燃料放射性廃棄物はでませんが、14MeV中性子は原子炉の中性子に比べてエネルギーが高く、材料の放射化が懸念されます。低放射化や耐高熱の材料開発が不可欠です。

低放射化材料の開発

ブランケットの構造材としてなにを用いるかで、炉停止後のブランケット近傍の放射線の線量率は大きく異なります。核計算により低放射化元素としてSi, V, Cr, Ti, Fe, Cなどが選択され、これらの元素の組み合わせとしての構造材料として、**低放射化フェライト鋼**（RAFM、Fe-Cr-CにWなどを添加）、**バナジウム合金**（基本組成はV-Ti-Cr）、**炭化シリコン複合材**（SiCの繊維とマトリックスとの複合）の3つが提案されてきています。これらを構造材料として用いたブランケットにおいて、中性子照射を2MW/m^2で5年間受けた場合の線量率の減衰を、オーステナイト系のステンレス鋼（SUS316）の曲線を含めて**上図**に示しました。これらの低放射化材料を利用することで、オーステナイト鋼に比べて放射化を4桁から6桁まで低減できます。特にSiC材料では、ホットセルでの作業が数カ月後には可能となります。

材料の中性子照射量と使用限界温度

タービンによる発電では、冷媒の使用温度を上げることで発電効率を向上することができます。**下図**には、低放射化フェライト鋼を中心に、中性子照射量と運転温度可能領域が示されています。一般に、中性子照射により、**DBTT（延性脆性遷移温度）**が上昇して、常温で脆くなってしまいます。高温領域では、**熱クリープ**により使用が制限されます。ITERの運転ではオーステナイト鋼の使用が可能ですが、原型炉では中性子照射量が10MW年/m^2以上（100dpa以上）となり、材料開発が不可欠です。V合金やSiC/SiC複合材ではRAFMよりも高温での運転が可能となります。RAFM使用では300℃～600℃の冷媒で**ランキンサイクル**の飽和蒸気タービンにより33%の発電効率が可能ですが、V合金では超臨界タービンにより40%が、SiC材では**ブレイトンサイクル**によるガスタービンにより50%の発電効率が可能となります。魅力的な核融合システムの開発には、材料の選択が極めて重要なのです。

ブランケット構造材の放射化

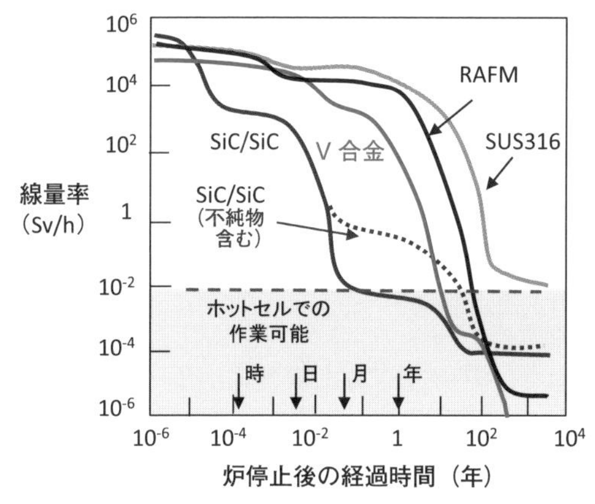

SiC/SiC：炭化ケイ素複合材

V 合金：バナジウム合金

RAFM：低放射化フェライト鋼（Reduced Activation Ferritic Martensitic steel）

SUS316: オーステナイト系のステンレス鋼（Steel special Use Stainless）

核融合炉第一壁領域で中性子照射を 2MW/m² で5 年間受けた場合のブランケット材の線量率の減衰 ← ブランケットの定期交換の中性子フルエンスは10MW年/m²

構造材料の耐熱温度と中性子壁フルエンス

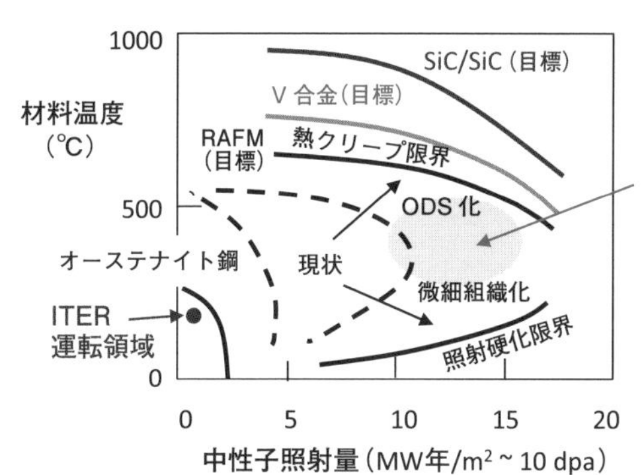

RAFM ベースの原型炉ブランケット（10～15MW年/m²）

ODS: 酸化物分散強化

MW年/m²: 1MW/m² で 1 年間照射

dpa: displacements per atoms 原子 1 個のはじきだし量

ブランケット構造材
(低誘導放射化、高温熱効率、耐中性子壁負荷)

材料	温度	効率	タービン
低放射化フェライト鋼	300℃～ 600℃	33%	飽和蒸気タービン
バナジウム合金	600℃～ 800℃	40%	超臨界タービン
炭化シリコン複合材	800℃～ 1000℃	50%	ガスタービン

5-10 ＜炉工編＞

磁場コイルの形状と材質は？

トカマクには４種類の磁場コイルがあります。メインの磁場発生用のトロイダル磁場コイル、位置と断面形状制御用のポロイダル磁場コイル、プラズマ電流誘導用の中心ソレノイド、そして磁場補正用のコイル群です。

コイルの種類と形状

磁場コイルの例として、ITERのコイルを右頁に示します（**上図**）。主磁場発生のための**トロイダル磁場**（TF）**コイル**は、トロイダル方向の磁場を作るポロイダル方向（小円周方向）に巻かれたコイルです。TFコイル通電時には大半径内側方向への向心力と小半径外側方向への拡張力の電磁力が働き、全体運転時には転倒力も働きます。中央の支持筒かコイル自身のクサビで向心力は支持されます。ITERではNb_3Snの**ケーブル・イン・コンジット（CIC）**導体のコイルが設置されます。

第２の**ポロイダル磁場**（PF）**コイル**は、プラズマ位置や断面形状を制御するためのコイルであり、ダイバータのXポイントの位置の調整も行われます。コイルが幾何学的にリンクしないように、PFコイルはTFコイルの外に設置されます。ITERではパルス運転用にNbTi導体で６個設置されています。

第３の**中心ソレノイド（CS）コイル**は、トランスの原理を用いてプラズマ中に誘導電流を流すために利用されます。PFコイルと同様に時間変動のある磁場を発生させる必要があり、コイルでの交流損失を防ぐための設計が必要になります。

最後は**補正コイル（CC）**です。PFのコイル製作や据えつけ時の誤差による不整磁場を補正します。ITERの場合には、TFコイルの回りに３つのグループ（トップ、サイドおよびボトム）に配列した18個のNbTi超伝導導体のマルチターンコイルから構成されています。そのうちの６つのサイドコイルはプラズマ抵抗壁モード（RWM）制御のために利用されます。

超伝導材料には３つの制限：臨界温度（超伝導状態を示す最高温度）、臨界磁界（超伝導状態を示す上限の磁界）、臨界電流密度（超伝導状態で流せる上限の電流密度）がありますが、超伝導材の磁束密度と臨界電流密度を**下図**に示しました。最近では、核融合用に液体窒素温度で運転可能なYBCO（ワイビーシーオー、イットリウム系銅酸化物）のHTS（高温超伝導）のコイルの製作が進められています。

ITERでの磁場コイル

トロイダル磁場コイル
(TF Coils)

Nb_3Sn、18個

ポロイダル磁場コイル
(PF Coils)

NbTi、6個

中心ソレノイド
(CS)

Nb_3Sn、6個

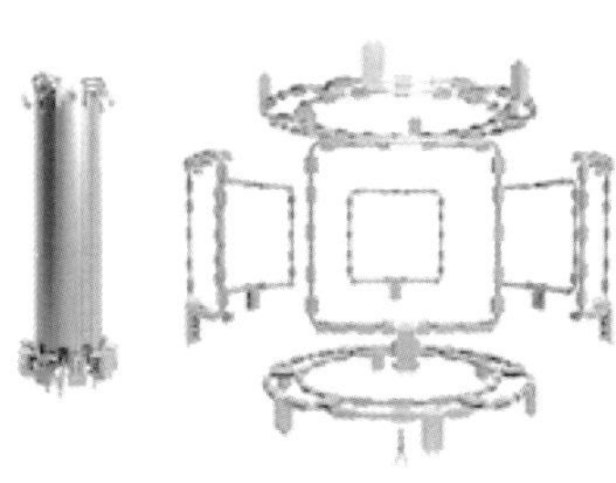

補正コイル
(CCs)
(Top, Side, Bottom)
NbT_i、3ブロック×6個

CC s : Correction Coils

イラスト © ITER Organization

超伝導コイルの導体

臨界温度

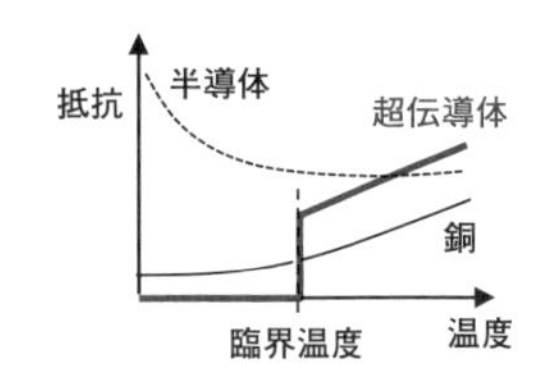

臨界電流密度

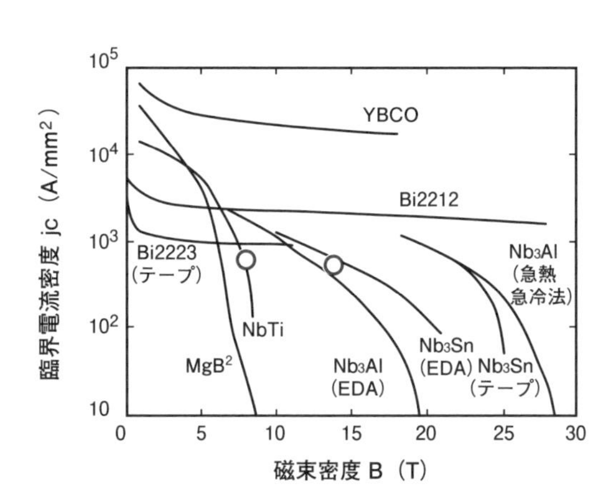

YBCO：イットリウム系銅酸化物（Y-Ba-Cu-O系）
EDA：ITERでの工学設計活動での実績

参考メモ　低温超伝導コイルの最大磁場

ヘリウム温度（4.2K）での超伝導コイル線材では、
500A/mm²としての 最大磁場はNbTiで～8T、Nb_3Snで～14T

5-11 <炉工編>

さまざまな遮蔽は？

核融合炉からの粒子や電磁波から、機器や生体を保護するために遮蔽が必要になります。典型的には、核融合炉に特有な中性子、磁場、熱などの機器や人体への効率的な遮蔽が不可欠です。

放射線の遮蔽

荷電粒子としての**アルファ線**（ヘリウム４粒子）は紙で遮蔽でき、**ベータ線**（電子線）はアルミニウムなどの薄い金属板で遮蔽できます。核融合燃料であるトリチウムからのベータ線はエネルギーが低くて（平均5.7keV）、紙だけで遮蔽されます（**上図**）。電磁波であるX線や**ガンマ線**は鉛や鉄を用いて遮蔽する必要がありますが、そのエネルギーを熱エネルギーに変換することにより行われます。鉛は波長の短い電磁波に対して吸収材として効果的であり、純度が高い鉛では中性子照射による放射化が起こらないという長所もあります。

一方、**中性子線**は電荷をもたない粒子線なので、物質を透過する能力が高く、遮蔽するためには物質中での散乱と吸収を利用する必要があります。原子炉の場合には高速中性子は平均2MeVであるのに対して、DT炉で生成される中性子は14MeVで高エネルギーです。核融合中性子は1mほどの厚みのブランケット内でリチウムに捕獲させてトリチウム燃料増殖に用いられますが、隙間などから漏れでてくる中性子は、超伝導コイル保護のためにも、原子量の小さな物質（水、ベリリウム、黒鉛、パラフィンなど）による散乱により遮蔽する必要があります。

磁場の遮蔽

トカマクのようにトロイダル（円環）構造の磁場では、トロイダルコイルのみでは漏洩磁場はありません。しかし、プラズマ電流と平衡磁場コイルや中心ソレノイドコイルからの縦磁場は無視することはできません。ポロイダル磁場設計では、遠方での漏洩磁場が最小になるように最適化されますが、プラズマディスラプション時や、超伝導コイルのクエンチ時の装置周辺の磁場環境についても留意が必要です。電場や磁場の非電離放射線については、国際非電離放射線防護委員会（ICNIRP）のガイドラインがあり、ばく露限度値が勧告されています（**下図**）。一般公衆への定常磁場の限度は、地磁気の約１万倍の0.4テスラです。

放射線の遮蔽

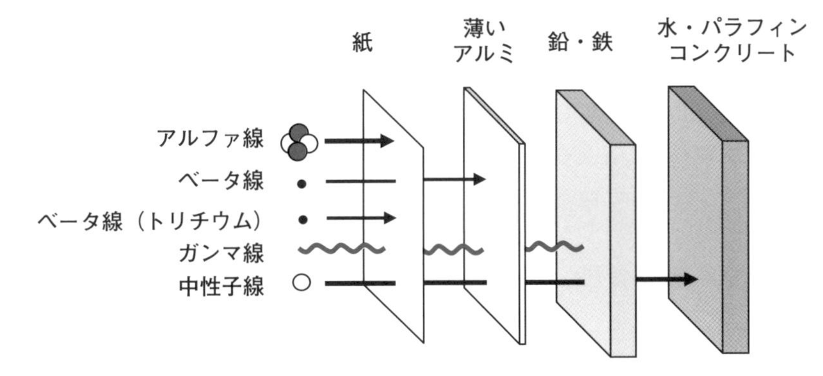

核融合炉では

中性子は、　厚さ～1mのブランケットで吸収・反射
真空容器外側の遮蔽層で超伝導コイルを保護
建屋のコンクリートで生体遮蔽

トリチウムは、　通常のベータ線（～MeV）に比べてエネルギーが
低く（<20keV）、紙で遮蔽可能。
水分子と結合しやすい（HTO、HT など）

磁場のばく露ガイドライン

国際非電離放射線防護委員会（ICNIRP2010）
磁場のばく露ガイドライン

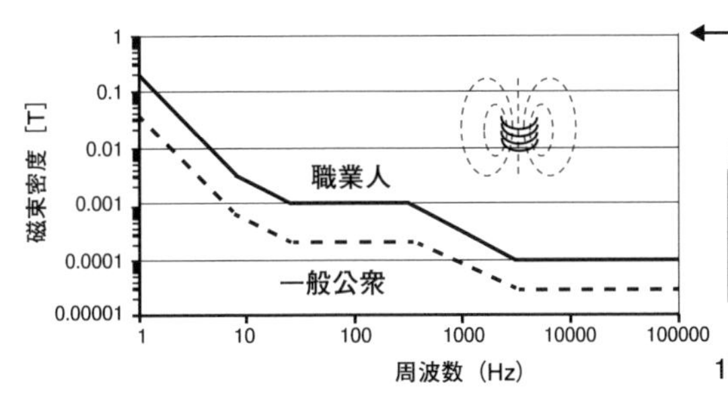

← 磁気圧
4 気圧

定常磁場（0 ヘルツ）の指針

職業人	頭、体	2T
	四肢	8T
一般公衆		0.4T

1T＝4 気圧、 1 気圧＝10^5 Pa

磁束密度 1T＝800kA/m 磁界強度

5-12 ＜炉工編＞

発電システムは？

核融合炉は、原子炉と炉心の構成は異なるものの、BOP（バランス・オブ・プラント）と呼ばれる周辺機器は技術的に類似しています。発電にはタービン発電などが利用されますが、核融合炉特有のシステムも構想されています。

▶▶ 在来のタービン発電

核融合炉の発電には、原子炉や高速炉と同様の1次冷却媒体として、水、液体金属、ヘリウムガスなどが用いられ、蒸気発生器などを介して、2次冷却媒体でタービンを回して発電します。理想の熱機関（**カルノーサイクル**）での発電効率は入口の温度と出口温度で定まるカルノー効率で規定されるので、冷却媒体の高温化が有用です。実際には、最大効率40%ほどの蒸気タービンによる**ランキンサイクル**や、50%近くの高効率のガスタービンによる**ブレイトンサイクル**が使われます（**上図**）。多段のブレイトンサイクルやガスと蒸気とのサイクルの組み合わせ（バイナリーサイクル）による高効率化も行われています。また、1000℃近くの高温の熱エネルギーを扱うことで、発電以外に水素製造が可能となります。

▶▶ 核融合に特有な発電方式

理想の核融合反応は、材料の放射化を誘起する中性子が生成されない反応であり、生成される荷電粒子のエネルギーはプラズマの加熱に利用され、プラズマから損失する荷電粒子を静電的に捕獲して、**直接エネルギー変換**を行うことができます。ミラー核融合炉の端の磁力線を膨張させて、電子は負のポテンシャルで押し返すか、あるいは急峻に曲げた磁力線に巻きつけて捕捉して、イオンはエネルギーの違いでコレクターに捕獲して電圧を生成することができます（**下図上側**）。

一方、磁場閉じ込めと慣性閉じ込めとを融合させた核融合方式では、磁場を含んだプラズマが核融合反応で動的に運動することで、磁化プラズマとパルス磁場コイルとの電磁誘導現象を利用した**電磁結合発電**（**下図下側**）や、プラズマと液体金属壁との**力学的ピストン発電**が構想されています。そのような原理を用いてのコンパクトトーラス（CT）核融合や磁化標的核融合（MTF）の原型炉計画もスタートアップ（アメリカのヘリオン・エナジー、カナダのゼネラル・フュージョン）として進められています。

タービン発電

熱機関発電

蒸気タービン発電　水冷却、液体金属冷却
ガスタービン発電　ヘリウムガス

カルノーサイクル（理想のサイクル）

$$最大効率 = 1 - \frac{出口温度（K）}{入口温度（K）}$$

ランキンサイクル（蒸気タービン）
ブレイトンサイクル（ガスタービン）
バイナリーサイクル（ガス・蒸気の組み合せ）

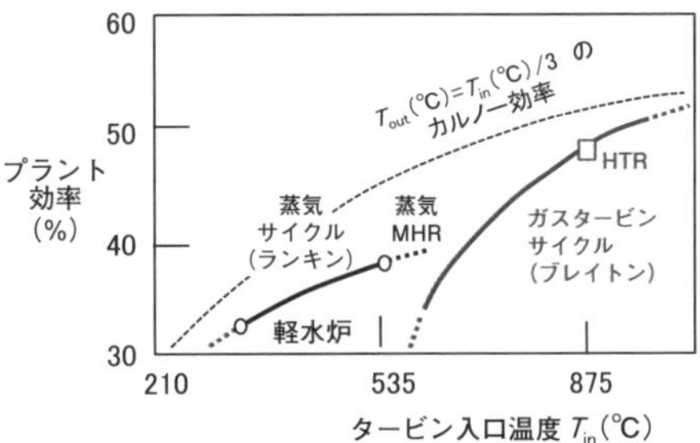

MHR：Modular Helium Reactor
　モジュラーヘリウム炉
HTR：High Temperature Reactor
　高温ガス炉

先進燃料核融合での発電

直接エネルギー変換

定常直線型に最適

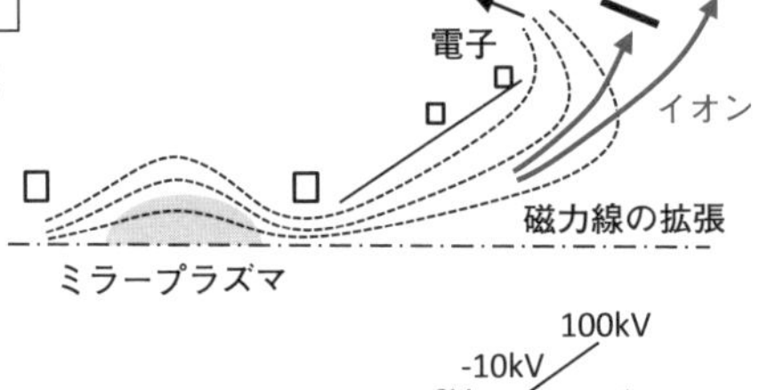

電磁結合発電

パルスＣＴ（コンパクトトーラス）型に最適

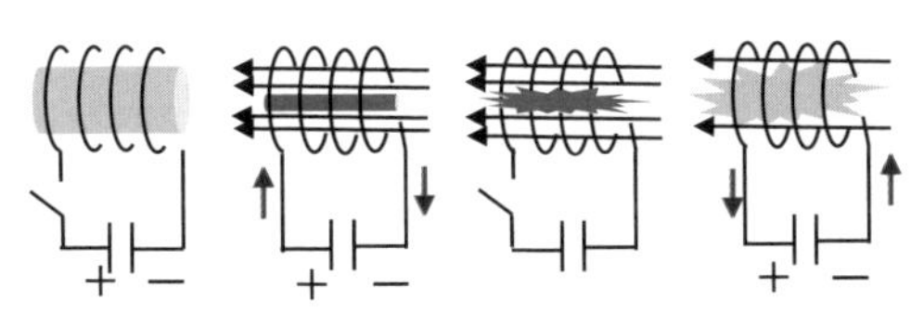

核融合での膨張エネルギーを
電磁誘導の原理で発電に利用します。

高ベータで D^3He 核融合プラズマで
有効です。

米国スタートアップ Helion Energy では
装置トレンタの後継装置ポラリスで
電磁結合発電の実証を計画しています。

遠隔操作が必要？

核融合炉のブランケットやダイバータなどの炉内構造物は、核融合反応で生成される熱や中性子により損傷を受けるので、定期的に交換する必要があります。重量物を精度良く交換するロボット技術が必要とされています。

ロボットの必要性

核融合炉内の材料は、核融合反応により発生する中性子により放射化されます。核融合反応を停止した後でもガンマ線の線量率が最大で500Gy/hに達します。このため、これらの炉内構造物が損傷や故障した場合には、人が炉内に近づくことができないので保守用ロボットが必要になります（**上図**）。通常と異なり、大型重量物を高精度で操作するロボットが必要であり、配管のレーザー溶接・切断を行うための望遠鏡つきの特殊なロボットも必要です。

ITERでのブランケットとダイバータの交換

核融合炉の定期交換機器として、第一壁・ブランケットとダイバータがあります。両方を内蔵した真空容器のトロイダルセグメントを引き抜く原型炉設計案もありますが、重量が膨大で、大型の**ホットセル**（放射性物質の取り扱い施設）も必要となります。一方、実験炉ITERでは真空容器はカット化せずに、保守用のポートを利用して、ブランケットモジュールとダイバータカセットの交換を予定しています。ブランケット前面には第一壁とその冷却パイプが設置されています。ITERの場合、中性子遮蔽がメインであり、トリチウムの増殖は行いません。水冷却のステンレス鋼ブロックのモジュールは440個あり、1個4.5トンのモジュールを交換する必要があります。モジュールは取り外し可能なレール上を動くマニピュレータを利用して交換します（**下図上側**）。設置制度は±0.25mm以下であり、非常に難しい作業が必要となります。1個交換するのに8週間、トロイダル方向1列では3カ月、モジュール全部の交換にはおよそ2年間かかることが想定されています。

同様に、下部に設置されているダイバータ部のカセットは54個あり、1個10トンであり20年運転で3回の交換が予測されています。ダイバータ保守用ポートを利用してカセットの交換を行います（**下図下側**）。

遠隔操作の必要性

炉停止後も真空容器内の放射線量率は～ 500Gy/ h

Gy：グレイ、放射線エネルギーの吸収線量
1Gy＝1J（ジュール）/ k g
ガンマ線の場合 1Gy＝1Sv（シーベルト）

定期交換　第一壁（損傷部のみ）
ダイバータ（損傷部のみ）
ブランケット（増殖トリチウムの回収）

設備利用率を 75%以上確保できるように、
交換は 2 年間隔で 6 カ月以内で

事故時　放射線下での作業にはロボット必要

廃炉時　放射線減衰後に作業、必要に応じてロボット利用

ITERでの保守交換

ブランケットモジュール交換　(440 個の遮蔽ブランケットモジュールの交換)

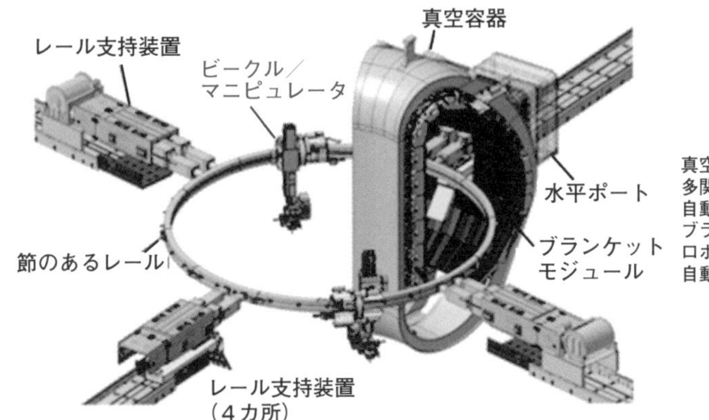

真空容器内に円形の
多関節レール（軌道）を
自動展開して、
ブランケット交換の
ロボットを入れ、
自動で作業します

ダイバータカセット交換　(54 台のダイバータカセットの交換)

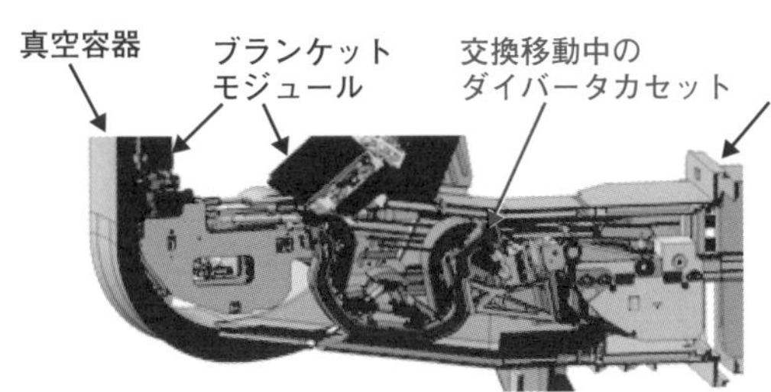

ダイバータカセットを
ポートから引きだして
交換します

図の出典：ITER ホームページ
https://www.iter.org/

COLUMN 5

核融合技術は波及する！（大型超伝導マグネット、加熱装置）

核融合開発は数多くの学問分野の基礎の上に築かれています。原子核物理学やプラズマ物理学、電磁気学のほか、電力工学、低温工学、材料工学、計測・制御工学、計算機・情報工学などです。核融合技術で支えられている機器としては、超伝導マグネット、ダイバータ、大出力加熱装置としてのイオンビームや高周波発振器、計測・制御機器などがあります。これらは「超」のつくさまざまな技術で作られており、生命、環境、エネルギー、情報通信などのほかの分野への技術波及がなされています（**図**）。たとえば、超大型の超伝導コイルの技術は、生命分野の医療用超伝導磁気共鳴画像（MRI）の技術として、また、環境分野でも必要な超伝導磁気エネルギー貯蔵（SMES）の技術として利用されています。超伝導システムはこれまではヘリウム温度の低温超伝導材料でしたが、近年、開発されてきた液体窒素温度の高温超伝導（HTS）の材料を用いた大型磁場コイルの開発も進められており、ある分野からの技術を導入して、核融合炉として大型化、実用化の開発を行い、その技術を他分野へと波及することもなされてきています。高出力の加熱装置としてのイオンビームの技術は半導体製造技術として、高周波発振器の技術は宇宙での通信・電力伝送として活用が期待されてきています。

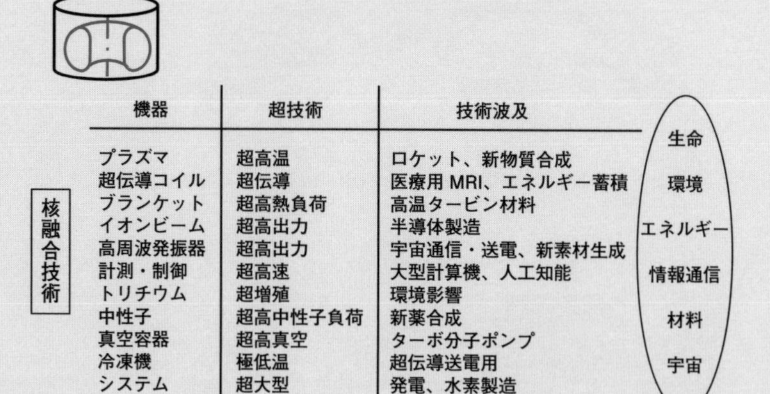

第6章

<炉工編>

核融合炉発電の可能性（核融合システム工学）

核融合炉の設計には、基本設計（概念設計）から始まり、詳細設計、製造設計が必要です。基本設計として、システム全体の概要を見通すためには、工学機器の概要決定や経済性確認のためのシステムコードが用いられます。放射線に関するコードにより、安全性の確認もなされます。

6-1 ＜炉工編＞

核融合炉設計案はいろいろ？

核融合原型炉DEMO設計では、核融合の長所（豊富な資源、固有安全性、環境保全性など）を生かし、技術的課題を克服して、経済的課題へ挑戦することが期待されており、高出力密度、高効率、高稼働率の設計が必要とされています。

核融合原型炉は国際協調から国際競争へ

ITER設計案として、かつて最終設計報告書（FDR）で大型のITER-FDR（半径R=8.14m、プラズマ電流Ip＝21MA、プラズマ体積V_P～2000m^3、Q～∞）が提案されてきましたが、よりコンパクトで低価格の核融合エネルギー先進トカマク（FEAT）のITER-FEAT（R=6.2m、Ip＝15MA、V_P=840m^3、Q=10）に設計変更がなされてきた経緯があります。

その延長上の標準的なトカマク原型炉（ITERベースの原型炉）として、日本の**JA-DEMO**炉（**図**）や欧州の**EU-DEMO**炉があります。これらは以前のITER-FDRと同規模です。設計では、核融合出力は1.5～2.0GWであり、電気出力は0.5GWです。それぞれプラズマのアスペクト比Aは3.5と3.1、規格化ベータ値β_Nが3.4と2.5、閉じ込めのHファクター（改善係数）が1.3、1.0の設計です。トロイダル磁場コイルの最大磁場はニオブスズ超伝導の13T、12Tとしています。中性子壁負荷はともに1MW/m^{2}です。中国や韓国でも**CFETR**（China Fusion Engineering Test Reactor）、**K-DEMO**（Korean demonstration reactor）として設計案が検討されてきています。一方、米国では歴史的には標準的な大型設計と同時に、より小型の設計がなされてきています。特に、アルカトール強磁場路線上の設計案として、高温超伝導によ**ARC**発電炉設計計画があります（**次節参照**）。他方、低アスペクト比の常伝導球状トカマク装置としての英国START、MASTや米国NSTXでの実験を踏まえて、高温超伝導コイルによる**STEP**計画も進められています。ITERの後継としての原型炉の米国の公式設計案は、現在は公表されていません。

原型炉設計は、ITERのような国際協力ではなく、ITERとIFMIFの結果を踏まえての、各国独自の設計が進められようとしています。2050年のカーボンニュートラル達成をめざして、さまざまなエネルギー変革が進められていますが、核融合原型炉が2050年頃までに運転され、2100年以前に核融合商用炉の市場導入がなされて、カーボンニュートラルに寄与できることを期待したいと思います（**下図**）。

トカマク型原型炉の例（ITERよりも大型）

日本　JA-DEMO 原型炉の炉本体
（核融合出力 150 万キロワット）

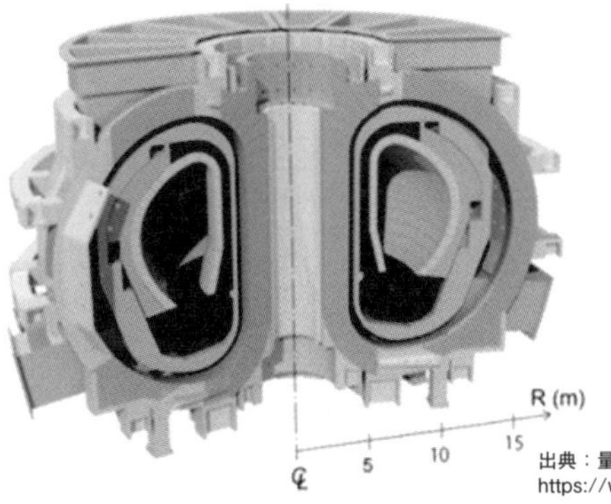

主半径：8.5m
小半径：2.42m
核融合出力：1.5GW
発電端出力：0.6GW

中心トロイダル磁場：6T
プラズマ電流：12.3MA
加熱・電流駆動パワー：＜100MW
規格化ベータ値：3.4
規格化密度：n /n ＝1.2
閉じ込め改善度：1.3
冷却水：加圧水（15MPa、300℃）
稼働率：～70%（4 セクター並列保守）
運転方式：定常運転
三重水素増殖比：1.05

出典：量子科学技術研究開発機構
https://www.qst.go.jp/

諸外国		
欧州	EU-DEMO（～9m、～6T）	
韓国	K-DEMO（6.8m、7.4T）	
中国	CFETR（7.2m、6.5T）	
米国	大型設計は検討中	

ITER よりも大型の設計例
（主半径≧6.2m、磁場≧5.3T）

日本の電力量の推移予想

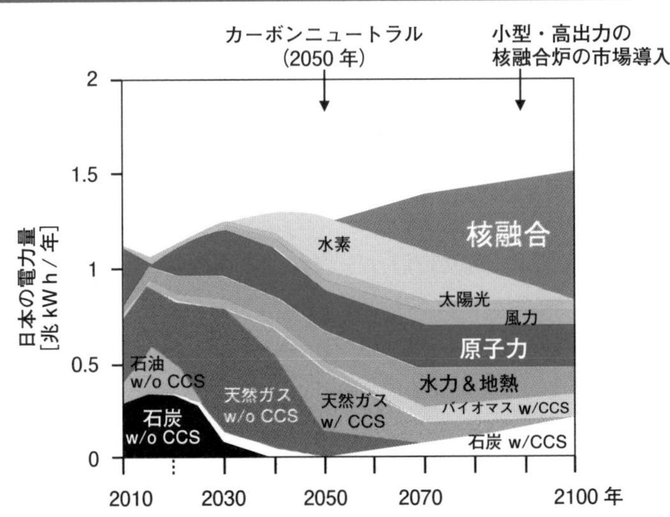

出典：（地球環境産業技術研究機構、2018 年）

参考メモ　日本政府の電源目標

上図とは異なり、日本政府は、現在、2050 年カーボンニュートラルを見据えて 2030 年の電源予測を 0.93 兆 kWh として、石炭（19%）、石油（2%）、天然ガス（20%）、原子力（20～22%）、水素・アンモニア（1%）、再生可能エネルギー（36～38%）の目標が設定されています

6-2 ＜炉工編＞

コンパクト設計案は？

核融合炉を小型化できると、建設費を抑えて短期間で建設が可能となります。核融合炉のパワー密度は粒子密度の２乗と反応率との積に比例し$n^2\langle\sigma V\rangle \propto n^2T^2 \propto \beta^2B^4$となるので、磁場Bを上げるか、ベータ値$\beta$を高める必要があります。

強磁場トカマクのコンパクト設計

コンパクト設計の１つとして、強磁場設計があります。トカマク装置では、トロイダル磁場コイルの最大磁場強度により、プラズマ中心での磁場強度が定まります。ITER装置でも使われているNb_3Snの低温超伝導（LTS）コイルでは最大13Tであり、プラズマ中心では5～6Tです。一方、液体窒素で冷却した板状のビッターコイルでは最大20Tほどの磁場が発生でき、米国MITのアルカトール装置ではプラズマ中心で12T近くの磁場強度です。米国では歴史的に、強磁場コンパクトな装置設計がなされてきました。アルカトール実験での強磁場路線を踏襲して、CIT（1987）、BPX（1992）、IGNITOR（1999）、FIRE（2002）（いずれも液体窒素冷却の常伝導磁場コイル設計）として装置の建設が提案されてきましたが、その延長上に高温超伝導（HTS）によるSPARC設計（R＝1.9m/B＝12T）から**ARC発電炉**設計（R=3.2m/ B=9.2T）へとつなげる計画があります（**上図**）。

球状トカマクのコンパクト設計

一方、プラズマ圧力と磁場の圧力との比（ベータ値β）を上げるコンパクト設計では、プラズマの安定性限界を上げる必要があります。電流分布を変えて負磁気シア運転をする方法が先進トカマクであり、他方、プラズマの主半径Rと副半径aとの比としてのアスペクト比$A=R/a$を小さくすると同時に楕円度κを上げる方法が球状トカマク（ST）です（**下図**）。

常伝導コイルによる球状トカマク装置としての英国のSTART、MASTや米国のNSTXでの実験を踏まえて、高温超伝導コイルによる**STEP**計画も進められています。規格化ベータ値β_Nの限界は、通常のトカマクでは3.5ですが、START実験では6.0が達成されています。装置の空間的な制約からブランケットの設置が限定的となり、トリチウム増殖比を1.2以上にするのは容易ではありません。トリチウム増殖のいらない高ベータのD^3He炉設計に適しています。

強磁場トカマクのコンパクト設計

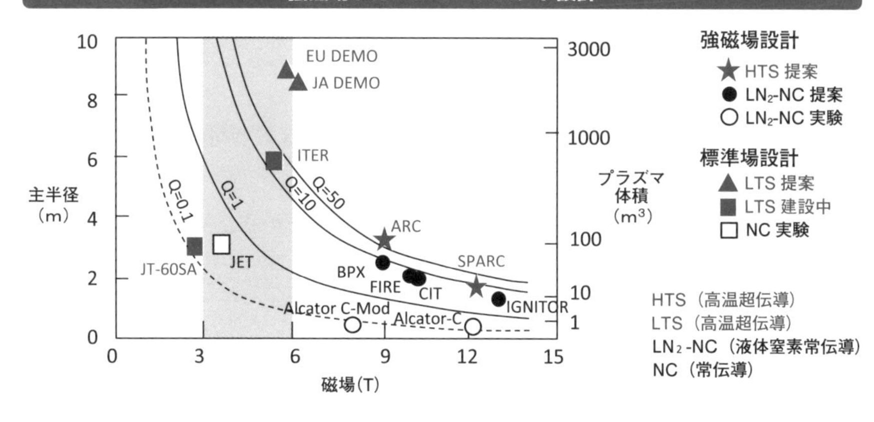

● 液体窒素常伝導（LN_2-NC）強磁場設計

CIT（Compact Ignition Tokamak、米）
BPX（Burning Plasma Experiment 、米）
Ignitor（伊）
FIRE（Fusion Ignition Research Experiment、米）

★ 高温超伝導（HTS）強磁場設計

SPARC（as Soon as Possible ARC、米）
ARC（Affordable, Robust, Compact、米）
手頃な価格で、頑丈で、小型化

球状トカマクのコンパクト設計

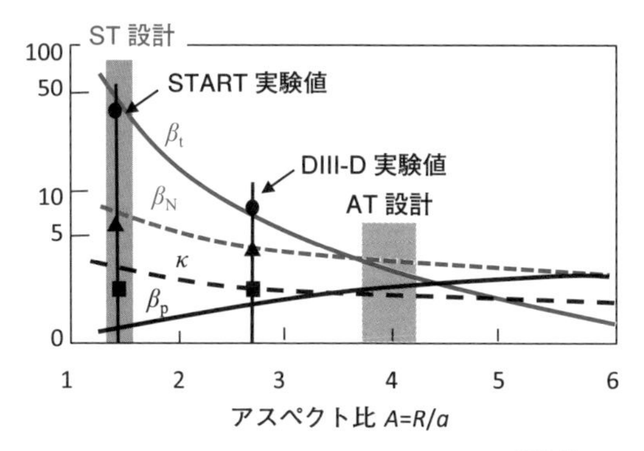

β_N：規格化ベータ値
β_t：トロイダルベータ値
β_p：ポロイダルベータ値
κ：楕円度

$\beta_t = \beta_N I_p/(aB_t)$

$\beta_N = 3.5$（標準的）

トロヨン（Troyon）比例則

実験値

START：Small Tight Aspect Ratio Tokamak（英国）
A=1.3 κ=1.8　$\beta_t \sim 40\%$　$\beta_N \sim 6$

DIII-D：Doublet III-Dee（米国）
A=2.7　$\beta_t \sim 10\%$　$\beta_N \sim 3.5$

6-3 ＜炉工編＞

システム設計コードとLCAは？

原子炉や核融合炉では運転時に温室効果ガスを排出しませんが、建設や運転、廃炉を含めての全体を通しての温室効果ガス排出の評価が必要です。これを「ライフサイクルアセスメント」と呼びます。

ライフサイクルアセスメント

ある製品・サービスのライフサイクル全体（資源採取→原料生産→製品生産→流通・消費→廃棄・リサイクル）またはその特定段階における環境負荷を定量的に評価する手法がライフサイクルアセスメント（LCA：Life Cycle Assessment）です。太陽光発電や原子力発電では運転時に二酸化炭素は排出されませんが、機器の原料生産、運搬、機器製造や、廃棄時の処理・処分のためのCO_2排出量を算定して、包括的に評価する必要があります（**上図**）。核融合機器としては、FI（Fusion Island、炉心）、BOP（Balance of Plant、付帯設備）、建屋、土地などの独自のデータを用い、一般的な機器のデータは、「産業連関表」を用いて、価格、CO_2排出量、エネルギー量を算出します。燃料サイクルや、炉運転と廃炉のデータも組み入れます。

システム設計コード

核融合炉の概念設計では、発電出力を設定し、物理や工学の設計条件を規定して、システムコードにより設備費、発電価格、二酸化炭素排出量、エネルギー収支などを解析します。最初に炉型（TR、ST、HR、IR）を定めて（**下図**）、磁場核融合炉の物理設計では、プラズマアスペクト比、規格化ベータ値、電力変換効率、コイル表面の最大磁場などの条件からプラズマのエネルギーバランスを計算し、イグニッション余裕が1となるように装置の主半径を定めます。工学設計では、超伝導設計からの磁場コイルの厚さやブランケットの厚さを定めて、ラジアルビルド（半径方向寸法設計）を決定します。中性子壁負荷は1～5MW/m^2になるように設計し、中性子照射量からブランケットの交換頻度を定めます。主半径を変えて、目標発電容量になるように繰り返し計算を行い、装置規模を決定します。それらの機器の物量・価格・二酸化炭素排出量・エネルギー量を計算して、最終的に設備費、発電単価（COE）、発電量あたりのCO_2排出量率、エネルギー利得比（EPR）が定まります。

建設から廃炉まで

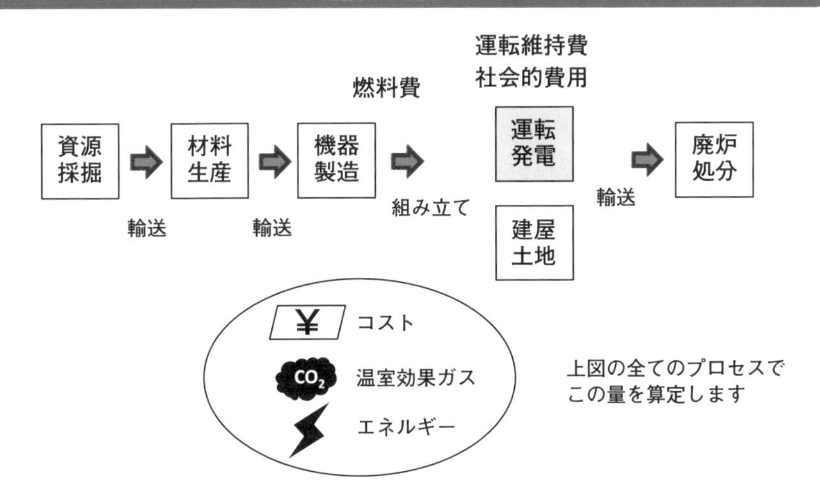

トカマク、ST、ヘリカル、慣性核融合のアセスメント

トカマク炉（TR）

目標の電気出力を定めて、

磁場核融合炉では
ベータ値、イグニッション余裕を決め
主半径をパラメータとして
パワーバランスを解き、システムを決定します

慣性核融合炉では
ドライバーのエネルギーとドライバー効率を決め
繰り返し率をパラメータとして
パワーバランスを解き、システムを決定します

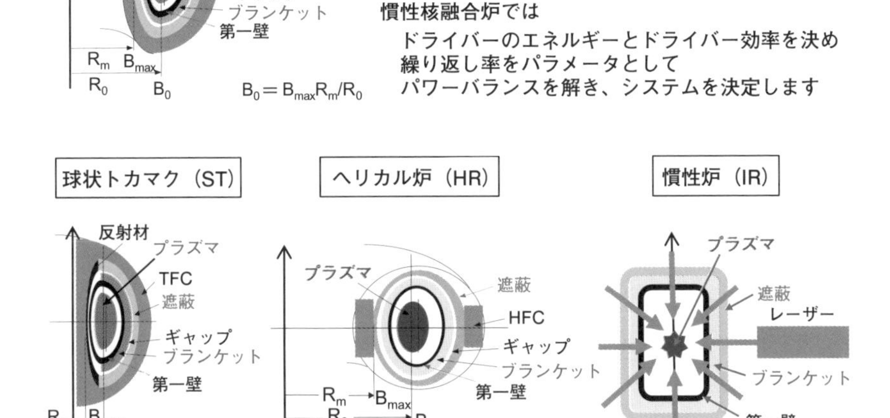

6-4 <炉工編>

コストやCO_2排出量は？

いろいろな電源の比較のために、ライフサイクル評価（LCA）により発電コストが評価されています。核融合発電の予測評価も同様な手法で評価できます。環境性能評価として、二酸化炭素排出量やエネルギー利得も比較されています。

発電単価（COE）、温室効果ガス排出率とEPR

発電コストは、炉の性能や発電規模に強く依存します。したがって、物理的条件と工学的条件の折り合いが必要です。特に、プラズマの性能が発電コストに大きく影響します。コンパクトな設計を可能とするには、高ベータ化、高磁場化、高閉じ込め性能化などによるコンパクト化がキーとなります。極端なコンパクト化は熱壁負荷増大によるダイバータなどの交換頻度が増え、しかも、工学的、技術的な信頼性が落ちてしまう可能性があります。

上図には、著者が開発してきたシステムコードPECを用いて算定された先進トカマク炉での発電単価（**COE**、Cost of Electricity）、CO_2排出率、エネルギー利得比（**EPR**、Energy Profit Ratio）の発電出力依存性の例を示しています。核融合出力を大きくすることで設備費は増大しますが、COEは目標出力の平方根に反比例し、CO_2排出率も低減することがわかります。

ほかの発電方式との比較

カーボンニュートラルに向けて、カーボンフリーの電源構成が検討されています。石炭や天然ガスに比べて、太陽光、水力、風力や原子力での発電により、CO_2排出量を低減することができます。国連のICPP（気候変動に関する政府間パネル）による典型的な解析例を**下図**に示します。温室効果ガスのCO_2換算での排出率を示しています。対応するCOEは、日本の資源エネルギー庁の委員会での検討結果です。核融合に関しては、PECシステムコードによるLCAの予測を記載しています。どのような炉系を考えるのか、プラズマの条件（規格化ベータ値、閉じ込め改善度、など）や工学条件（超伝導コイルの電流密度と最大磁場、中性子壁負荷と機器交換頻度など）はどうかで、値は変動しますが、核融合炉は環境に優しくて経済的な電源システムとして期待が高まっています。

核融合炉のシステム解析例

発電単価（COE）＝使った全コスト（円）/ 全発電量（kWh）
温室効果ガス排出率＝ライフサイクル CO_2 排出量（g-CO_2）/ 全発電量（kWh）
エネルギー利得比（EPR）＝生産した全エネルギー / 消費した全エネルギー

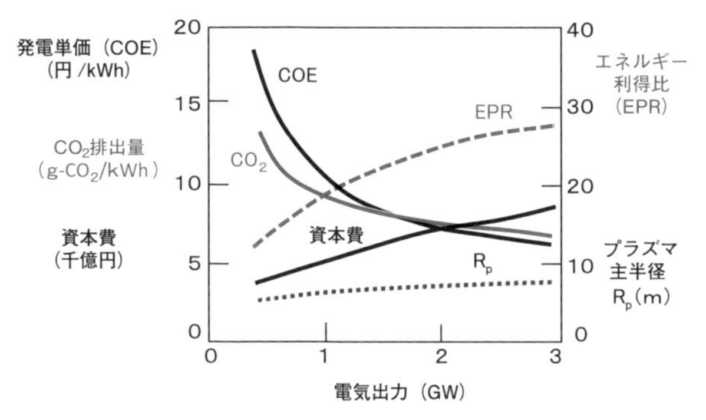

COE：Cost of Electricity
EPR：Energy Profit Ratio

＜アセスメントの仮定＞
アスペクト比　$A_p(R_p/a_p)=3$
楕円度　$\kappa=2$
三角度　$\delta=0.5$
最大磁場　$B_t=13$ T
中心温度　$T_0=30$ keV
規格化ベータ値　$\beta_N=4$

出典：　K. Yamazaki et al., Nucl. Fusion 51 (2011) 103004 (6pp).
”Environmental and economic assessments of magnetic and inertial fusion energy reactors”

CO₂排出量と発電単価（COE）

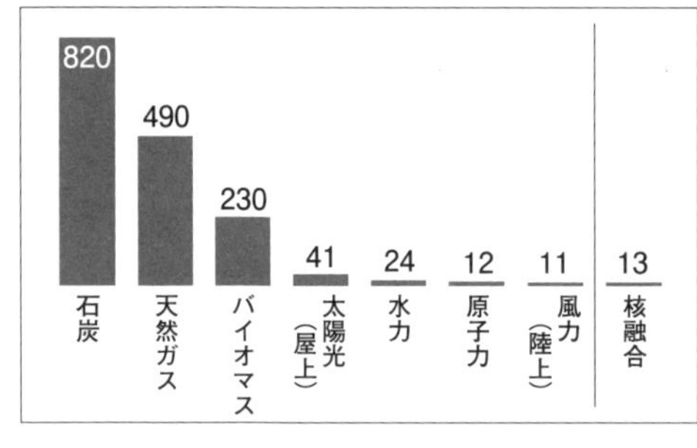

データ出典：IPCC（UNECE）
“Integrated Life-cycle Assessment of Electricity Sources”（2022）

核融合の CO_2 の排出量予測データ
上図の Nucl. Fusion 論文（2011）

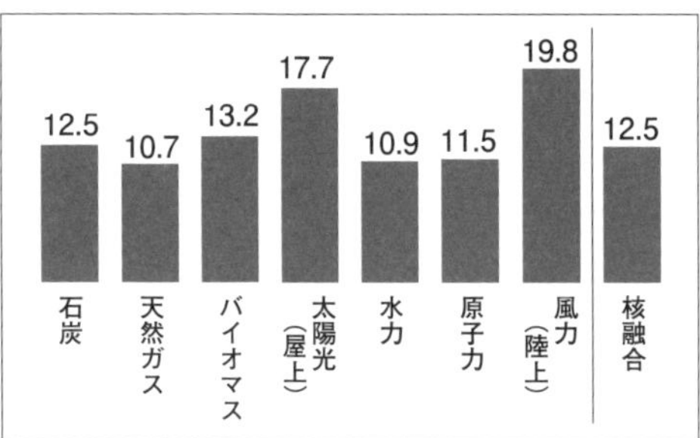

データ出典：
発電コスト検証について
（2021年）資源エネルギー庁
データは2020年の試算結果

核融合のCOEの予測データは
上図の Nucl. Fusion 論文（2011）

第6章　核融合炉発電の可能性（核融合システム工学）

6-5 ＜炉工編＞

核融合炉の資源は無限か？

核融合エネルギー源は豊富で無尽蔵と言われていますが、第一世代のDT核融炉では重水素は海水中に無尽蔵にありますが、トリチウムは不安定な元素で地上にはほとんどなく、リチウムから増殖する必要があります。

DT燃料と先進燃料の資源

重水素は核融合炉燃料のベースです。海水中の水素の0.015%が重水素であり、ほぼ無尽蔵です。一方、**トリチウム**は天然にはほとんど存在しません。重水原子炉内で重水が中性子を捕獲してトリチウムが生成されますが、年間最大１ｋｇほどです。３百万キロワット（3GW）の熱出力のDT炉では、年間150ｋｇのトリチウムが必要なので、原子炉でまかなうことはできず、トリチウムの増殖が必要になります。そのためには、DT反応で生成される中性子をベリリウムなどの中性子増倍材に通して中性子を２～３個に増やし、**リチウム**と反応させてトリチウムを増殖します。

リチウムは、パソコンや自動車の電池として、需要が増加しています。核融合ではトリチウム増殖材としての準燃料であり、確保が重要です。^{6}Liと^{7}Liの比は７：93であり、^{6}Liによる発熱反応が^{7}Liによる吸熱反応よりも反応率が高いので（**5-8節**）、^{6}Liが用いられます。現在、世界中で採掘することができる天然のリチウム資源は鉱石あるいは、かん水（塩分を含んだ水）です。世界のリチウム需要は現在年間30万トンほどであり、2030年には４～５倍になると予想されています。1GW電気出力の核融合炉では年間30トンが必要です。資源量として250万トンありますが、外国に依存しています。将来的には海水からの採取も可能です（**下図**）。リチウムは海水中に0.17ppm溶け込んでおり、塩湖のかん水のリチウム濃度が３千ppmほどに対し２万分の１以下の低濃度ですが、約2,300億トンの資源量があり、抽出の技術開発が進められています。

先進燃料のD^{3}He核融合炉ではヘリウム３資源は地上にはなく、月資源の利用に期待が集まっています（**8-1節**）。一方、第３世代のp^{11}B炉のホウ素（ボロン、天然には^{10}Bが20%、^{11}Bが80%）は、ガラス工業などで多量に（～500万トン）利用されています。超伝導材料などの特殊材料を含めて、核融合炉材料の資源には問題がないと考えられています。

核融合炉燃料の資源

DT 燃料	重水素（D）	無尽蔵 海水中に 140ppm
	トリチウム（T）	半減期 12.3 年で不安定で 地上にほとんどないリチウムから生成
準燃料	リチウム（Li） （トリチウム増殖）	ほぼ無尽蔵 海水中に 0.17ppm、1500 万年分
	ベリリウム（Be） （中性子倍増）	7 万年分 方式により代替元素、または不要
先進燃料	ヘリウム 3（^{3}He） （D^{3}He 反応）	地上にはほとんどなし（大気中に 1.4ppm） 月資源を利用（8-1 節参照）
	ホウ素（ボロン、B） （p^{11}B 反応）	ガラス工業などで多量に（～ 500 万トン）利用 海水中にも無尽蔵（4.6ppm）

海水中の有用金属回収の経済性予測

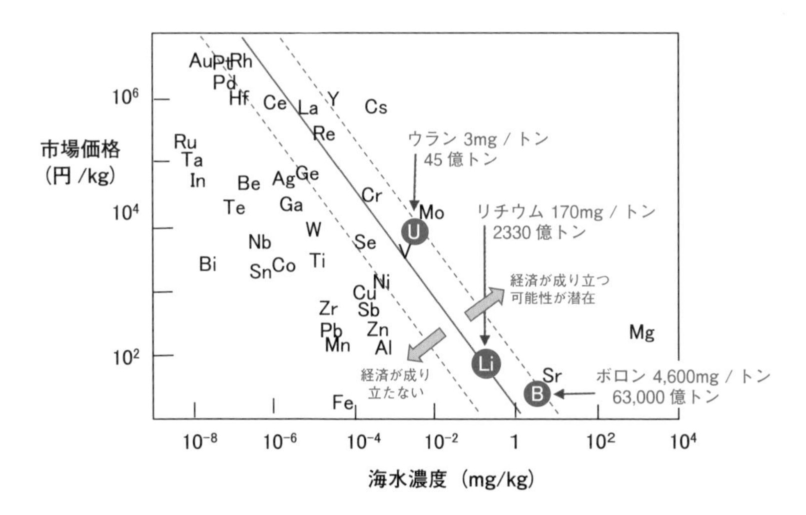

データの出所：K. Yoshizuka, Deep Ocean Water Research 18（3）、197-198（2017）

第6章 核融合炉発電の可能性（核融合システム工学）

6-6 ＜炉工編＞

トリチウムの安全性は？

福島第一原子力発電所での多核種除去設備（ALPS）で浄化処理した処理水に関連して、トリチウムの海洋放出とその安全性が話題になっています。第1世代核融合炉で扱う燃料はトリチウムであり、安全性に留意する必要があります。

トリチウム（三重水素）のベータ崩壊と生物学的半減期

トリチウム（^{3}HまたはT）は水素や重水素と化学的性質は似ています。半減期は12.3年の水素の放射性同位体であり、電子線（ベータ線：β線）を放射してヘリウム3に変化します（**上図上側**）。トリチウムからのβ線のエネルギーは平均5.7keVであり、空気中では5mm、水中では5μmほどしか透過しないので、皮膚を透過せず外部被ばくによる人体への影響はありません。トリチウムは水分子**HTO**として体内に入りますが、生物学的半減期が10日です。血液循環して5%ほどのトリチウムは有機物と結合しますが、特定の臓器に蓄積することはなく、短くて40日、長くて1年で尿や呼気などで全て排出されます（**上図下側**）。内部被ばくに関しては、放射性核種1Bq（ベクレル）を経口摂取後50年間で受ける線量を最初の1年間で受けた（預託）として計算され**預託実効線量**が用いられます。トリチウムの場合は0.000018μSv/Bqであり、ヨウ素131やセシウム137の値の1000分の1程度であり、危険度は高くありません。自然界では、大気圏の上層で、宇宙線の中性子が窒素と衝突してトリチウムが生成され、核実験の影響もあり、雨水には1リットルあたり0.1～1Bqの微量のトリチウムが含まれています。

トリチウムの閉じ込め

トリチウムは水素と同じ化学的性質をもっているので、いろいろな材料を容易に透過し、環境中ではトリチウム水となり、生体に取り込まれやすくなります。

トリチウムは、3重の壁で閉じ込めます（**下図**）。1次障壁は真空容器とプロセス機器です。2次障壁はクライオスタットと関連機器であり、3次障壁が建屋です。クライオスタットと建屋にはそれぞれトリチウム除去装置を設置し、漏洩時には回収し、異常時には希釈して排気筒より放出されます。トカマク実験としては、欧州のJETや米国のTFTRでの実績がありますが、今後はITERでの本格的な取り扱いの実証が可能となります。

トリチウムからのベータ線（電子線）と内部被ばく

ベータ崩壊　電子のエネルギーは平均 5.7keV、最大 18.6keV

ベータ崩壊

内部被ばく

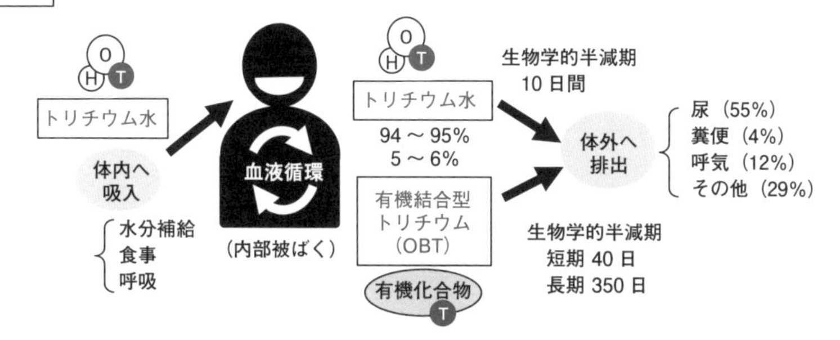

トリチウムの閉じ込め

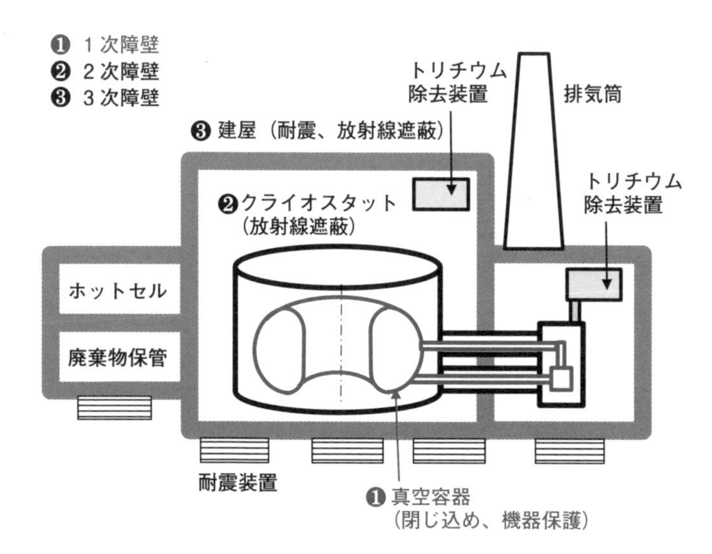

6-7 <炉工編>

核融合炉の安全性と廃棄物処理は？

原子炉（核分裂炉）の安全性確保には、連鎖反応を止める、崩壊熱を冷やす、放射線を閉じ込める、の3つが重要です。核融合炉では「止める」「冷やす」は比較的容易です。機器の安全と環境の保全に留意する必要があります。

核融合炉の固有安全性と事故時の機器・安全性

核融合炉反応には原子炉（核分裂炉）と異なる明確な**固有安全性**があります。原子炉反応と異なり、発生する中性子やα粒子が次の反応を粒子連鎖的に引き起こすことはないので、燃料である重水素やトリチウムには臨界量が存在せず、原子炉のような**臨界事故**は原理的に起こりません。炉心の燃料は核融合反応を持続させるのに必要な量だけ注入され、供給を止めればすぐに反応が止まってしまいます。大量の燃料が炉内に注入された場合には、燃料自体がプラズマを急激に冷却したり、密度が上昇して密度限界に近づき閉じ込めが劣化したりで、自発的に反応が止まります。仮に出力超過で壁が蒸発して不純物が混入した場合でも、プラズマ温度の低下を招き、受動的に核融合反応が停止し、原理的に暴走事故が起こりません。

事故の事象としては、プラズマディスラプション、磁場コイルの超伝導クエンチ、崩壊熱冷却水の喪失、放射線漏洩、などがあります。核融合炉には、さまざまなエネルギーが含まれており、プラズマエネルギー、磁場エネルギー、ブランケットの熱エネルギー、冷却媒体の化学エネルギーなどがあります（**上図**）。事故時には、これらのエネルギーからの機器や人体の保護が必要です。

核融合炉の環境・安全性

核融合炉で環境保全性を高めるためには、① トリチウムの透過防止策、② トリチウムインベントリー（保存量）の低減策、そして、③ 低放射化、廃棄物低減化のための材料開発、が重要です。① と ② の課題は国際熱核融合実験炉（ITER、イーター）で開発・確認が可能ですが、③ に関しては、材料機器の信頼性・安全性の確認にも関連して、ITER計画に並行して国際核融合材料照射施設（IFMIF、イフミフ）計画の推進が不可欠です。放射線に関しては、ITERではICRPの勧告よりも低い基準を設けています（**下図**）。今後、核融合炉固有の安全基準に対応する法整備も必要になります。

放射線防御

放射線防御の基本理念

ALARA（As Low As Reasonably Achievable）
深層防護（Defence in Depth、多重防護）

第 1　異常発生防止
第 2　異常拡大防止、事故発生防止
第 3　事故拡大防止、影響低減

第 4　過酷事故対策（設計基準外）
第 5　敷地境界外の防災対策（緊急時計画）

1 次障壁　真空容器、トリチウムループ
2 次障壁　クライオスタット
3 次障壁　建屋

ITER 内部のエネルギー

プラズマ	核融合出力 プラズマ入射パワー プラズマエネルギー プラズマ電流エネルギー	0.5 GW 0.05 GW 0.4 GJ 0.3 GJ
第一壁・ブランケット	放射化による崩壊熱	<0.5 MW/m³
超伝導コイル	磁気エネルギー	50 GJ
トリチウム	化学エネルギー（燃焼時）	<0.1 GJ

放射線量と ITER 基準

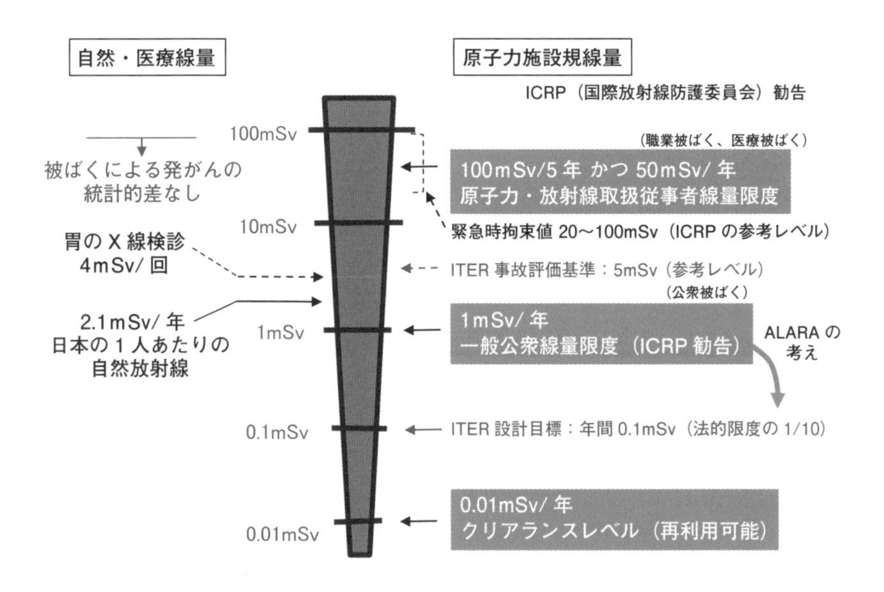

COLUMN 6

巨大科学技術の安全性を考える！（ヒューマンエラーと想定外事象）

人は誰でも過ちを犯しますが、「その人の過ちや自分の意見との対立を許してあげられること、それが愛です」。これはクリミア戦争で看護師として従軍した「白衣の天使」として知られているナイチンゲールの言葉です。論語でも、「子曰く、過ちて改めざる、是を過ちと謂う」として、過ちを犯しても直そうとしないことこそが本当の過ちだ、としています。

ジャンボ旅客機や原子炉のような大型システムでは、ヒューマンエラーが重大事故につながります。そのため、人は過ちを犯すものであるとの前提での2重、3重の保護インターロックシステムが必要になります。大前提として、故意に事故を起こすようなオペレータを採用しないとして、深層防護（Defense in depth）の考え方に従い、第1にシステムの異常の防止策、第2は異常が発生した際の拡大防止策、第3は拡大したとしても過酷事故につながらないこと、が肝要です。ヒューマンエラーは第1のレベルでの対応が必要であり、マシーンエラー、システムエラーに対してもフェイルセーフ（fail safe、故障は安全側に）の安全設計が必須です。

大型システムの制御システムでは、マンマシンインターフェースとして計算機によるアシストが有効であり、AIソフトウェアを用いての機器制御システムと、さまざまなデータを収集する大容量計算機が必要です。それらの計算機ネットワークとは独立に、特別な有線の非常停止ボタンも含めて多重に接続された保護インターロックシステムが不可欠です。

ミスや故障に対しての「緩和策」の設計が上記の1～3のレベルです。レベル4では異常が緩和できず過酷事故になっても対応できるようにすること、そして、レベル5では過酷事故に対応できなくても人を守ることです。4～5のレベルは想定外の事象であり、「適応策」が必要となります。

深層防護（Defense in depth、多重防護）

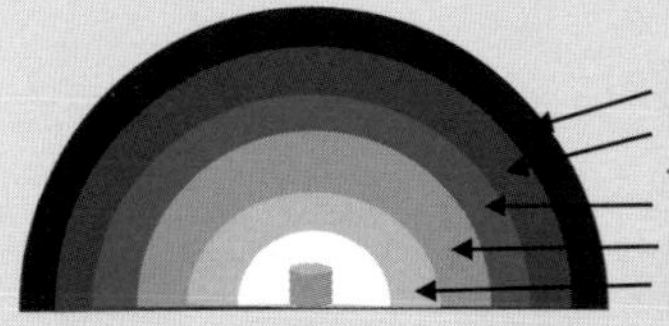

第５	敷地境界外の防災対策	緊急時計画
第４	過酷事故対策（設計基準外）	事故管理
	（設計基準）	
第３	事故拡大防止	事故制御運転
第２	異常拡大防止　事故発生防止	想定内異常運転
第１	異常発生防止	通常運転

第7章

＜発展編＞

核融合炉実用化への道のり（核融合研究開発）

現在、実験炉ITERの運転がまもなく開始されようとしています。日本や海外での核融合研究の拠点を概観し、ITERと付随するBA活動について触れ、実験炉から原型炉/DEMOへの道筋を解説します。また、近年の核融合スタートアップの動向についてもまとめます。

7-1 ＜発展編＞

世界の核融合研究開発は？

国際連合（UN）の下に、原子力の平和利用を目的として国際原子力機関（IAEA）が設置されています。また、国際協定によりイーター機構（ITER国際核融合エネルギー機構）が設立され、核融合研究開発が推進されています。

IAEAを中心としての核融合推進

2015年の国連総会にて、**持続可能な開発目標**（SDG s：Sustainable Development Goals）として17の世界的目標が設定されています。たとえば、エネルギーと環境に関連しては、「エネルギーをみんなに、そしてクリーンに」と「気候変動に具体的な対策を」が採択されています。特に、気候変動に関しては気候変動枠組条約（UNFCCC）の下で締約国会議（COP）が開催され、パリ協定で世界各国の温室効果ガス削減目標が定められています。日本でも、**カーボンニュートラル**に向けての政策が加速され、革新的エネルギーとしての核融合開発も進められています。国際連合の下に、原子力の平和利用を目的として**国際原子力機関（IAEA）**が設置されており、核融合研究に関する成果報告および情報交換が行われています。

これまでの世界各国の核融合の研究開発は政府主導で行われてきました。現在、ITERの運転開始後を見据えて、よりチャレンジングなスタートアップ企業（**7-6節**）による開発が推奨され、各国の核融合戦略が加速されてきています。

世界各国の核融合関連施設

日本での核融合研究は、**QST**（量子科学技術研究開発機構）那珂核融合研究所と**NIFS**（核融合科学研究所）が中心となり進められています。歴史的に、それぞれ（旧）日本原子力研究所と（旧）名古屋大学プラズマ研究所から発展した機関です。海外でも歴史の深い核融合研究施設が多くあります。トカマクとヘリカル装置に関連して、**下図**に世界の研究施設が示されています。米国では、NSTX-UのPPPL（プリンストン・プラズマ物理研究所）、ロシアのクルチャトフ研究所、英国ではJETのCCFE（カラム核融合エネルギーセンター）、ドイツのASDEX-U、W7-Xのマックスプランク・プラズマ物理研究所などがあります。フランスのCEA（原子力委員会）カダラッシュ研究所近くでは、ITER計画が推進されています。

国連を中心としての世界のエネルギー政策

多国間協力

- 国連【193 カ国】（総会：SDG s 採択）
  （気候変動総会枠組条約：カーボンニュートラル）
- 国連 -IAEA【176 カ国】（原子力平和利用：核融合エネルギー会議）
- OECD-IEA【30 カ国】（エネルギー政策）
- ITER 機構【7 極】（ITER 計画）

二国間協力

- 日米　（日米科学技術協力事業など）
- 日 EU　（BA 活動など）
  ほか

世界の主要な核融合研究機関と核融合装置

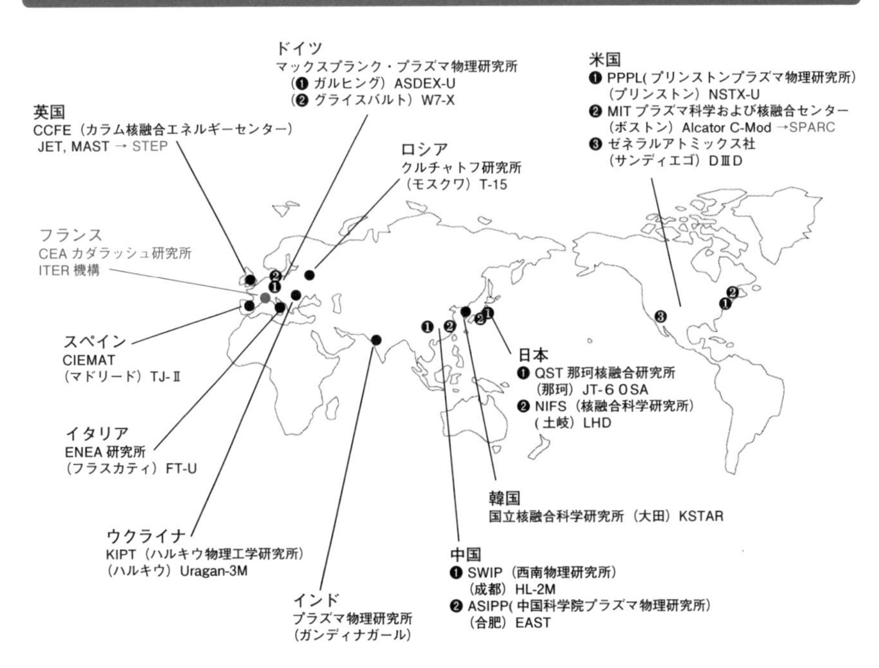

7-2 ＜発展編＞

日本の核融合研究開発は？

2022年の第208回通常国会の岸田内閣総理大臣の施政方針演説において、「核融合など非炭素電源」にも方向性を見いだす旨、言及がなされました。それを踏まえて、核融合を含めてのイノベーション政策の強化推進が行われています。

日本政府の核融合推進策

日本のエネルギー政策は、2002年に施行された**エネルギー基本法**に基づき、最低３年ごとにエネルギーの需給・利用等に関する国の中・長期的政策が策定されています。「安全性」を前提に、「安定供給」「経済効率性の向上」「環境への適合」をめざして、**第６次エネルギー基本計画**は2021年秋に策定されていて、2030年の目標として、エネルギー自給率を30%（第５次は25%）、エネルギー起源CO_2の削減45%（第５次は25%）、平均電力コストは9.9～10.2円/kW（第５次は9.4～9.7円/kW）が設定されています。

そのようなエネルギー政策の下で、**統合イノベーション戦略推進会議**が開催され、イノベーション政策強化推進のための「**核融合戦略**　有識者会議」が開催され、新たな方策が検討してきています。個別テーマの専門調査のための有識者会議では、AI、バイオ、量子、グリーン、安全・安心、マテリアルのほかに、核融合が追加で設置されてきています。

日本国内の核融合関連施設

日本では放射線医学総合研究所と原子力研究開発機構の量子ビーム部門の一部および核融合部門が統合されてつくられた国立研究開発法人・量子科学技術研究開発機構（**QST**、キューエスティ）、および、大学共同利用機関法人・自然科学研究機構の核融合科学研究所（**NIFS**、ニフス）を中心に、大学研究所・センターで幅広い研究開発がなされています（**下図**）。QSTは大型超伝導トカマクJT-60SAを有し、ITER国内機関でもあります。大学関連ではNIFSの大型超伝導ヘリカルLHDのほか、球状トカマク、レーザー、ミラー、コンパクトトーラスなどの研究がなされています。近年は、これらの大学などでの成果をベースにアウトリーチ（出張支援）活動としての核融合普及活動や、スピンアウト（企業独立）としてのスタートアップが設立されてきています。

日本の核融合戦略

原子力基本法（1955 年施行）

エネルギー政策基本法（2002 年 6 月公布・施行）

└─第 6 次エネルギー基本計画（2021 年 10 月閣議決定）

　└─統合イノベーション戦略（内閣府）（2018 年より）

　　個別戦略の策定・推進として
　　AI、バイオ、量子、グリーン、安全・安心、マテリアル、核融合

イノベーション政策強化推進のための有識者会議
「核融合戦略」（2022（令和 4）年 9 月～）

フュージョンインダストリーの育成戦略
フュージョンテクノロジーの開発戦略
フュージョンエネルギー・イノベーション戦略の推進体制などの一体的により
「フュージョンエネルギーの産業化」

日本の核融合関連の研究所、大学センターと研究設備

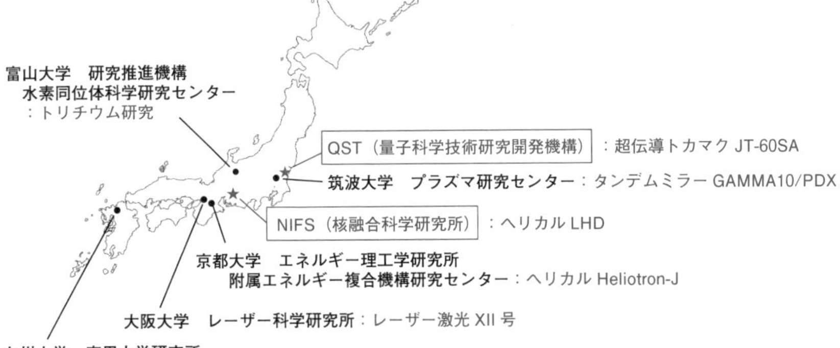

上記は大学センター規模以上の地図です。
大学の講座単位では、多くのグループや装置があります。
企業にも関連研究施設があります

7-3 ＜発展編＞

ITERとは？

人類の究極のエネルギー源を求めて核融合研究は1950年代から続けられてきており、人類初の核融合実験炉をめざして国の枠を超えた超大型国際プロジェクトとしてITER（イーター）計画が進められています。

国際協力としての国際熱核融合実験炉（ITER）

ITERとは国際熱核融合実験炉（International Thermonuclear Experimental Reactor）の頭文字をとった名称であり、ラテン語で「道」を意味しています。この計画は冷戦末期の1985年のレーガン・ゴルバチョフ米ソ首脳会談が発端となり、日、米、EU、旧ソ連の4極により1987年に開始されました。3年間の設計活動（CDA）、10年間の工学設計活動（EDA）の後、2001年7月に最終報告書がまとめられました。途中に米国の撤退があったものの、2003年からは復帰し、中国、韓国、インドも加わり、現在7極（国と地域）で進められています。

わが国では当時の内閣府原子力委員会と総合科学技術会議において審議され、ITER計画への参加、わが国への誘致を閣議了解として2001年12月に最終決定し、日本の六ヶ所村への誘致を働きかけました。しかし、最終的には、2005年6月にフランスのカダラッシュでの建設が決定しました。2007年には建設を開始し、2020年には本体の組み立てを開始しており、早ければ2025年には運転開始の計画でしたが、数年遅れる予定です（**上図**）。

ITERの目的は、核燃焼および長時間運転の実証、および、核融合工学技術の実証にあります。装置は、プラズマとそれを囲むブランケットとダイバータ、真空容器、超伝導コイル、プラズマ加熱・電流駆動装置、そして、クライオスタットなどから成り立っています（**下図**）。ITERのドーナツプラズマの大半径は6.2メートル、小半径は2.0メートルであり、超伝導コイルによる磁場強度はプラズマ中心で5.3テスラです。プラズマ電流は15メガアンペアまで流す予定であり、400秒間のプラズマ燃焼で50万キロワットの熱出力をめざします。テスト的にブランケットを設置しますが、発電の実証は行いません。ITERはあくまでも実験炉であり、さまざまな有用な核融合技術を集積してそれに基づき、実際に発電を行う「原型炉／DEMO」を2035年頃に建設して実用化への判断を下す必要があります。場合によっては、経済性実証のための「実証炉／PROTO」の建設も必要になるかもしれません。

ITERの目標パラメータとスケジュール

ITERの目標パラメータ

外部加熱入力　50MW
　（最大外部加熱入力　73MW）
核融合出力　500MW
パルス長さ　400秒
核融合利得　Q=10
発電実証はしない

ITER計画のあゆみと予定

1985年　米ソ首脳会談（レーガン・ゴルバチョフ会談）
1988年　概念設計（CDA）開始
1992年　工学設計（EDA）開始
2005年　サイトをフランスのカダラッシュに決定
2007年　建設開始（建屋など）
2013年　トカマク装置建設開始（担当各国）
2020年　本体組み立て開始（現地）
↓
2025年*　プラズマ点火・運転開始予定
2035年*　DTプラズマ実験開始予定
*：部品不都合で数年の計画延期は不可避
（2023年10月現在）

ITER：International Thermonuclear Experimental Reactor
CDA：Conceptual Design Activity
EDA：Engineering Design Activity

国際熱核融合実験炉ITERの本体

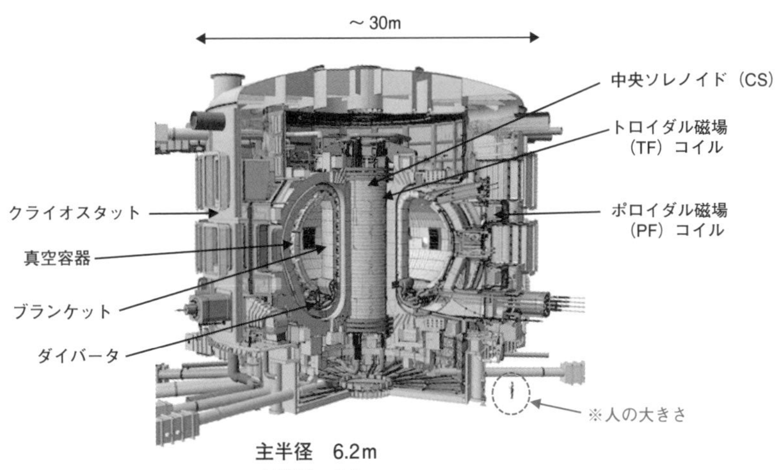

主半径　6.2m
小半径　2.0m
磁場強度　5.3T（超伝導コイル）
プラズマ電流　15MA
プラズマ燃焼時間　400秒

図の出典
https://www.iter.org/

7-4 ＜発展編＞

BA活動とは？

実験炉としてのITER装置が完成し運転が開始すれば、次に原型炉（DEMO）の建設が計画されていますが、ITERだけでは解決できないいくつかの課題があります。それを補完する事業（BA活動）が進められています。

ITERを補完する３つの日欧共同事業

幅広いアプローチ（Broader　Approach：**BA**）活動とは、核融合エネルギーの早期実現をめざして、日本と欧州（EU）との共同でITER計画の効率的な研究開発を支援し補完するための活動であり、３つの事業を実施しています（**上図**）。

第１は、**IFERC（国際核融合エネルギー研究センター）**事業です。青森県六カ所村に設置されたセンターでは、発電実証のための原型炉の概念設計を進め、関連するブランケット材料の研究開発などを進めています。センターとITERサイトとは高速ネットワークで結ばれ、日本でのITERの運転条件の設定やデータ収集、解析などが容易となります。また、スーパーコンピュータにより核燃焼プラズマのシミュレーションを行い、ITER運転シナリオの最適化や原型炉の設計に寄与します。

第２は、**IFMIF-EVEDA（国際核融合材料照射施設**：International Fusion Materials Irradiation Facilityの工学実証・工学設計：Engineering Validation and Engineering Design Activities）活動です。核融合炉からでてくる中性子負荷に耐える材料を開発すること、どのくらいの期間で交換が必要かを検証する必要があります。14MeV中性子を発生させるためには、液体リチウムをシート状に流して、そこに40MeV近くの重水素イオンビームを衝突させ、エネルギー分布のピーク値が14MeVとなるようにします。この世界初の強力な中性子源をつくるために、BA活動では、加速器の試作と液体リチウム流の研究開発を行います。

第３は、**サテライト・トカマク計画**です。茨城県那珂市の**QST**（量子科学技術研究開発機構）で建設中の超伝導トカマク**JT-60SA**（Super Advanced、**下図**）を用いて、連続運転の可能性の実証を行い、原型炉への運転支援活動を行います。トリチウムを使っての核燃焼実験は行いませんが、特にITERでは実施が難しい高圧力プラズマ（規格化ベータ値＝４～５）の運転を100秒間維持する手法の確立をめざします（**下図下段**）。JT-60SAは2023年中頃に運転開始予定です。

BA（ Broader Approach、幅広いアプローチ）活動

ITER計画を補完する日欧の共同事業　（BA協定は2007年に批准）

3つのプロジェクト

- ●国際核融合エネルギー研究センター（IFERC）青森県六ヶ所村
- ●国際核融合材料照射施設の工学実証・工学設計活動（ IFMIF-EVEDA）
- ●サテライト・トカマク計画（JT-60SA）茨城県那珂市

JT-60SAトカマク

先進超伝導トカマク装置であり、
現時点では世界最大の装置

JT-60SA
（Japan Torus - 60 Super Advanced）

超伝導トロイダルコイルは欧州製作
超伝導ポロイダルコイルは日本製作

主半径　R_p=3.0m
小半径　a_p=1.2m
トロイダル磁場　B_t=2.3T
プラズマ電流　I_p=5.5MA
加熱パワー　P_h=41MW

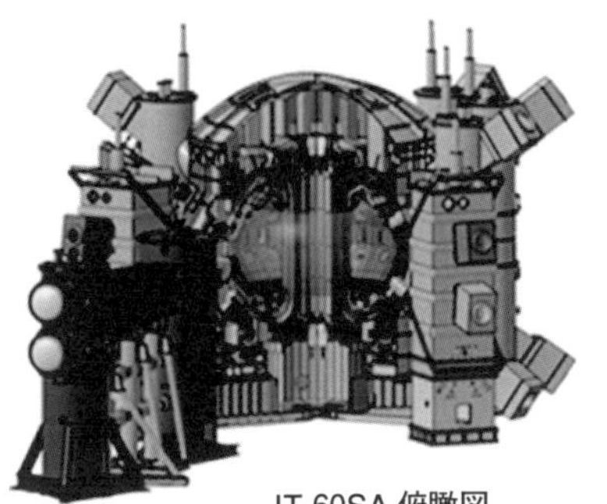

JT-60SA 俯瞰図

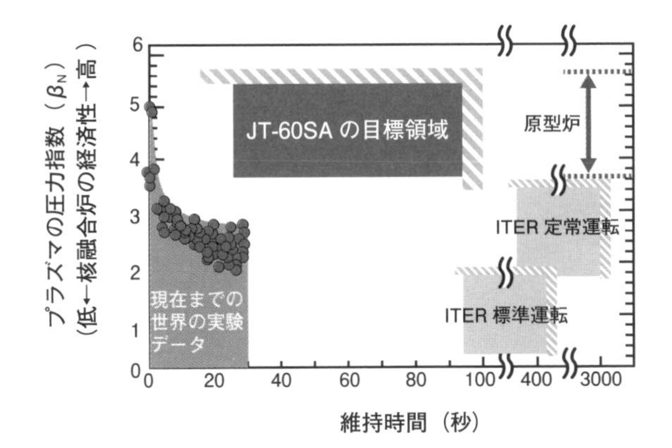

提供：量子科学技術研究開発機構
https://www.qst.go.jp/site/press/

7-5 <発展編>

実験炉から動力炉へ？

新しい動力炉の開発には、科学的実証、工学的実証、経済的実証を経て、商用炉が完成します。どの程度早期に進めるのか？　どの程度コンパクトで安価な計画にするか？　で、進め方が異なってきます。

核融合炉早期商用化のためのファスト・トラック

これまでの動力炉の新開発では、一般的に実験炉→原型炉→実証炉→実用炉のステップでの計画推進を行ってきました。**実験炉**では科学的実証、**原型炉**では工学的実証、**実証炉**では経済的実証が主な目的です。高速増殖炉では常陽（実験炉）→もんじゅ（原型炉）→が進められてきました。欧米では→DEMO→ProtoType→と記述され、日本語訳とは対応する名前が逆ですが、基本的な目標は同じです。

核融合開発では、実験炉では核燃焼プラズマの定常維持の実証、原型炉ではブランケットを完全設置しての発電実証、そして実証炉では経済性実証の確認が重要となります。国際協力としてのITERは実験炉です。これまでの核融合実験では、科学的実現可能性としての臨界条件（Q=1）をめざしての**核反応**実験の研究開発が進められてきました。さらにQ=10ほどの**核燃焼**プラズマの科学的実証を計画の目的に組み入れられている実験炉としてITER計画が進められていますが、次の段階の計画の進め方に関して、議論が深められてきました。核融合炉の実用化には、従来の原子炉の進め方と異なり、原型炉と実証炉とを一緒にしてDEMO/Protoとしての**ファスト・トラック**（速い道）の計画が進められています。現在、日本でもITERの後継として**原型炉/DEMO**の設計が進められています。原型炉設計には、広範で確実な基盤が必要です。炉心ではこれまで確認が不可能であった核燃焼による内部加熱実証をめざしてITERがフランスのサン・ポール・レ・デュランス市（カダラッシュ）で建設中であり、計画の遅れもあり2027年頃に運転開始予定です。ITERの補完・支援の技術課題は日欧共同で**幅広いアプローチ（BA）活動**として、青森県六ヶ所村で原型炉設計解析などが行われ、茨城県那珂市では先進的な高ベータ・定常化運転への開発のためにサテライト・トカマクJT-60SAが2023年中頃に運転を開始します。一方、トカマク以外のヘリカル核融合や慣性核融合に関連する研究開発は継続され、原型炉の設計・建設の学術基盤として活用されます（**下図**）。

核融合炉開発のロードマップ

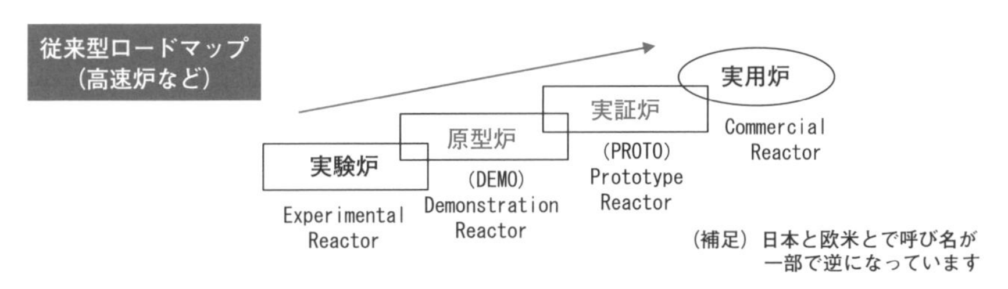

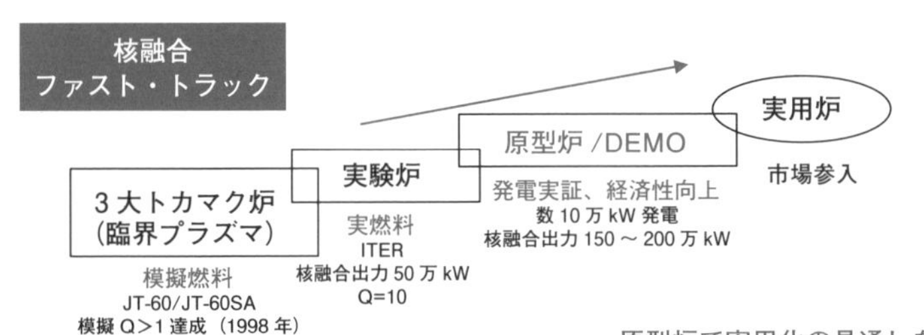

原型炉で実用化の見通しを立てる
（出力規模の大きな実用規模プラントの
技術の実証と経済性の見通し）

日本での核融合開発

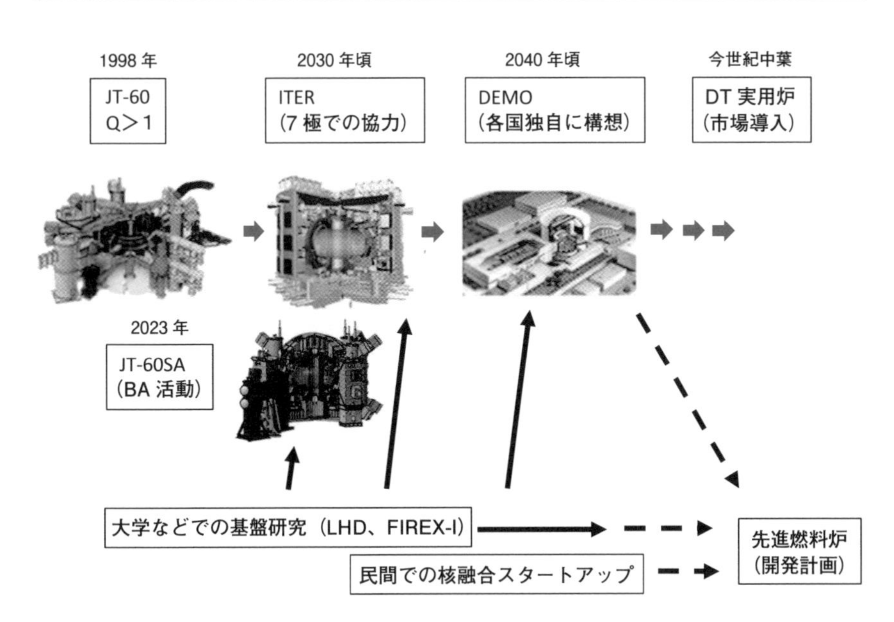

7-6 <発展編>

核融合スタートアップ企業とは？

新しいビジネス・技術は社会にイノベーションを起こします。この新しい市場と価値を開拓する革新性と独自性のある若い企業がスタートアップ企業です。現在、核融合をめざしたスタートアップが世界的に急増しています。

新市場と新価値を開拓する核融合ビジネス

地球環境問題解決の新しい基幹エネルギーが求められています。核融合エネルギーの実現により、エネルギー自給など、エネルギー安全保障を確保できます。

核融合**スタートアップ**は、イーター国際核融合エネルギー機構が発足した2007年には5社程度でしたが、16年経った現在では40社を超えています。資金調達額が大きい企業として、米国の**コモンウェルス・フュージョン・システムズ（CFS**、20億ドル）や**TAE（トライ・アルファ・エナジー）テクノロジーズ**（12億ドル）などがあります。CFSはMIT（マサチューセッツ工科大学）のセンターのスピンオフとして2018年に設立され、強磁場発生核融合装置をベースに、HTS（高温超伝導）コイルの開発とコンパクトな高磁場のトカマク核融合炉をめざしています。一方、TAEは水素-ホウ素核融合反応を目標に磁場反転配位（FRC）で正味のエネルギー生成を達成することをめざしています。

日本でも核融合発電に必須な機器の研究開発を加速し、諸外国に対する技術的優位性を確保するとともに、産業競争力強化につなげる必要があります。ITER装置の建設やBA活動に関連しては量子科学技術研究開発機構（量研、QST）が担当機関となり進められていますが、京都大学からの核融合特殊プラント機器の技術開発をめざした**京都フュージョニアリング**、核融合科学研究所（NIFS）からの定常ヘリカル炉をめざしての**ヘリカル・フュージョン**、大阪大学からのレーザー核融合炉機器開発の**EXフュージョン**などがあります。ただし、調達資金は米国の数十分の1にすぎません。重厚長大な産業関連のスタートアップは、日本では育ちづらい土壌ですが、文部科学省ではスタートアップへの資金援助を始めることが2023年9月に決定されています。過度の目標を掲げている核融合ビジネスもあり留意が必要ですが、未来に向けてのビジネスチャンスは重要です。今、ITERに代表される「国際協調時代」から、核融合スタートアップでの「国際競争時代」に突入してきています。

核融合スタートアップ（核融合技術での起業）

海外企業

（資金調達額1億米ドル以上を記載）

スタートアップ名	国／設立年	特徴	資金調達額
コモンウェルス・フュージョン・システムズ（CFS）	米2018年	高磁場トカマク 高温超伝導（HTS）コイル	20億ドル
TAEテクノロジーズ	米1998年	磁場反転配位（FRC） （$P^{11}B$核融合）	12億ドル
SHINEテクノロジーズ	米、蘭2005年	医療用アイソトープ製造 （DT、ハイブリッド）	7億ドル
ヘリオン・エナジー	米2013年	磁場反転配位（FRC）の衝突合体（D^3He核融合）	5.8億ドル
ゼネラル・フュージョン（GF）	カナダ2002年	磁化標的核融合（MTF）	3億ドル
トカマク・エナジー（TE）	英2009年	球状トカマク 高温超伝導（HTS）コイル	2.5億ドル
ZAPエナジー	米2017年	Zピンチ（DT核融合）	2.1億ドル
マーベル・フュージョン	独2019年	レーザー核融合	1.1億ドル

国内企業

スタートアップ名	設立年	特徴	資金調達額
京都フュージョニアリング	2019年10月	核融合専用機器	9千万ドル
ヘリカル・フュージョン	2021年10月	ヘリカル型核融合	700万ドル
EXフュージョン	2021年7月	レーザー核融合機器	100万ドル

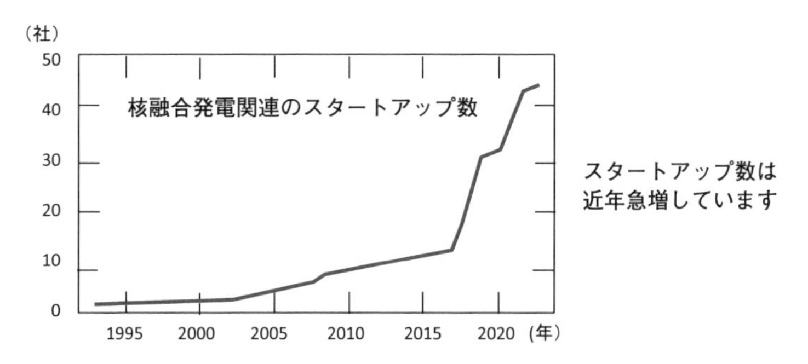

データ出所：Fusion Industry Association,
"The global fusion industry in 2023"

7-7 <発展編>

スタートアップの発電計画は？

ITERをベースとした標準トカマク型システムに対して、コンパクト化・低価格化をめざしての先進トカマク型やクリーンさを志向してのトカマク以外の方式でのチャレンジングな核融合計画が、スタートアップ企業で進められています。

▶▶ 高温超伝導コイルを用いた球状トカマクと強磁場トカマク

一般にスタートアップとしては、上場をめざしての企業、投資目的で育ったら高く売る企業、仲間内で推進しているビジネス企業など、さまざまですが、核融合開発の従来の実績を踏まえての革新的なスタートアップ企業も少なくありません。

先進コンパクトトカマク計画としては、強磁場化と球状化が推進されています。強磁場化としては、**コモンウェルス・フュージョン・システムズ（CFS、米国）**社のトカマク**SPARC**計画があります。液体窒素冷却の強磁場ビッターコイルの開発で有名なＭＩＴ（マサチューセッツ工科大学）でのアルカトールトカマクの実績をベースに構想されています。磁場10テスラ以上の設計として、これまで米国のPPPLを中心にBPX、CIT、FIREなどの設計がなされてきましたが、SPARCではHTS（高温超伝導）コイルの進展を踏まえてのコンパクト核燃焼計画となっています。

球状コンパクト化に関しては、同じくHTSコイルを採用しての**トカマクエナジー（英国）**の**STEP**計画があります。英国カラム研究所のMAST-Uや米国PPPLのNSTX-Uトカマクでの実績がベースとなっています。

▶▶ 新しい技術を取り入れてのFRCとMTF

トカマク型以外では、水素-ホウ素核融合反応を目標にして、コンパクトトーラスとしての**磁場反転配位（FRC）**が注目されています。従来型のFRCは高ベータ化が望めるものの、閉じ込めが良くありません。**TAE（トライ・アルファ・エナジー）テクノロジーズ**の計画では、中性粒子ビームによる加熱と同時に電流駆動を行うことで配位の維持を期待しています。

カナダの**ゼネラルフュージョン**では**磁化標的核融合（MTF）**が進められています。金属壁を爆縮することで磁化したプラズマを圧縮する方式ですが、ピストンによる圧縮波と液体金属流を利用するのが特徴です。

欧米の核融合スタートアップの発電炉計画例

コモンウェルス・フュージョン・システムズ（CFS）
SPARC（トカマク）

マサチューセッツ工科大学（MIT）
プラズマ科学・核融合センター（PSFC）のスピンオフ

主半径　1.85m
小半径　0.57m
トロイダル磁場　12.2T
プラズマ電流　8.7MA
放電時間　10秒
加熱パワー　25MW
核融合パワー　140MW
電子密度　3 x $10^{20}m^{-3}$
電子温度　7keV

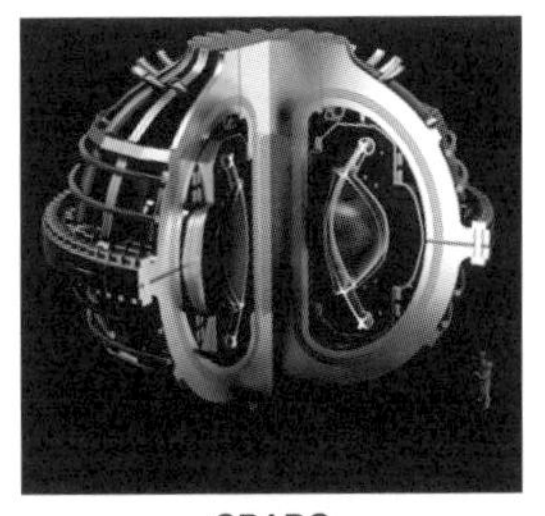

SPARC
(Soonest/Smallest Possible Affordable, Robust, Compact)
YBCO（イットリウムバリウム酸化物）高温超伝導マグネット
図出典：https://cfs.energy/

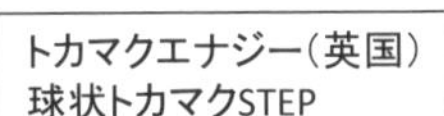

UKAEA カラム研究所

ST40（R＝0.4m、B=3T）の実験
高温超伝導（HTS）マグネットの開発
↓
ST80-HTS（2026年完成目標）
商用炉 ST-E1（2030年代　電気出力 200 MW）

STEP（Spherical Tokamak for Energy Production）
図出典　https://step.ukaea.uk/

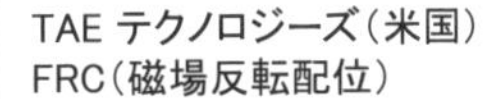

従来のFRCの高速合体をベースに
　中性粒子ビームによる加熱と電流駆動
$P\text{-}^{11}B$ 核融合

TAE：Tri Alpha Energy
社名は反応　$p+^{11}B \rightarrow 3\alpha$ で
α 粒子が3個生成に由来

第六世代実験炉　Copernicus
図出典　https://tae.com/

ゼネラル・フュージョン（カナダ）
磁化標的核融合（MTF）

カナダ政府や企業投資による資金調達

ピストンによる音響圧力波で、
プラズマを生成・圧縮
液体金属流による熱交換で発電

MTF：Magnetized Target Fusion

図出典　https://generalfusion.com/

COLUMN 7

SDGsとGXでの核融合！（持続可能な開発とカーボンニュートラル）

環境保全と開発促進とは一般に相反しますが、この2つを調和させ、住みよい社会を作ろうとする世界目標が、国際連合で採択されています。2015年に、持続可能な開発のために、向こう15年間の新たな行動計画として『我々の世界を変革する：持続可能な開発のための2030アジェンダ』が採択されました。いわゆるSDGs（エス・ディー・ジーズ、持続可能な開発目標）であり、17の世界的目標と169の達成基準が定められています。地球上の「誰1人とり残さない」ことを宣言しています。具体的には、エネルギーに関しては第7番目の目標の「エネルギーをみんなにそしてクリーンに」とし、気候に関しては第13目標の「気候変動に具体的な対策を」とされています。SDGsでのウェディングケーキモデルでは、気候変動の問題は環境階層の目標（気候変動、海洋資源、陸上資源、水資源と衛生、の4項目）、エネルギー問題は社会階層の目標の1つとして取りあげられています。地球温暖化とカーボンニュートラルだけではなくて、さまざまな課題が絡み合っています。

温室効果ガスの排出を実質的にゼロにするカーボンニュートラル（炭素中立）を2050年までに実現するために、GX（Green Transformation）と呼ばれる脱炭素化の取り組みがなされています。日本では排出量取引と炭素税を含めたカーボンプライシングの制度や、脱炭素社会に必要な技術開発のための投資支援などを定めたGX推進法が2023年5月に成立していますし、原子力の積極活用や再エネ事業の規制強化などを定めたGX脱炭素電源法も成立しています。現行の運転期間の上限である60年を超えた原発の運転容認も行われ、脱炭素化電源の活用が推進されてきています。

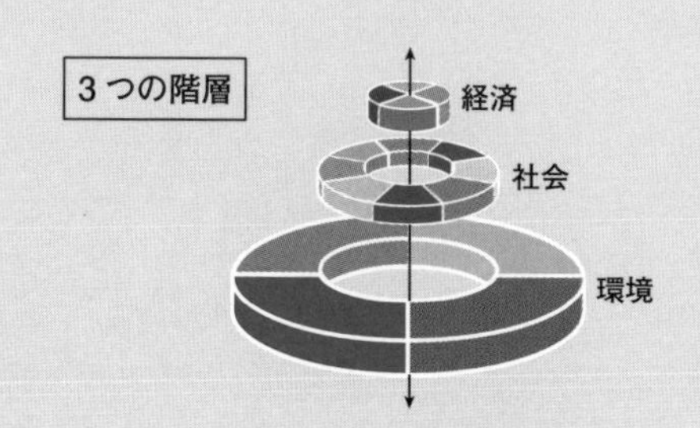

SDGsの目標番号

経済：8～10、12（4項目）
社会：1～5、7、11、16（8項目）
環境：6、13～15（4項目）

第8章

<発展編>

エネルギーの未来を考える（核融合未来展望）

近未来での核融合エネルギーの応用例としての核融合ロケットを解説し、千年に及ぶ遠未来の地球環境・エネルギーを考えます。地球から惑星へ、そして恒星へと、宇宙へのさらなる人類の展開を夢見て、宇宙文明の可能性と期待について考えてみましょう。

8-1 <発展編>

月面での核融合は？

月は昔から餅をつくウサギの黒っぽい形で親しまれています。暗いところは太陽の光の反射が少ない滑らかな場所であり、「静かな海」と名づけられているウサギの頭の部分は1969年にアポロ11号が着陸した記念すべき場所です。

月探査とヘリウム3核融合炉

ヘリウムは太陽から発見された元素であり、ギリシャ神話の太陽神「ヘリオス」にちなんで名づけられました。通常は陽子2個と中性子2個を原子核にもつヘリウム4です。**ヘリウム3**は中性子が1個しかない元素ですが、放射性物質ではなく、重水素とヘリウム3との核融合反応からは材料を損傷させてしまう中性子が生成されず、荷電粒子のみであり「理想の核融合炉」と考えられています（**1-14節**）。ただし、DT炉に比べて高温で閉じ込めの良い炉心プラズマが必要になります（**上図左**）。実際には、D同士の反応も起こり、中性子が発生します。30keV以上の温度ではDD反応よりもD^3Heの反応率が高くなり、^3Heの比率を大きくすることで中性子発生割合（1-14節のN値に相当）を2桁近く下げることができます（**上図右**）。

ヘリウム3は地上では大気中に0.001%ほどしかありませんが、月には磁場や大気がほとんどないので、太陽で生成されたヘリウム3が直接月の砂（**レゴリス**）に吸収されており、その量は2万トンとも60万トンともいわれています。理論上は、数トンのヘリウム3で日本の1年分の消費電力をまかなえると考えられています。

月にはアルミニウム、チタンやウランなどの有用な金属があることが知られており、エネルギー資源としての「ヘリウム3」の利用も期待されています。中国では月探査プロジェクト「嫦娥（じょうが）計画」（嫦娥は中国の伝説で月に住む仙女）により月資源開発を進める計画です。最近では、探査船着陸の4番目の国として、インドが探査機チャンドラヤーン3号を月の南極に初めて軟着陸させています。日本でも小型月着陸実証機（SLIM）が2023年9月に打ち上げられ、半年以内には月への探査船着陸が試みられる予定です。ヘリウム3核融合炉のプラズマ条件の達成、岩石からの微量のヘリウム3の採取、地球への運搬など、難題が山積みですが、遠い将来には月でのヘリウム3核融合炉が私たちの重要なエネルギー源として利用されるかもしれません。

重水素・ヘリウム３核融合

$$D + {}^3He \rightarrow p\ (14.68MeV) + {}^4He\ (3.67MeV)$$

$$D + T \rightarrow n\ (14.07MeV) + {}^4He\ (3.52MeV)$$

$$D + D \rightarrow n\ (2.45MeV) + {}^3He\ (0.82MeV)\ \{50\%\}$$

$$\rightarrow p\ (3.02MeV) + T\ (1.01MeV)\ \{50\%\}$$

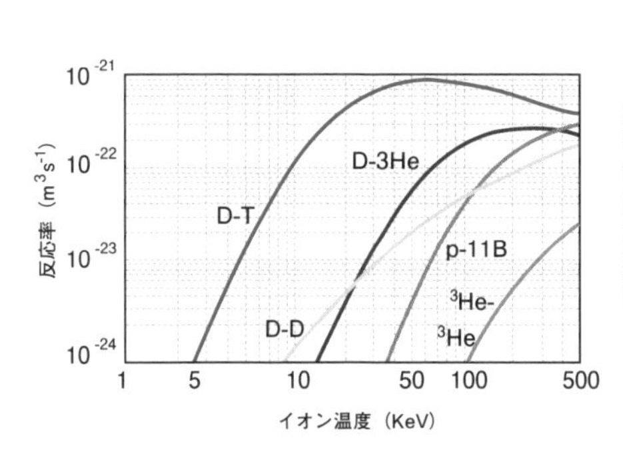

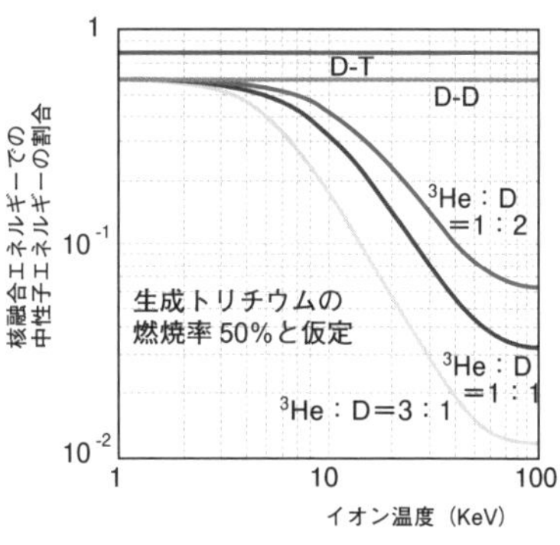

月探査とヘリウム３資源

❶ アポロ 11 号（静かな海）
❷ アポロ 12 号（嵐の大洋）
❸ アポロ 14 号（フラ・マウロ丘陵）
❹ アポロ 15 号（ハドリー山）
❺ アポロ 16 号（デカルト高地）
❻ アポロ 17 号（タウルス・リットロウ峡谷）

月には磁場がないので太陽風により運ばれてきたヘリウム 3 が表面に吸収・堆積されます。イルミナイト（TiO_2・FeO）の酸化チタン（TiO_2）の中にヘリウムが高濃度で蓄積されています

ヘリウム 3 資源量

地球上：
約 400 キログラム
（核融合エネルギー開発用として
約 800 万キロワット・年）

月面上：
10^9キログラム
約 1000 年間の世界のエネルギー使用量

巨大ガス惑星（木星、土星）上：
10^{23}キログラム
約 10^{17}年間の世界のエネルギー使用量

8-2 <発展編>

核融合ロケットとは？

人類が宇宙をめざして、アポロ11号により月に足跡を残したのが1968年です。あれからもう50年以上の歳月が流れています。今、次の目標としての赤い惑星火星に人類を送ることが計画されています。

火星旅行のロケットエンジン

固体燃料や液体水素での従来のロケットでは、火星まで6～7カ月かかると考えられていますが、「原子力ロケット」により2カ月間で、「**核融合ロケット**」ではさらに期間の短縮が可能です。電磁ロケットや核融合ロケットでは推力（推進力）は小さいので打ち上げは在来型のエンジンを用い、宇宙にでてから比推力の大きな核融合エンジンに切り替えます。これまで磁場核融合や慣性核融合をベースとした核融合ロケットの詳細が、NASA（アメリカ航空宇宙局）などの公的機関で検討されてきました。近年はスタートアップによる民間企業による開発も活発です。**上図**には英国のパルサー・フュージョン社の設計例がしめされていますが、D^3He反応を用いてのFRC（磁場反転配位）核融合型のエンジンです。これは、比推力可変型プラズマ推進機（ヴァシミール、VASIMR（VAriable Specific Impulse Magneto-plasma Rocket））と呼ばれた電磁加速ロケットに核融合プラズマのエネルギーを付加したエンジンであり、**DFD（直接核融合駆動）**と呼ばれています。

火星旅行のロケットエンジン

一般的に、推力と比推力（単位推力を単位重量の推進剤で維持できる時間）とは反比例します。化石燃料エンジンでは、比推力が低いため宇宙空間では燃焼させずに長い距離を慣性で航行します。核融合エンジンを用いれば、長時間にわたり噴射を維持できて、高速航行が可能となります。米国のプリンストン・サテライトシステムズのPFRC炉では、ヘリウム3核融合を維持しているFRCプラズマのスクレープオフ層（SOL）を加熱してプラズマをスラスター（推進機）に導くものです（**下図**）。D^3He炉では、制動放射が大きくならないように電子温度を低く抑える必要があり、電子を跳ね返す電気ポテンシャルを作り、高速のイオンを噴出させます。この原理は直接エネルギー変換（**5-12節**）の逆のプロセスに相当します。21世紀の中頃には人類が火星に第一歩を踏み入れるのを期待したいと思います。

プラズマ推進ロケットによる火星旅行

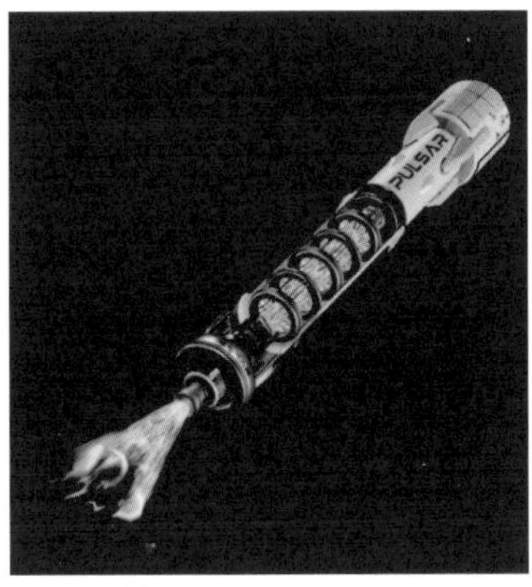

イラストの出典： https://pulsarfusion.com/
スタートアップ　パルサー・フュージョン　(英国)

Direct Fusion Drive (DFD)

数 MW のパワーで
　ロケット推進と発電

推力　10〜100(N)
推進剤　D ^{3}He
排気速度　110〜350 (km/s)
比推力　(1〜3)x10^4 (s)
寸法　直径3.5m x 長さ9.8m

(参考)
固体ロケットブースタ
推力　〜10^{6}N(ニュートン)
比推力 〜300秒

火星まで「化学ロケット」で 6 〜 7 カ月間、
「核融合ロケット」で 2 カ月間以内

PFRC 炉での直接核融合駆動（DFD）の概念図

PFRC:　Princeton Field-Reversed Configuration
DFD：　Direct Fusion Drive

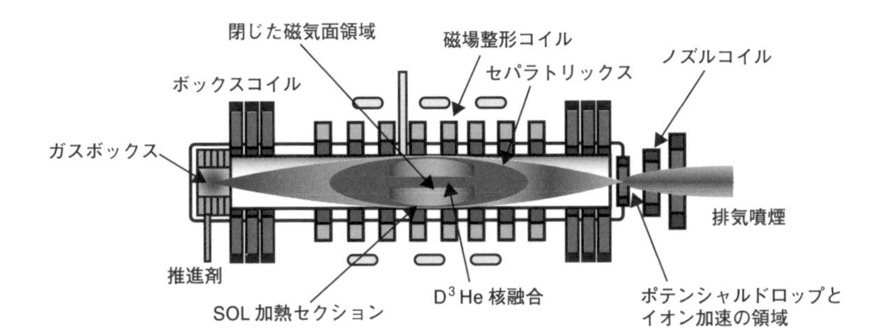

SOL：Scrape-off layer
　スクレープオフ層（閉じた磁気面の外側の層）

セパラトリックス：
　閉じた磁気面と開いた磁気面との区分面

出典：米国スタートアップ
　プリンストン・サテライトシステムズ
　https://www.psatellite.com/

8-3 <発展編>

自然と人工の太陽エネルギー計画！

核融合は宇宙のエネルギーであり、ほとんどの自然エネルギーの源である太陽と、地上の人工太陽である核融合炉とを１次エネルギーとして活用して、未来のエネルギーシステムを構想することができます。

宇宙太陽光発電（SSPS）

静止軌道上を回る衛星で大型太陽光電池を用いて発電した電気を地上に送るシステムが、**宇宙太陽光発電システム（SSPS）**です。地上での太陽光発電では、幾何学的に太陽定数（1370W/m^2）の４分の１の340W/m^{2}が平均の地球の太陽エネルギー密度ですが、大気や雲の影響で地球に届くエネルギー密度はおよそ200W/m^{2}です。一方、宇宙太陽光衛星では、1370W/m^{2}が常時利用できます。電力転送はマイクロ波やレーザーが計画されていますが、地上での**レクテナ**（整流器つきアンテナ機）で受けるエネルギー密度は安全性の観点から中心で最大250W/m^{2}が計画されています（**上図**）。送信アンテナから送るマイクロ波は、この値の百倍が計画されています。このようにパワー密度が低くても、マイクロ波から電力への変換効率の高さと曇天や夜間に左右されない特長から、地上での太陽光利用の５倍以上の利用効率になると考えられています。SSPSの利点は、二酸化炭素排出が少なく環境に優しいこと、天候や昼夜に依存しない大規模で安定した電力供給が可能なこと、枯渇しないエネルギー源であること、があげられます。課題は宇宙での大型構造物としての衛星の打ち上げコスト、無線電力の伝送技術開発、そして、電力伝送用電磁波の安全性です。

宇宙太陽光・核融合と電気・水素エネルギー

未来のクリーンで無尽蔵なエネルギー源として、宇宙太陽光発電と核融合発電の利用があります。宇宙太陽光や核融合から水素製造も構想されています。１次エネルギーとして自然の太陽と人工太陽、２次エネルギーとして電気と水素システムとで、石炭、石油、ガソリン、都市ガス、などに変わる形態での最終消費エネルギーの供給が可能です（**下図**）。電気と水素との変換も容易です。エネルギー問題、環境問題には長期的視点が大切です。新しい科学技術開発により輝かしい未来が訪れることに期待したいと思います。

宇宙太陽光発電（SSPS）

宇宙太陽光発電（SSPS）

SSPS：Space Solar Power System

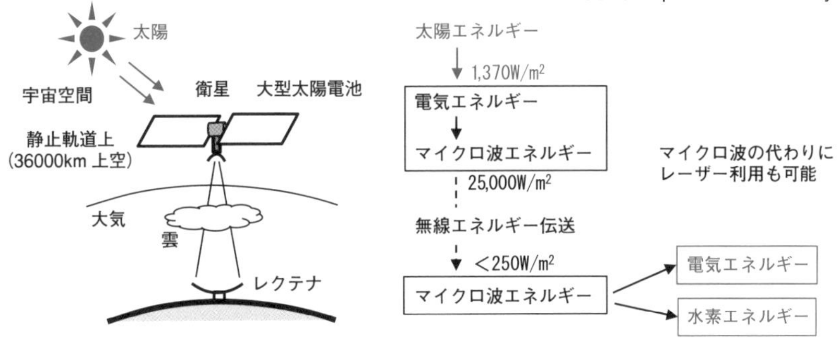

長所
- ○ 出力が安定（天候や昼夜に依存せず一定）
- ○ 利用効率向上（地上の 10 倍の太陽エネルギー利用）

課題
- × 経済性（打ち上げロケットのコスト大）
- × 安全性（マイクロ波やレーザーの密度を制限）

未来のエネルギーシステム

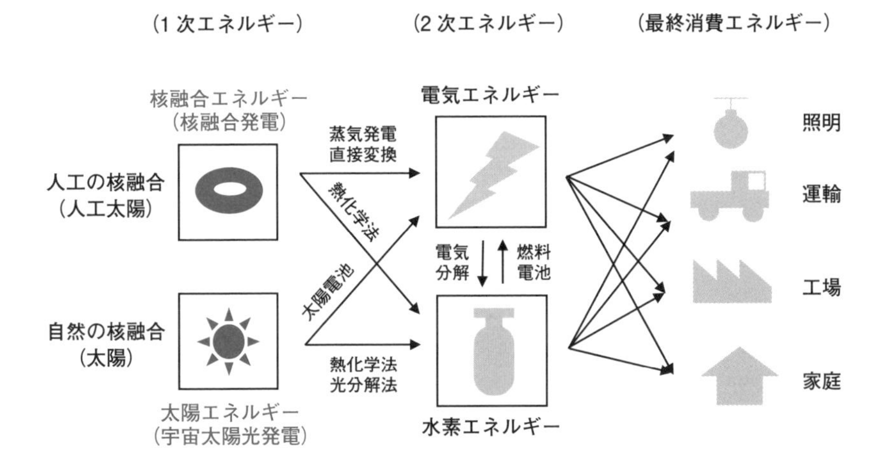

未来のエネルギーは、核融合と宇宙太陽光からの 1 次エネルギー、
電気と水素の 2 次エネルギー

8-4 ＜発展編＞

核融合から対消滅へ！

地球環境問題の遠未来の適応策の１つとして、新天地としての宇宙環境の活用の可能性があります。火星に人類を送るのは2030年までにと夢見られていますが、航行中の放射線被ばく、火星での酸素と気温など、課題は山積みです。

対消滅反応と反物質ロケット

アインシュタインの質量とエネルギーの等価の式に従えば、化学反応では燃料の100億分の1（10^{-10}）の質量がエネルギーに変換され、核反応では0.1%（10^{-3}）です。それを超える莫大なエネルギー生成が素粒子反応で可能となります。物質と反物質との**対消滅反応**により、100%近くの質量をエネルギーに変換することが可能となります（**上図**）。反物質エンジンによる光子ロケットで人類は星のかなたへ旅することが夢見られています。反物質１ミリグラムは、液体酸素と液体水素の化学ロケットの燃料の１トン分に相当する推進力を発生させることができるのです。反物質を効率よく制御できれば、人類は火、電気、原子力（核融合）につぐ第４の火「素粒子（ハドロン）の火」を手にすることができると考えられます。

惑星文明から恒星文明へ

現在の人類のエネルギー消費は地球が太陽から受けるエネルギーの１万分の１ほどであり、環境破壊などの制限から百分の１程度までが上限と考えられます。これまで、文明の進展はエネルギー変革によりなされてきています。化石燃料、核燃料の現在の地球文明から、**惑星文明**、反物質を利用するであろう**恒星文明**、そして、重力技術の革新により超光速航行技術やワープ航法を駆使できるであろう**銀河文明**へと発展すると期待されています。1964年にロシアの天文学者ニコライ・カルダシェフが提唱した文明の３段階進化説（**下図**）によれば、数百年後の惑星文明では太陽からの10分の1のパワー、数千年後の恒星文明では百億倍、数万年後の銀河文明ではさらに百億倍の膨大なエネルギーを利用できると予想されています。

現状では、恒星文明や銀河文明はSF（科学空想）でしかありません。しかし、人類がさまざまな苦難を乗り越えて生存・進化し続け、未知のエネルギーや新しい環境を利用して新しい文明を構築し続けていくであろうことを夢見たいと思います。

粒子・反粒子の対消滅反応と反物質ロケット

化学反応　質量の 1 億分の 1%
↓
核反応　質量の 0.1%
↓
素粒子反応　粒子と反粒子との反応により
質量の 100%がエネルギーに転化

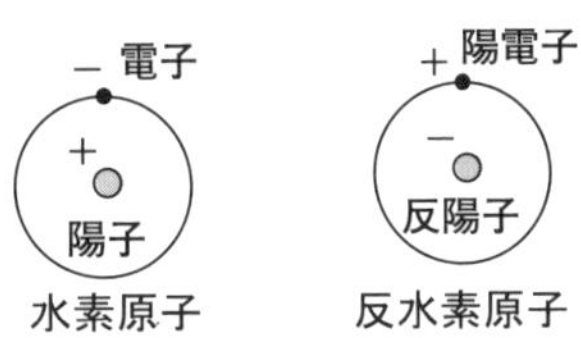

粒子と反粒子が衝突し、
光子二個に変換される
現象が対消滅です。逆の
過程は対生成と呼ばれます

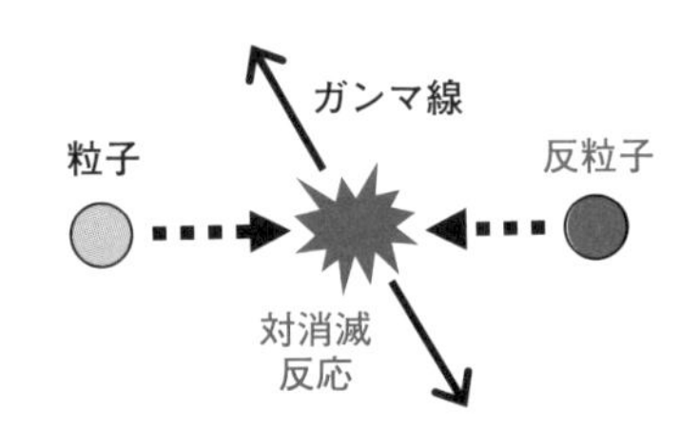

たとえば、粒子、反粒子それぞれ 1g ずつ、
合計 2g の粒子、反粒子を消滅させると、
約 180 兆ジュールのエネルギーが放出されます

これは、広島市に投下された原子爆弾の
2.4 倍のエネルギーに相当します

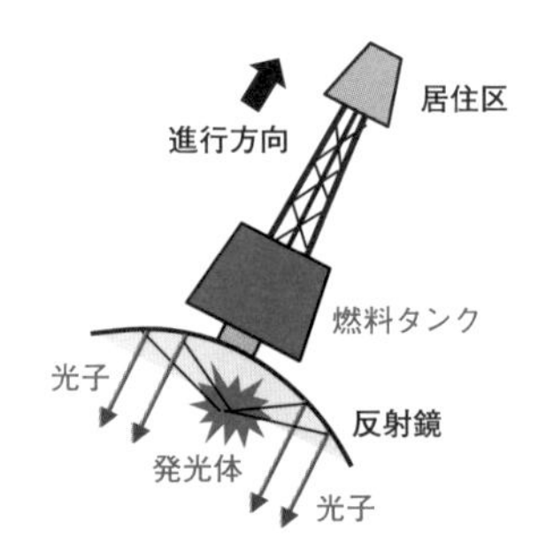

物質・反物質の
対消滅エネルギーを利用する
反物質エンジンロケット

惑星文明から恒星文明へ

カルダシェフ・スケール
（カール・セーガンなどによる数値の修正）

現在の地球文明 2×10^{13} ワット
（地球が受ける太陽パワーの半分が地表に到達するとして 10^{17} ワット、
地上で利用可能な最大パワーを上記の百分の 1 とすると 10^{15} ワット）

① 惑星文明 10^{16} ワット（地球の受ける太陽パワーの十分の 1）以上
数百年で到達

② 恒星文明 10^{26} ワット（太陽の放出パワー）以上
数千年で到達

③ 銀河文明 10^{36} ワット 以上
数万年で到達

COLUMN 8

映画の中の「核融合」は？（『2001年宇宙の旅』と『バック・トゥ・ザ・フューチャー』）

映画は泣き笑いとともに、私たちに夢を与えてくれます。1902年のメリエス監督のSF映画『月世界旅行』では大砲のエネルギーが用いられていますが、原子力や核融合が登場するのは1950年代以降です。もっとも有名なSF古典映画はスタンリー・キューブリック監督の『2001年宇宙の旅』（1968年公開）でしょう。クラシック音楽が流れる中、木星をめざしての核融合宇宙船が静かに航行します。映画公開の翌年にはアポロ11号による月面着陸に成功しています。ロバート・ゼメキス監督の映画『バック・トゥ・ザ・フューチャー』も有名です。スーパーカー「デロリアン」は1985年の第1作ではプルトニウム、1989年の第2作では「ミスター・フュージョン」と記された核融合装置が登場します。筆者が観てきた核融合に関連するする映画を下表にまとめました。夢のような小型の核融合炉の実現は不可能ですが、映画は「映画」として楽しみたいと思います。

公開年	題名	話題
1954年	ゴジラ	水爆実験、映画の底流に核批判
1956年	禁断の惑星	アルタイル第4惑星の地下に9200台の核融合炉
1963年	鉄腕アトム（第1作モノクロ）	原子力エネルギー駆動（後年、核融合に変更）
1968年	2001年宇宙の旅	核融合宇宙船ディスカバリー号とコンピュータ・ハル
1979年	機動戦士ガンダム	モビルスーツの動力は重水素とヘリウムの核融合
1979年	スタートレック	核融合エンジンの恒星間宇宙船エンタープライズ
1980年	鉄腕アトム（アニメ第2作カラー）	核融合エネルギー駆動（以前は核分裂）
1985年	バック・トゥ・ザ・フューチャー	プルトニウムエンジンのスーパーカー・デロリアン
1986年	エイリアン2	57年後の世界、コロニー内の核融合炉
1989年	バック・トゥ・ザ・フューチャー PART2	核融合エンジンのスーパーカー・デロリアン
1996年	チェーン・リアクション	水素エネルギーと核融合
1997年	セイント	低温核融合の方程式
2003年	マトリックス リローデッド	核融合技術と生命体
2004年	スパイダーマン2	核融合炉とドクター・オクトパスの人工知能
2009年	月に囚われた男	月でのヘリウム燃料採掘
2012年	ダークナイト・ライジング	核融合エネルギーをめぐるバットマンの活躍
2013年	オブリビオン	地球の水資源の略奪と核融合
2014年	インターステラー	宇宙船エンデュランス内の核融合電力
2016年	インディペンデンス・デイ：リサージェンス	核融合エンジン航行と常温核融合爆弾
2017年	パッセンジャー	超大型宇宙船アヴァロン号での核融合炉の故障

索引
INDEX

英数字

あ行

か行

さ行

た行

な行

は行

ま行

参考文献

『トコトンやさしいプラズマの本』 山﨑耕造 著 日刊工業新聞社（2004年）
『トコトンやさしい核融合エネルギーの本』 井上信之・吉野隆治 著 日刊工業新聞社（2005年）
『トコトンやさしい太陽の本』 山﨑耕造 著 日刊工業新聞社（2007年）
『カーボンニュートラル 図で考えるSDGs時代の脱炭素化』 山﨑耕造 著 技報堂出版（2022年）
『トコトンやさしいエネルギーの本（第3版）』山﨑耕造 著 日刊工業新聞社（2023年）
『図解入門よくわかる最新 電磁気学の基本と仕組み』 山﨑耕造 著 秀和システム（2023年）
『Tokamaks (4th ed.)』 J. Wesson et al. Oxford University Press (2011)
『Magnetic Fusion Technology』 T. Dolan ed. Springer (2013)

参考Webサイト

文部科学省　核融合研究開発
https://www.mext.go.jp/a_menu/shinkou/fusion/
量子科学技術研究開発機構　量子エネルギー部門
https://www.qst.go.jp/site/fusion/
核融合科学研究所
https://www.nifs.ac.jp/
ITER公式サイト
https://www.iter.org/
ITER国内機関
https://www.fusion.qst.go.jp/ITER/

著者紹介

山﨑 耕造（やまざき こうぞう）

名古屋大学名誉教授、自然科学研究機構核融合科学研究所名誉教授、総合研究大学院大学名誉教授。
1949年 富山県生まれ。東京大学工学部卒業、東京大学大学院工学系研究科博士課程修了、工学博士。米国プリンストン大学客員研究員、名古屋大学プラズマ研究所助教授、核融合科学研究所教授、名古屋大学大学院工学研究科教授などを歴任。
おもな著書は、『図解入門よくわかる最新 電磁気学の基本と仕組み』（弊社）、『トコトンやさしいプラズマの本』『トコトンやさしいエネルギーの本』（日刊工業新聞社）、『エネルギーと環境の科学』『楽しみながら学ぶ物理入門』（共立出版）など。

●イラスト：箭内祐士
●校正：株式会社ぷれす

図解入門 よくわかる
最新 核融合の基本と仕組み

発行日 2023年11月30日 第1版第1刷
2024年 1月31日 第1版第2刷

著 者 山﨑 耕造

発行者 斉藤 和邦
発行所 株式会社 秀和システム
〒135-0016
東京都江東区東陽2-4-2 新宮ビル2F
Tel 03-6264-3105（販売）Fax 03-6264-3094
印刷所 三松堂印刷株式会社 Printed in Japan

ISBN978-4-7980-7025-4 C0042